"十三五"江苏省高等学校重点教材(编号:2016-2-117)

大气物理学

银　燕　刁一伟　刘　超
陆春松　于兴娜　陈　倩　编著

U0347059

气象出版社
China Meteorological Press

内 容 简 介

《大气物理学》在传统大气物理理论和基本自然现象讨论基础上,吸收国内外经典教材和最新研究成果,对重点内容提出深入浅出、理论完整的编写框架。全书共分 5 章,从大气物理学的研究内容、近期发展、大气基础知识开始,重点介绍如何应用热力学原理研究大气热力学过程、水的热力学属性、大气中主要热力学过程、热力学图解应用、大气静力稳定度分析等以及辐射的基本概念、大气吸收和大气散射、辐射传输方程和地球—大气辐射过程等。针对大气科学领域内普遍关注的云降水物理过程和大气气溶胶机理,着重介绍了云雾形成的宏—微观特征和机制,云粒子的核化理论,水滴冰晶的增长机理,典型降水理论,气溶胶的化学组成及来源估计,气溶胶的观测与测量,对流层气溶胶的气候学特征等。

本书以大专院校和科研院所大气科学、大气物理学、大气环境、应用气象学、气候学、海洋科学等专业学生为主要对象,也可以作为气象、海洋、环境、电力等业务部门,以及大气科学类相关从业者的教学和研究参考书。

图书在版编目(CIP)数据

大气物理学/银燕等编著. --北京:气象出版社,
2018.10

ISBN 978-7-5029-6853-3

Ⅰ.①大…　Ⅱ.①银…　Ⅲ.①大气物理学-高等学校
-教材　Ⅳ.①P401

中国版本图书馆 CIP 数据核字(2018)第 249652 号

大气物理学

银　燕　刁一伟　刘　超　陆春松　于兴娜　陈　倩　编著

出版发行:气象出版社			
地　　址:北京市海淀区中关村南大街 46 号		邮政编码:100081	
电　　话:010-68407112(总编室)　010-68408042(发行部)			
网　　址:http://www.qxcbs.com		**E-mail:**　qxcbs@cma.gov.cn	
责任编辑:黄红丽		终　　审:吴晓鹏	
责任校对:王丽梅		责任技编:赵相宁	
封面设计:博雅思企划			
印　　刷:三河市君旺印务有限公司			
开　　本:710 mm×1000 mm　1/16		印　　张:13	
字　　数:262 千字			
版　　次:2018 年 10 月第 1 版		印　　次:2018 年 10 月第 1 次印刷	
定　　价:45.00 元			

前　言

　　大气物理学主要研究地球大气参数、大气现象和过程的物理性质及其变化规律。研究内容非常广泛,有很多子分支,如研究大气辐射特性和辐射传输过程的大气辐射学,研究云雾降水形成过程的云雾降水物理学,研究大气中各种热力过程的大气热力学,研究中层(或高层)大气中各种物理现象和过程的中层(或高层)大气物理学,研究大气遥感原理、信息反演技术和应用的大气遥感学等等。大气物理学所研究的大气参数主要是它们的物理特性,如大气的电场特性、云和气溶胶的谱分布、折射率和粒子数密度、大气透过率、气体分子和气溶胶等各种粒子的辐射特性等。大气物理学广泛应用近代电磁学、力学、热力学与统计物理学、光学与量子力学的理论、方法和研究成果,结合地球大气自身特点,理论与实践相结合,研究大气中流体运动、声光电现象、物质相变过程、大气辐射及其气候效应、大气湍流等。实际上,大气物理学可视为应用物理学的一个分支。

　　大气物理学作为大气科学的基础学科,通过对大气现象物理本质的揭示与深入认识,不断提高天气预报、环境与气候变化预测、航空与航天气象保障、人工影响天气等技术水平,为人类社会的进步和发展服务。模式中的辐射模式就是一个典型的应用例子。辐射问题涉及整个地气系统的能量收支,但在早期的天气预报和气候预测模式中对辐射的处理是很粗糙的。大气物理学家和气象学家都认识到了这个问题的重要性和紧迫性,于是大气物理学家发展了适用于气候模式的各种辐射传输模式,并与气象学家一道为在气候模式中应用这些成果而不断努力。这个过程也极大地推动了大气物理学关于大气辐射传输的研究。因此,大气物理学必须密切结合大气科学发展中提出的重要问题和前沿研究方向,才具有前进的生命力。

　　本教材是按照"十三五"江苏省高等学校重点教材建设精神,在原《大气物理学》讲义的基础上,并参阅国内外相关教材编写的。第一章由银燕编写;第二章由刁一伟编写;第三章由刘超编写;第四章由陆春松和陈倩编写;第五章由于兴娜编写。银燕对全书进行了统稿和审定。刁一伟等对有关章节作了认真审核,提出了宝贵的修改意见。大气物理学院的况祥、何川、刘淑贤、张昕等同学也对本书提出了一些建设性修改意见。

　　本书是为大气科学类专业本科生的大气物理学课程编写的专业课教材，也可供相关专业的学生和研究人员参考。本书不求大而全，但求少而精，力求把所讨论的问题讲透彻，主要集中在大气热力学、大气辐射、云降水物理及与雾霾关系密切的大气气溶胶。

　　本书的编著得到"十三五"江苏省高等学校重点教材项目、江苏高校品牌专业建设工程资助项目、江苏高校优势学科建设工程资助项目的支持。本书的立项到出版，气象出版社黄红丽副编审给予热情帮助。

　　编者学识水平所限，错误、疏漏在所难免，请读者予以批评指正。

作　者

2018 年 3 月

目　　录

前　言
第1章　绪　论 …………………………………………………（ 1 ）
　1.1　研究内容及近期发展 ………………………………………（ 1 ）
　1.2　大气的基础知识 ……………………………………………（ 2 ）
　　1.2.1　大气的化学构成 ………………………………………（ 2 ）
　　1.2.2　气体状态方程及虚温 …………………………………（ 7 ）
　　1.2.3　大气中的水汽 …………………………………………（ 10 ）
　　1.2.4　大气湿度的表示方法 …………………………………（ 11 ）
　　1.2.5　大气的垂直分层 ………………………………………（ 16 ）
　1.3　大气静力学 …………………………………………………（ 18 ）
　　1.3.1　流体静力学平衡与流体静力学方程 …………………（ 18 ）
　　1.3.2　大气质量及其垂直分布 ………………………………（ 19 ）
　　1.3.3　位势和位势高度 ………………………………………（ 20 ）
　　1.3.4　标高和压高公式 ………………………………………（ 22 ）
　　1.3.5　等压面的厚度和高度 …………………………………（ 23 ）
　思考题与习题 ……………………………………………………（ 24 ）
　参考文献 …………………………………………………………（ 25 ）
第2章　大气热力学基础 ………………………………………（ 26 ）
　2.1　热力学系统 …………………………………………………（ 26 ）
　　2.1.1　系统 ……………………………………………………（ 26 ）
　　2.1.2　状态 ……………………………………………………（ 27 ）
　　2.1.3　过程 ……………………………………………………（ 29 ）
　　2.1.4　气块模型 ………………………………………………（ 30 ）
　2.2　热力学第一定律 ……………………………………………（ 31 ）
　　2.2.1　热力学第一定律的普遍表达式 ………………………（ 31 ）
　　2.2.2　比热 ……………………………………………………（ 32 ）
　　2.2.3　焓 ………………………………………………………（ 33 ）
　2.3　热力学第二定律 ……………………………………………（ 34 ）
　　2.3.1　第二定律的数学表达式 ………………………………（ 34 ）

2.3.2 自由能与吉布斯函数 ……………………………………（37）

2.3.3 麦克斯韦关系 ……………………………………………（37）

2.4 水的热力学属性 …………………………………………………（39）

2.4.1 水的相态平衡 ……………………………………………（39）

2.4.2 相变潜热 …………………………………………………（40）

2.4.3 克劳修斯-克拉贝龙方程 …………………………………（40）

2.5 大气中的能量 ……………………………………………………（42）

2.5.1 大气能量的基本形式 ……………………………………（42）

2.5.2 大气能量的组合形式 ……………………………………（43）

2.6 等压过程 …………………………………………………………（44）

2.6.1 等压冷却过程 ……………………………………………（44）

2.6.2 等压冷却凝结过程 ………………………………………（45）

2.6.3 等压绝热过程 ……………………………………………（47）

2.7 干绝热过程 ………………………………………………………（51）

2.7.1 泊松方程 …………………………………………………（51）

2.7.2 干绝热减温率 ……………………………………………（52）

2.7.3 露点减温率 ………………………………………………（52）

2.7.4 位温 ………………………………………………………（53）

2.7.5 位温、熵及热量收支 ……………………………………（54）

2.7.6 位温的垂直变化 …………………………………………（55）

2.7.7 抬升凝结高度 ……………………………………………（55）

2.8 湿绝热过程 ………………………………………………………（57）

2.8.1 可逆湿绝热过程 …………………………………………（57）

2.8.2 假绝热过程 ………………………………………………（59）

2.8.3 湿绝热减温率 ……………………………………………（59）

2.8.4 相当位温 …………………………………………………（61）

2.8.5 假湿球位温和假湿球温度 ………………………………（62）

2.8.6 假相当位温和假相当温度 ………………………………（63）

2.8.7 焚风 ………………………………………………………（65）

2.9 混合过程 …………………………………………………………（66）

2.9.1 等压绝热混合 ……………………………………………（66）

2.9.2 垂直混合 …………………………………………………（69）

2.10 大气热力学图 ……………………………………………………（70）

2.10.1 热力学图类型 ……………………………………………（71）

　　　2.10.2　热力学图解的应用 ································· （75）
　2.11　大气静力稳定度 ····································· （77）
　　　2.11.1　大气静力稳定度概念 ··························· （77）
　　　2.11.2　大气静力稳定度的判据 ························· （77）
　　　2.11.3　气层的不稳定能量与条件性不稳定 ··········· （81）
　2.12　薄层法 ··· （87）
　2.13　夹卷过程对气层静力稳定度的影响 ··············· （90）
　2.14　气层整层升降对静力稳定度的影响 ··············· （91）
　　　2.14.1　未饱和气层及下沉逆温 ······················· （91）
　　　2.14.2　气层升降过程中达到饱和状态 ················· （93）
　思考题与习题 ··· （94）
　参考文献 ··· （96）

第3章　大气辐射学 ··· （97）
　3.1　辐射基本概念 ··· （97）
　　　3.1.1　电磁波谱 ··· （97）
　　　3.1.2　辐射基本度量 ····································· （99）
　3.2　黑体辐射基本定理 ··································· （101）
　　　3.2.1　吸收率、反射率和透过率 ····················· （101）
　　　3.2.2　黑体 ··· （101）
　　　3.2.3　普朗克定律 ······································· （102）
　　　3.2.4　维恩位移定律 ····································· （104）
　　　3.2.5　斯蒂芬-玻尔兹曼定律 ························· （105）
　　　3.2.6　发射率和基尔霍夫定律 ························· （105）
　3.3　地球-大气系统的辐射平衡 ························· （106）
　　　3.3.1　无大气系统 ······································· （106）
　　　3.3.2　单层大气系统 ····································· （107）
　　　3.3.3　真实地球能量收支 ····························· （109）
　3.4　辐射传输基础 ······································· （110）
　　　3.4.1　辐射传输方程 ····································· （110）
　　　3.4.2　比尔定律 ··· （111）
　　　3.4.3　施瓦氏方程 ······································· （112）
　　　3.4.4　含散射的辐射传输 ····························· （113）
　3.5　气体的吸收 ··· （113）
　　　3.5.1　吸收光谱 ··· （113）

　　3.5.2　谱线增宽 ·· (115)

　　3.5.3　地球大气吸收带 ······································ (116)

3.6　粒子的散射与吸收 ··· (118)

　　3.6.1　散射的物理量 ·· (118)

　　3.6.2　体散射特性 ··· (120)

　　3.6.3　散射的计算方法 ······································ (121)

思考题与习题 ··· (122)

参考文献 ··· (123)

第 4 章　云雾降水物理基础 ··································· (124)

4.1　云雾形成机制和宏观特征 ··································· (124)

　　4.1.1　云和降水的分类 ······································ (124)

　　4.1.2　云雾的形成机制 ······································ (124)

4.2　云降水微观特征 ·· (128)

　　4.2.1　云中水凝物粒子的相态分布和微观特征 ···· (128)

　　4.2.2　云滴尺度分布特征 ··································· (131)

　　4.2.3　雨滴形状及尺度分布特征 ························ (132)

　　4.2.4　冰晶和雪花的形状及尺度分布特征 ··········· (134)

　　4.2.5　霰和雹的形状、结构与尺度分布特征 ········· (136)

4.3　云粒子的核化理论 ··· (137)

　　4.3.1　云滴的同质核化 ······································ (137)

　　4.3.2　云滴的异质核化 ······································ (138)

4.4　水滴与冰晶的扩散增长 ······································· (142)

　　4.4.1　单个云滴的扩散增长 ································ (142)

　　4.4.2　群滴的凝结增长 ······································ (144)

　　4.4.3　单个雪晶的扩散增长 ································ (145)

　　4.4.4　冰水共存时冰晶的凝华生长——冰晶效应 ··· (148)

4.5　液相云降水形成理论 ·· (148)

　　4.5.1　连续碰并增长 ··· (148)

　　4.5.2　随机碰并增长 ··· (151)

4.6　冰相云降水理论 ·· (152)

　　4.6.1　冷云中降水的形成 ··································· (152)

　　4.6.2　冰雹的形成 ·· (153)

思考题与习题 ··· (154)

参考文献 ··· (156)

第 5 章　大气气溶胶 ……………………………………………………… (158)

5.1　大气气溶胶的基本特征 ……………………………………………… (158)

5.1.1　气溶胶粒子的尺度 ……………………………………………… (158)

5.1.2　气溶胶粒子的浓度 ……………………………………………… (162)

5.1.3　气溶胶的粒径谱分布 …………………………………………… (163)

5.1.4　气溶胶的源、汇及寿命 ………………………………………… (171)

5.1.5　气溶胶的混合状态 ……………………………………………… (173)

5.2　气溶胶的化学组成及来源估计 ……………………………………… (174)

5.2.1　气溶胶的化学组成 ……………………………………………… (174)

5.2.2　气溶胶的来源判别 ……………………………………………… (180)

5.3　气溶胶的观测与测量 ………………………………………………… (184)

5.3.1　气溶胶采样器 …………………………………………………… (184)

5.3.2　气溶胶物理性质的观测仪器概述 ……………………………… (186)

5.3.3　气溶胶化学组分分析技术 ……………………………………… (192)

5.3.4　气溶胶化学特性的实时分析 …………………………………… (194)

5.4　对流层气溶胶的气候学特征 ………………………………………… (195)

5.4.1　气溶胶粒子的质量浓度 ………………………………………… (195)

5.4.2　气溶胶粒子的数浓度 …………………………………………… (196)

思考题与习题 ………………………………………………………………… (197)

参考文献 ……………………………………………………………………… (197)

第 1 章 绪 论

1.1 研究内容及近期发展

大气物理学是研究地球大气参数、大气现象、过程及其演变规律的大气科学的分支学科。它的研究内容主要包括大气中辐射能量传输、大气热力过程、云雾降水物理、大气声、光、电现象、大气边界层物理以及中高层大气物理等。它既是大气科学的基础理论部分，也是物理学在大气研究中的应用。它利用流体力学方程、化学模式、辐射平衡和热量传输过程等知识描述和理解大气及相关系统的物理过程，如利用散射、波传输、云物理、力学等理论描述大气中的物理过程。

大气物理学与大气科学的其他分支有紧密的联系，如大气物理过程受到天气背景的制约，同时，大气物理研究和探测的结果，又广泛用于天气分析和预报。大气物理学通过对大气现象物理本质的揭示与深入认识，不断提高天气预报、环境与气候变化预测、航空与航天气象保障、人工影响天气等的技术水平，为人类社会的进步和发展服务。气象学家也越来越认识到正确处理大气中的各种物理过程对数值天气预报和气候变化预测的重要性。实际上，近年来大气物理学的研究成果越来越深入地应用到这些预报或预测模式中，这些模式中的辐射模式就是一个典型的应用例子。辐射问题涉及整个地气系统的能量收支，但在早期的天气预报和气候预测模式中对辐射的处理是很粗糙的。大气物理学家和气象学家都认识到了这个问题的重要性和紧迫性，于是大气物理学家发展了适用于气候模式的各种辐射传输模式，并与气象学家一道为在气候模式中应用这些成果而不断努力。这个过程也极大地推动了大气物理学关于大气辐射传输的研究。因此，大气物理学必须密切结合大气科学发展中提出的重要问题和前沿研究方向，才具有前进的生命力。

随着人类在大气中活动范围的迅速扩展，又不断向大气物理学提出新的要求，大气物理学的研究领域不断深入和扩大，如为了改进大气中的电波通信、光波通信、提高导弹制导水平，就需要了解它们所赖以传播的大气介质及相互作用，因此就要研究大气的声、光、电和无线电气象；又如，大气中二氧化碳含量逐年增加，影响着大气辐射过程和气候变化规律，这些又影响农业生产，特别是粮食生产。粮食问题导致对气候变化的关注，进而促进了对大气辐射问题的研究；工业化和城市化带来的严重空气污染现象,促进了对大气边界层与大气成分相互作用的研究;工农业用水逐年增加,就必须充分利用大气中丰富的水分,这就要开发大气中的水资源;此外,为避免或减轻天气灾害,又推动着人工影响天气试验研究的广泛开展,从而促进了云和降水物理学的研究。同时,科学技术的许多新成就也推动大气物理学向前发展,如 20 世纪 60 年代以来,遥感技术发展迅速,辐射传输是遥感的基础,由此推动着大气辐射学的研究;人造卫星、电子计算机的发展,新技术(如激光、雷达、微波)的应用,给大气物理研究提供了新的强有力的探测工具,获得了更多的探测资料,从而大大加速大气物理学发展的进程。所以,如何进一步认识大气的精细结构和时间演变,有效地利用和科学地保护大气,将是大气物理学长期发展的方向。

本章介绍大气的基础知识,并系统讨论大气静力学。

1.2 大气的基础知识

地球大气或大气圈是包裹在地球周围的一层气体,从地面一直延伸到上千千米的高空,但其质量的 99.9% 集中在离地面 50 km 以下的高度内,而且 50% 是集中在距离地面 6 km 以下的低空。大气圈与水圈、岩石圈和生物圈一起组成了人类赖以生存的主要自然环境。

1.2.1 大气的化学构成

现代大气是在地球形成和演化过程中逐渐形成的。地球大约形成于 45.6 亿年前,由冷星云物质不断演化而来,通过太阳星云的吸积作用及其与太阳系中其他物质的碰撞聚并形成。在地球形成阶段(约 45.6 亿~43 亿年前),最初的大气成分以氢(H_2)和氦(He)为主,同时包含 Ar、Ne、Kr 和 Xe 等惰性气体,在初始强烈的太阳风作用和地球引力较小的情况下,原始大气很快逃逸消失,并进入次生大气演化阶段。

地球形成以后,地球的大气是次生的。约 43 亿~40 亿年前,大量小星体不断撞击(包括形成月球的那次大撞击),使地球温度升高,并处于岩熔状态,地球早期表面的高温使得大量的水分呈气态并停留在大气中,还包含岩石在高温下的挥发物;随着地表温度的降低,水汽逐渐凝结并沉降到地面,形成了最初的海洋。此阶段的地球大气主要成分为 N_2、CO_2、CH_4 和 H_2O,以及一些痕量气体 H_2、He、Ar、Ne、Kr、CO 和 NH_3 等,但仍然没有氧气(O_2);可见除了氧气外,现今大气的绝大多数成分均来自于地球内部。40 亿~38 亿年前,随着海洋形成后,火山喷发活动减缓和地壳的造山运动,大气中 CO_2 含量逐渐降低,N_2 和 CH_4 继续累积。38 亿~25 亿年前,水的光解作用与海洋中单细胞蓝细菌的光合作用,是大气中氧气起源的两个途径;光合作用可能从距今 34.6 亿年前就开始了,生成的氧被海水中的铁离子等迅速化合沉积下来,大气中氧气的含量最多只有现

在的 $10^{-13} \sim 10^{-6}$ 水平,直到距今 25 亿年前仍为缺氧的还原性大气(Lyons et al. ,2014)。

约 25 亿~3.5 亿年前,大气从还原型阶段向氧化型大气转化,逐渐形成现代大气。地球历史上有 2 次明显的大气氧增加过程。大约在 24 亿~21 亿年前,地球发生了第一次快速增氧事件(GOE-1),氧气浓度急剧上升,随后保持在一个稳定水平。研究发现在 24 亿年前穿透地球大气层并抵达地表的太阳紫外线有一个突然的下降,这预示着臭氧层的出现,同样也反映了该时期内氧气浓度的激增,这一事件被称为"大氧化事件"。在这次事件中,氧气由一个极低的水平($10^{-5} \sim 10^{-3}$)急剧增至 1%。距今 6 亿年前后,地球发生第二次大氧化事件(NOE-2),大气中的氧含量从现今大气含氧水平(PAL)的 1% 增加到 60% PAL 以上。约 4.5 亿~3.5 亿年前,随着陆地植物的出现与进化,永久性地增加了有机碳埋藏,CO_2 和 CH_4 再次减少,并把大气氧含量推高到现今的浓度(21%),这个氧化事件建立了一个新的动态稳定状态,即现代大气。

现代大气由多种气体成分以及悬浮其中的固态或液态颗粒物(称为大气气溶胶粒子)构成。其中,气体成分有 N_2、O_2、Ar、CO_2、H_2O、O_3、H_2、He、Ne、Kr、Xe 等,颗粒物有尘埃、烟粒、盐粒、水滴、冰晶、有机粒子(花粉)等。生命的出现和生物圈的形成在现代大气的形成和演变中起了重要作用。

一般把不含有水汽和大气气溶胶粒子的大气称为干洁大气或干空气,而把包含有水汽的空气称为湿空气。大气中任何高度上各种气体成分的混合比例主要决定于分子扩散和湍流混合两个物理过程。在 110 km 以上,以分子扩散为主,使得重力场中空气分子数密度随高度递减。分子的质量越大,重力作用越显著,分子数密度随高度递减也越快,使得较轻的气体在较高的高度上占有较大的比例,并由此造成干空气分子量随高度减少,也因此称 110 km 以上的大气为非均和层。在 85 km 以下的大气内,湍流混合成为主导的物理过程,气体混合均匀,大气构成基本与高度无关,可视为"单一成分",平均分子量为 28.966 g·mol^{-1},因此,这一层称为均和层。从 85 km 到 110 km,是从以湍流混合为主到以分子扩散为主的过渡带。在 90 km 以上,大气的主要成分仍然是氮和氧,但由于太阳紫外辐射的照射,氮和氧已有不同程度的离解。在 100 km 以上,氧分子几乎已全部离解为氧原子。到 250 km 以上,氮也基本离解了。到 1000 km 以上,空气稀薄到接近真空。

下面主要论述干空气的组成和气溶胶粒子的特性,水汽的特性在下一节介绍。云雾和降水的特性及形成和演变机制在第四章予以论述。

(1)干洁大气的组成

表 1.1 给出了干空气的主要组成成分及其分子量和体积百分比浓度。如表所示,干空气的成分可分为两类。一类是定常成分,主要有氮、氧、氩、氖、氦、氪和氙,其中又以氮、氧、氩为主,约占大气总体积的 99.96%。这类成分在大气中的含量随时间与地点的变化很小,其体积比在 90 km 以下的变化也很小。另一类是可变成分,

如二氧化碳、一氧化碳、甲烷、氮氧化物、臭氧、二氧化硫、氨、碘等,其含量随时间和地点都有显著变化。可变成分在干洁大气中所占比例不到大气总体积的 0.1%,但它们中的一部分对地气系统辐射收支、气候变化等的影响非常重要,还有一部分对人类健康和其他动植物有直接伤害。因此,对这些成分的变化趋势下面还要进一步讨论。

表 1.1　干洁大气基本成分所占比例,其中黑体字成分为温室气体(Wallace and Hobbs, 2006)

定常成分			可变成分		
气体名称	分子量	体积百分比浓度	气体名称	分子量	体积百分比浓度
氮气(N_2)	28.01	78.0840	**二氧化碳(CO_2)**	**44.01**	**0.038**
氧气(O_2)	32.00	20.976	**甲烷(CH_4)**	**16.04**	**1.75×10^{-4}**
氩气(Ar)	39.95	0.934	氢气(H_2)	2.02	0.5×10^{-4}
氖气(Ne)	20.18	0.001818	**一氧化二氮(N_2O)**	**44.01**	**0.27×10^{-4}**
氦气(He)	4.00	0.000524	一氧化碳(CO)	28.01	0.19×10^{-4}
氪气(Kr)	83.80	0.000114	臭氧(O_3)	48.00	$0 \sim 0.1 \times 10^{-4}$
氙气(Xe)	131.3	0.87×10^{-7}	碘(I_2)	253.81	5.0×10^{-7}
			氨气(NH_3)	17.03	4.0×10^{-7}
			二氧化硫(SO_2)	64.06	1.2×10^{-7}
			二氧化氮(NO_2)	46.01	1.0×10^{-7}

大气中的氮约占大气总体积的 78%。氮的来源很多,腐烂的动植物都会排放氮,地球通过不同方式如火山爆发,也可向大气中排放大量含氮物质。

大气中的氧气是人类和其他动物赖以生存的物质基础。大气中的 O_2 主要有两种来源:植物光合作用和水的离解。光合作用要吸收可见光辐射,而水的离解要吸收紫外辐射。地球大气中的氧气主要是通过光合作用产生的。

在可变气体成分中,有一类称为"温室气体",如 CO_2、CH_4、N_2O 等。这类气体对地球发射的长波辐射具有较强的吸收作用,而对太阳的短波辐射吸收较少,因而对地表有保温作用,与全球气候变化关系密切。还有一类称为"污染气体",如 SO_2、CO、碳氢化合物、NH_3 等,对地球的生态环境有不同程度的伤害。

大气中的 CO_2 含量主要受植物的光合作用、动植物的呼吸作用、含碳物质的燃烧以及海水对它的吸收等影响。在高度 90 km 以下的大气中,二氧化碳的平均体积混合比约为 0.03%;在 90 km 以上,含量则大为减少。在人口密集的工业地区,CO_2 的含量较高,可达空气体积的 0.05% 以上;在人烟稀少的背景地区,含量则较低。工业的发展,特别是化石燃料的燃烧、森林覆盖面积的减少等都对大气中 CO_2 的增加有重要贡献。根据冰芯取样分析,工业革命以来的 250 多年中,CO_2 含量增加显著,从1750 年的大约 0.028%(280 ppmv)增加到 2005 年的 0.038%(380 ppmv)(IPCC,2013)。由于二氧化碳在地球发射的电磁波能谱峰值波段有丰富的吸收带,能强烈地吸收地面辐射并发射长波辐射,是大气中最重要的温室气体。大气中 CO_2 含量的增加及其对气候变化的影响已引起全球范围内的广泛重视。

大气 O_3 主要分布在 $10\sim50$ km 的中层大气内,其峰值在 $15\sim25$ km 附近。这一层通常称之为臭氧层,主要是由于氧分子吸收太阳紫外辐射分解为氧原子,然后氧原子与没有被分解的氧分子结合形成臭氧分子。这层臭氧能强烈地吸收太阳紫外辐射,在氧分子分解的过程中释放热量,对大气有加热作用,导致平流层内温度随高度的递增趋势,并保护地面的生物免受紫外辐射的伤害。自 1985 年发现南极臭氧洞以来,臭氧变化问题已引起人们的高度关注,保护平流层臭氧已成为人类的共同使命。相对来说,对流层的臭氧含量占整层大气含量的 10%,但其温室效应不可忽视。

甲烷(CH_4)是大气中另一种重要的温室气体。根据冰芯中气体取样分析,在 200 多年前,大气中 CH_4 的平均含量只有 0.7×10^{-6},而到 1980 年已增加到 1.56×10^{-6},约为前者的 2 倍。CH_4 在大气的生命期约为 7 年,主要来源于稻田、天然气、工业废水和污染以及沼气。许多观测研究表明,近代大气中的 CH_4 含量呈明显增长的趋势,年增长率约为 0.75%,北半球的含量高于南半球,且随纬度的变化在北半球更明显。

二氧化硫是一种无色的、具有令人窒息气味的气体,主要来源于人类活动,如工业、家庭生活中的矿物燃料燃烧等,因此,在工业污染严重的地区,二氧化硫含量较高。全世界每年向大气排放的二氧化硫约为 1.46×10^{11} kg,是一种危害相当大的污染物,是空气污染的主要指标之一。二氧化硫有很强的腐蚀作用,大气中的二氧化硫经氧化后变成三氧化硫,其毒性比二氧化硫大 7 倍。三氧化硫与大气中的水汽可生成硫酸。在酸雨的形成、影响大气能见度和地气系统的能量收支等方面,二氧化硫都扮演着非常重要的角色。

大气中的氮氧化物—— 一氧化氮和二氧化氮也是重要的人为污染物。其中一氧化氮是一种无色无味的气体,而二氧化氮是一种红褐色的、有特殊气味的气体。两者都有毒性,但二氧化氮的毒性是一氧化氮的 5 倍。主要产生于燃烧时空气中的氮和氧的反应。与硝酸制造和应用相关的工业、机动车辆和飞机排出的废气中含有大量氮氧化物。全世界每年排入大气的二氧化氮约 0.53×10^{11} kg。一氧化氮在大气中可氧化为二氧化氮。当氮氧化合物与碳氢化合物共存时,经太阳紫外线的照射,会发生光化学反应,产生含有多种强氧化剂的次生污染物,称为光化学烟雾。当光化学烟雾在空气中的浓度达到百万分之几时,便会对眼睛、鼻子、气管和肺部产生刺激,浓度更高时可致命。

(2)大气气溶胶

大气气溶胶是悬浮在气体中的固体和(或)液体微粒与气体载体组成的多相体系。大气的许多现象和过程都和它密切相关,如大气能见度、云雾形成、臭氧光化学反应、辐射传输等。它在环境与气候变化研究、空间对地遥感的大气订正等都具有重要意义。

　　大气中的气溶胶粒子是由自然过程和人为活动两部分所造成的。自然过程形成的气溶胶包括火山和宇宙尘埃、海水飞沫、花粉与种子、沙尘粒子、岩石风化等;人为气溶胶是由人类生产、生活和社会活动等直接排放到大气中的各种微粒,或者排放的污染气体(或称气溶胶前体物)在大气中经过一系列物理化学过程转化(气-粒转化)形成的。

　　Whitby(1978)把气溶胶分为爱根核模态($0.001\sim0.1\ \mu m$)、积聚模态($0.1\sim1\ \mu m$)和粗模态($>1\ \mu m$)。从物理过程来看,爱根核模态来自气-粒转化过程,积聚模态来自碰并和异质凝结,而粗模态则主要由机械过程产生。那些对水汽凝结成为云雾粒子起凝结核作用的气溶胶粒子称为云凝结核(CCN),它们通常是小于 $1\ \mu m$ 的粒子,将在第四章更详细讨论。

　　气溶胶的主要物理特性参数包括粒子数浓度、谱分布、形状和折射率等。辐射传输中常用的气溶胶消光系数、散射相函数和单次散射反照率等光学参数均可由上述的气溶胶物理参数通过米(Mie)散射理论(将在第三章详细讨论)计算求得。在不同地区,粒子的数浓度有很大差别。城市地区的数浓度比极地或背景值可高 4 个量级。图 1.1 给出了气溶胶粒子浓度随高度的典型分布。如图所示,对流层内气溶胶粒子浓度一般随高度按指数减少,到对流层顶处为最小,这一特点归于重力沉降作用。在平流层中,粒子数浓度通常出现新的峰值,峰值高度约 20 km,粒子尺度集中在$0.1\sim1\ \mu m$ 之间。这一平流层气溶胶层也称为荣格(Junge)层,比较稳定。在火山喷发后,大量的火山灰粒子和可以转化为气溶胶粒子的气体随强烈的上升气流进入平流层,平流层粒子浓度可以增加两个数量级以上。

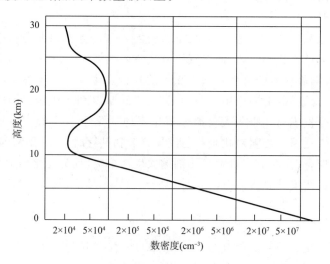

图 1.1　平均气溶胶粒子浓度随高度分布

比较典型的气溶胶粒子谱分布有荣格(Junge)分布、对数正态分布和伽马(Gamma)分布。

气溶胶的折射率是描述气溶胶粒子光学性质的一个重要物理量,它是一个复数,含实部和虚部。实部主要描述粒子的光散射特性,而虚部则主要描述粒子对辐射的吸收性质,因此,对研究气溶胶的辐射气候效应特别重要。气溶胶折射率决定于其化学组成。在红外波段,气溶胶折射率随波长的变化很大,但在可见光波段,折射率随波长的变化较小。干气溶胶的实部一般在 1.5～1.6 之间变化,虚部在 0.0001～0.1 之间变化。随着大气湿度的增加,其实部和虚部值一般变小。

大气气溶胶粒子的化学组成变化很大,主要有七类:即硫酸盐、硝酸盐、黑碳、有机碳、沙尘、海盐和铵盐。其中硫酸盐、硝酸盐、黑碳、有机碳和铵盐主要来自于人类生产和生活,且硫酸盐、硝酸盐、铵盐主要由污染气体经气-粒转化而形成。海洋性粒子则主要由氯化钠、氯化钾、硫酸铵等吸湿性物质组成。背景状态下的平流层气溶胶粒子主要是硫酸和硫酸铵等。

1.2.2　气体状态方程及虚温

实验室研究表明,任何物质的压力、体积和温度可以在广泛的条件下由状态方程联系起来,并且所有的气体都近似遵循相同的状态方程,称之为理想气体状态方程。一般来说,可以把大气中的各种气体,包括个别气体或它们的混合物,都可认为是严格服从理想气体状态方程的。

假设有 x 分子的气体 A 和 x 分子的气体 B,其气压都是 p,那么,对于 x 分子的每一种气体有:

$$pV_A = R_A T$$
$$pV_B = R_B T$$

根据阿佛伽德罗(Avagadro)假设,即在相同的温度和压力下含有相同分子数的气体所占有的体积相同,可得到

$$V_A = V_B$$

由此可推得

$$R_A = R_B$$

因此,对于相同分子数的任何气体,常数 R 都是相同的。由于 1 摩尔(mol)的任何气体都含有相同数量的分子(阿佛伽德罗常数),因此,1 摩尔任何气体,常数 R 是相同的,称之为"普适气体常数(the universal gas constant)",并记为 R^*,

$$R^* = 8.3145 \text{ J} \cdot \text{K}^{-1} \cdot \text{mol}^{-1}$$

一个分子的任何气体的气体常数也是一个普适常数,称之为波尔兹曼(Boltzmann)常数 k,并有

$$k = R^*/N_A$$

1 mol 任何气体的理想气体状态方程可写为

$$pV = R^* T$$

式中，p 为气体压强（Pa），V 为气体体积（m³），T 为温度（K，K＝℃＋273.15）。

对 n mol 的任何气体，

$$pV = nR^* T \tag{1.1}$$

对单位体积包含有 n_0 个分子的某种气体，理想气体方程为

$$p = n_0 kT$$

对于质量为 m 的某种气体，其状态方程为

$$pV = mRT$$

式中，R 的值与所考虑具体气体类型有关。

由于 $n＝m/M$（其中 M 为该气体的摩尔分子量），因而

$$pV = nMRT$$

对照(1.1)式可知，$R=R^*/M$，R 为 1 克某种气体的个别气体常数。

如果气体的密度记为 ρ，则 $\rho＝m/V$，因而气体方程也可以写为

$$p = \rho RT \tag{1.2}$$

对于单位质量气体(1 kg)，气体状态方程也可表示为

$$p\alpha = RT \tag{1.3}$$

式中，α 为比容或单位质量气体所占的体积。

如果干空气的压强和比容分别为 p_d 和 α_d，则类如(1.3)式的理想气体方程可写为

$$p_d\alpha_d = R_d T \tag{1.4}$$

式中，R_d 是 1 kg 干空气的气体常数。类似地，可以把干空气中气体诸成分的总质量（以 g 为单位）除以混合气体总的摩尔数定义为干空气的视摩尔分子量 M_d；即

$$M_d = \frac{\sum_i m_i}{\sum_i \dfrac{m_i}{M_i}} \tag{1.5}$$

式中，m_i 和 M_i 表示混合气体内第 i 种成分的质量和摩尔分子量。干空气的视摩尔分子量是 28.97。所以 1 kg 干空气的气体常数由下式给出

$$R_d = 1000 \frac{R^*}{M_d} = 1000 \frac{8.3145}{28.97} = 287.0 (\text{J} \cdot \text{K}^{-1} \cdot \text{kg}^{-1}) \tag{1.6}$$

对于空气中的个别气体成分，也可以应用理想气体方程。例如，对于水汽有

$$e\alpha_v = R_v T \tag{1.7}$$

式中，e 和 α_v 分别是水汽压强和水汽比容，R_v 是 1 kg 水汽的气体常数。由于水的分

子量是 $M_w(=18.016)$，而 M_w 水汽的气体常数是 R^*，故有

$$R_v = 1000 \times \frac{R^*}{M_w} = 1000\,\frac{8.3145}{18.016} = 461.51(\text{J} \cdot \text{K}^{-1} \cdot \text{kg}^{-1}) \qquad (1.8)$$

由(1.6)和(1.7)式，可得

$$\frac{R_d}{R_v} = \frac{M_w}{M_d} \equiv \varepsilon = 0.622 \qquad (1.9)$$

由于空气是一种混合气体，它遵循道尔顿分压定律。该定律指出，在互不起化学反应的成分混合而成的气体内，其总压强应等于各成分气体分压强之总和。气体分压强是指各成分气体当温度和体积均与混合气体的温度和总体积相同时所具有的压强。

可以证明，湿空气的视分子量比干空气要小(习题 1.1)，所以，根据(1.6)式，1 kg 湿空气的气体常数要比 1 kg 干空气的气体常数大。然而，在理想气体方程中，与其使用一个湿空气气体常数(该常数的确切值决定于空气中的水汽量，后者变化很大)，倒不如保持干空气气体常数而采用一个虚假的温度(称为虚温)更为方便。虚温的表达式可以按下列步骤推得。

假定有温度为 T，总压强为 p，体积为 V 的一块湿空气，其中所含干空气质量为 m_d，水汽质量为 m_v，则此湿空气的密度 ρ 可由下式给出

$$\rho = \frac{m_d + m_v}{V} = \rho'_d + \rho'_v$$

式中，ρ'_d 是相同质量干空气单独充满全部体积 V 时所具有的密度，ρ'_v 是相同质量水汽单独充满全部体积 V 时所具有的密度。可以将这些密度称为分密度。由于 $\rho'_d + \rho'_v$，看起来好像湿空气密度 ρ 比干空气密度为大。事实并非如此，因为分密度 ρ'_d 比实际干空气密度要小。依次对水汽和干空气使用(1.2)式，得

$$e = \rho'_v R_v T$$

及

$$p'_d = \rho'_d R_d T$$

式中，e 和 p'_d 分别为水汽和干空气施加的分压强。另外，由道尔顿分压定律，

$$p = p'_d + e$$

把上述最后四个方程相结合

$$\rho = \frac{p - e}{R_d T} + \frac{e}{R_v T}$$

或

$$\rho = \frac{p}{R_d T}\left[1 - \frac{e}{p}(1 - \varepsilon)\right]$$

式中，ε 的定义已在(1.9)式给出。上述最后一个方程可写为

$$p = \rho R_d T_v \qquad (1.10)$$

式中,

$$T_v \equiv \frac{T}{1 - \frac{e}{p}(1 - \varepsilon)} \tag{1.11}$$

式中,T_v 称为虚温。如果把这个虚假的温度(而不是实际的温度)用于湿空气,那么就可以把湿空气的总压强 p 和密度 ρ,通过理想气体方程的一种形式即(1.10)式联系起来,但气体常数保持与单位质量干空气气体常数(R_d)相同,并且实际温度 T 要用虚温 T_v 来代替。由此可以认为,虚温是干空气为了要在相同压强下具有与湿空气相同的密度所必须具有的温度。由于在同温同压下,湿空气密度要比干空气小,因此虚温始终要比实际温度高。但是,即使非常暖而湿的空气,其虚温也仅比实际温度高几度(见习题 1.3)。

1.2.3 大气中的水汽

与氮、氧相比,大气中的水汽含量很小,约占空气的 $0.1\% \sim 4\%$,但水汽在天气过程、气候变化、地气系统的能量交换和水循环中扮演非常重要的角色。如果没有水汽,地球上就不会有云、雾、雨、雪、露等天气现象。水汽也是大气中唯一在大气温度变化范围内可以发生相变的成分,也是一种重要的温室气体。

大气中的水汽主要来自江河、湖泊、海洋的水分蒸发,植物的散发,以及其他含水物质的蒸发,所以,在对流层内,高度越高,空气中的水汽含量一般越少,约大于 90% 的水汽量在 500 hPa(中纬度地区约 5 km)以下,其中 50% 的水汽量集中在 850 hPa(约 1.5 km)以下。但水汽量随高度的具体分布往往比较复杂,受到温度垂直分布、对流运动、湍流交换、云层的凝结和蒸发以及降水等多种因素的影响。在平流层内水汽分布比较均匀,约在 $1 \sim 3$ ppmm① 范围变化,尽管也曾观测发现平流层内含有更多的水汽量和很大的变化率。

水汽也是大气中变化最活跃的成分,它随温度、气压、时间和空间变化剧烈。地面大气中的水汽量随着纬度的增加而减少,在热带海洋上空,大气水汽含量较高,而在极区冬季,水汽含量极低。水汽量的年变化也很明显,北京夏季水汽混合比有时可达到 30 g/kg,冬季有时小于 5 g/kg。为比较地球上不同水分的分配状况,表 1.2 列出了全球不同水分分配的估计值。由表 1.2 可见,绝大部分水分储存在海洋、极冰及河流、湖泊、地下水中。在陆地水中,极冰量最大,地下水次之,河湖的水量比较少。大气中的水汽仅占地球上总水量的 0.001%,即十万分之一,相当于覆盖全球表面的厚度为 2.5 cm 的水层。

---

① 1 ppmm 为在 1 百万个空气分子所拥有的质量含有所考虑气体分子的质量数。

表 1.2　全球水分分配估计

类型	覆盖面积(10^6 km^2)	水量(10^{15} t)	占总水量百分比(%)
全球海洋	360	1350	97.57
极冰	16	25	1.81
陆地上的水	134	河湖水 0.2	0.62
		地下水 8.6	
大气中的水汽	510	0.013	0.001
冰云和水云	≈230	0.00008	

1.2.4　大气湿度的表示方法

在上一节,已根据水汽所造成的水汽压 e 证明了空气中有水汽存在,还引进了虚温的概念来量化水汽对空气密度的影响。但是,由于测量方法及实际应用的不同,一定量空气中的水汽量可以使用许多不同的方法表示。测量水汽含量的最基本方法是称重法,即直接测量一定体积湿空气中的水汽质量和干空气质量,由此可得到最基本的湿度参量——混合比与比湿,其他湿度参量是导出量。下面将介绍其中较重要的一些表示法。还必须讨论空气中有水汽凝结时发生的情况。

(1)混合比与比湿

设一定体积空气中含有水汽质量 m_v,干空气质量 m_d,定义混合比 w 为水汽与干空气的质量比,即

$$w = \frac{m_v}{m_d} \tag{1.12}$$

混合比常用每千克空气中水汽的克数表示(但在解答计算习题时,w 必须表达为无量纲数,例如,每千克干空气中水汽的克数)。在大气中,混合比 w 的典型量值,介于在中纬度的每千克几克和在热带的 20 g·kg^{-1} 左右。如果既无凝结又无蒸发发生,气块的混合比为常数。

单位质量湿空气中水汽的质量 m_v 所占的比例,称作比湿 q,也就是

$$q = \frac{m_v}{m_v + m_d} = \frac{w}{1 + w} \tag{1.13}$$

由于 w 的量值只有百分之几,因而 w 和 q 在数值上几乎相等。

例题 1.1　若空气中含有混合比为 5.5 g·kg^{-1} 的水汽,总压强为 1026.8 hPa,试计算水汽压 e。

解答:混合气体中任何一种成分的分压强正比于混合气体中该成分的摩尔数。所以,空气中水汽压强 e 可用下式表示

$$e = \frac{n_{\mathrm{v}}}{n_{\mathrm{d}} + n_{\mathrm{v}}} p = \frac{\dfrac{m_{\mathrm{v}}}{M_{\mathrm{w}}}}{\dfrac{m_{\mathrm{d}}}{M_{\mathrm{d}}} + \dfrac{m_{\mathrm{v}}}{M_{\mathrm{w}}}} p \tag{1.14}$$

式中, n_{v} 和 n_{d} 分别为混合气体中水汽和干空气的摩尔数, M_{w} 是水分子量, M_{d} 是干空气的视分子量, p 为湿空气的总压强。据(1.9)式和(1.12)式,得到

$$e = \frac{w}{w + \varepsilon} p \tag{1.15}$$

式中,由(1.9)式定义, $\varepsilon = 0.622$ 。将 $p = 1026.8 \ \mathrm{hPa}$ 及 $w = 5.5 \times 10^{-3} \ \mathrm{kg \cdot kg^{-1}}$ 代入(1.15)式后,得到 $e = 9.0 \ \mathrm{hPa}$ 。

由(1.15)式也可以得到水汽压与混合比及比湿的关系:

$$w = \frac{\varepsilon e}{p - e} \tag{1.16}$$

$$q = \frac{\varepsilon e}{p - 0.378e} \tag{1.17}$$

由于大气中通常 $e < 60 \ \mathrm{hPa}$,所以可认为

$$w \approx q \approx \frac{\varepsilon e}{p} \tag{1.18}$$

(2)饱和水汽压

假定一个封闭的小盒,盒底有温度为 T 的纯水覆盖。如果最初盒子中空气是完全干燥的。水将因此而开始蒸发,在蒸发的过程中,小盒中的水分子数及因此而导致的水汽压将会增加。当水汽压增加时,由汽相凝结返回液相的水分子速率,也会增加。如果凝结率低于蒸发率,那么就称小盒中的空气在温度 T 时是未饱和的(图 1.2a)。当小盒中的水汽压增加到某点,在此点,凝结率等于蒸发率(图 1.2b),那么就称,小盒中的空气

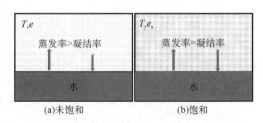

图 1.2　一个在温度 T 下相对于平纯水面(a)未饱和及(b)饱和的小盒。图中小点表示水分子,而箭头的长度表示蒸发和凝结的相对速率。温度 T 条件下在平纯水面上的饱和(亦即平衡)水汽压为 e_{s}

相对于温度为 T 的平纯水面是饱和的,这时,由水汽施加的压强 e_{s} 称为温度 T 时平纯水面上的饱和水汽压。

类似地,如果把图 1.2 中的水换作温度为 T 的平纯冰面,并且水汽的凝华率等于冰的升华率,那么由水汽施加的压强 e_{si} 就是温度为 T 时平纯冰面上的饱和水汽压。理论上,饱和水汽压可由热力学导出(见 2.4.3 节)的克拉珀龙-克劳修斯方程决定,即

$$\frac{\mathrm{d}e_s}{\mathrm{d}T} = \frac{L_v e_s}{R_v T^2} \tag{1.19}$$

式中，$e_s(T)$ 是纯水平液面时的饱和水汽压；R_v 是水汽的比气体常数；L_v 是相变（汽化）潜热。假定汽化热 L_v 为常数，由上式可得到 $e_s(T)$ 的积分表达式

$$e_s(T) = e_{s0} \exp\left[\frac{L_v}{R_v}\left(\frac{1}{T_0} - \frac{1}{T}\right)\right] \tag{1.20}$$

式中，e_{s0} 是 T_0（273.15 K）时的饱和水汽压。但实际上汽化热随温度的降低而略有增加，因此由上式计算的理论值与实验值不完全符合。

世界气象组织建议的饱和水汽压公式是戈夫-格雷奇（Goff-Gratch）公式（纯水汽）：

对平液面，$-49.9 \sim 100$ ℃范围内，

$$\lg e_s = 10.79574(1 - T_{00}/T) - 5.02800\lg(T/T_{00}) + 1.50475 \times$$
$$10^{-4}[1 - 10^{-8.2969(T/T_{00}-1)}] + 0.42873 \times 10^{-3}[10^{4.7695(1-T_{00}/T)} - 1] + 0.78614$$

对平冰面，$-100 \sim 0.0$ ℃范围内，

$$\lg e_{si} = -9.09685(T_{00}/T - 1) - 3.566541\lg(T_{00}/T) + 0.87628(1 - T/T_{00}) + 0.78614$$

以上两式中，T 是热力学温度（K），$T_{00} = 273.16$ K 是水的三相点温度。

实际工作中常采用简单的特滕斯（Tetens）经验公式计算饱和水汽压：

$$e_s = 6.1078 \exp\left[\frac{17.2693882(T - 273.16)}{T - 35.86}\right] \tag{1.21a}$$

$$e_{si} = 6.1078 \exp\left[\frac{21.8745584(T - 276.16)}{T - 7.66}\right] \tag{1.21b}$$

若转换成以 10 为底的指数形式，则是

$$e_s = e_{s0} 10^{\frac{at}{b+t}} \tag{1.22}$$

式中，t 是摄氏温度，a 和 b 是常数，对水面：$a = 7.5$，$b = 237.3$；对冰面：$a = 9.5$，$b = 265.5$。

Bolton(1980)指出，在低温下（1.21a）式的误差比较大（例如 $t = -30$ ℃，误差 2%），求 0 ℃以下的水面饱和水汽压值时，采用下式较合适

$$e_s = 6.112 \exp\left[\frac{17.67t}{t + 243.5}\right] \tag{1.23}$$

式中，t 是摄氏温度。

在一般情况下，Tetens 经验公式已能满足对精度的要求。式中水面和冰面的常数不同，反映了冰面饱和水汽压 e_{si} 小于同温度下水面饱和水汽压 e_s 的实验事实。水分子从水面或冰面上蒸发的速率都随温度的升高而增大。于是，e_s 和 e_{si} 两者均随着升温而增大，而且它们的值仅决定于温度。在图 1.3 中给出了 e_s 和 $e_s - e_{si}$ 随温度的变化关系。可以看出，$e_s - e_{si}$ 的值约在 -12 ℃处达最大值。所以，一个冰粒如果处于

水面饱和的空气中,它将由于水汽在它上面凝华而长大。在 4.4 节将看到这种现象对于某些云中降水质粒的初期增长起重要作用。

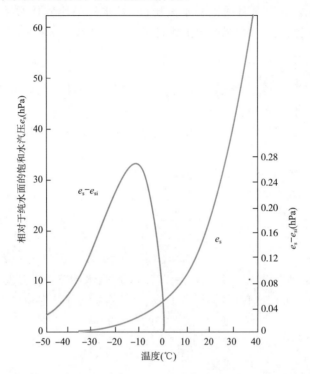

图 1.3　在平纯水面上的饱和(即平衡)水汽压 e_s(标度在左侧)及 e_s 与平冰面上饱和水汽压 e_{si} 之差(右侧标度)随温度变化的曲线(引自 Wallace and Hobbs,2006)

（3）饱和混合比

相对于水的饱和混合比 w_s 是指相对于平纯水面饱和的、给定体积空气内的水汽质量 m_{vs},与干空气质量 m_d 之比。也就是

$$w_s = \frac{m_{vs}}{m_d} \tag{1.24}$$

由于水汽和干空气两者均遵循理想气体方程,故有

$$w_s = \frac{\rho'_{vs}}{\rho'_d} = \frac{e_s}{R_v T} / (\frac{p - e_s}{R_d T}) \tag{1.25}$$

式中,ρ'_{vs} 是温度 T 时相对于水来说空气要达到饱和所需要的水汽分密度,ρ'_d 是干空气的分密度,p 是总压强。把(1.25)式和(1.9)式相结合,得到

$$w_s = 0.622 \frac{e_s}{p - e_s}$$

在地球大气中所观测到的温度范围内,$p \gg e_s$,故有

$$w_s = 0.622 \frac{e_s}{p} \tag{1.26}$$

因此,在给定温度下,饱和混合比与总压强成反比。

（4）相对湿度、露点和霜点

相对于液水的相对湿度（RH）,是空气的实际混合比 w 与同温度同气压下相对于平纯水面的饱和混合比 w_s 之比（以百分比表示）。即

$$RH = 100 \frac{w}{w_s} \approx 100 \frac{e}{e_s} \tag{1.27}$$

露点 T_d 是把空气在不改变气压的情况下,冷却到相对于平纯水面来说达到饱和时的温度。换句话说,露点是这样的一个温度,在该温度下相对于液水的饱和混合比 w_s 等于实际混合比 w。因此,当温度为 T,压强为 p 时,相对湿度由下式给出

$$RH = 100 \frac{w(\text{在温度为} T_d, \text{压强为} p \text{时})}{w_s(\text{在温度为} T, \text{压强为} p \text{时})} \approx 100 \frac{e}{e_s} \tag{1.28}$$

对于 $RH > 50\%$ 的湿空气来说,把 RH 转换为温度露点差（$T - T_d$）的一个简单规则是:RH 每减小 5%（从 $T_d =$ 干球温度 T 开始,这时 $RH = 100\%$）,T_d 降低约 $1 ℃$。例如,如果 RH 是 85%,那么 $T_d = T - \left(\frac{100 - 85}{5}\right)$,因而温度露点差 $T - T_d = 3 ℃$。冰面的相对湿度 RH_i 可仿照（1.27）式推导,只需将 $e_s(T)$ 换成冰面饱和水汽压 $e_{si}(T)$ 即可。

霜点 T_f 是指在不改变气压的条件下,把空气冷却到相对于平纯冰面为饱和时的温度。相对于冰的饱和混合比以及相对湿度,可以利用相对于水的相应定义来类推。图 1.4 是水的相变平衡曲线和露点、霜点示意图,图中 O 是三相点,M 是空气状态（T_1, e_i）。等压降温时,若在 $0 ℃$ 以下,将先后达到霜点（凝华）和露点（凝结）,这是因水面和冰面饱和水汽压不同所造成的。在极为纯净的大气中,凝结和凝华过程都不容易发生,有可能达到过饱和状态。然而,大气内总含有丰富的凝结核或有固体表面存在,故气温降到露点就会在凝结核或固体表面上凝结。因此,在近地面大气中,相对湿度一般不超过 101%,但在强对流上升运动区,也曾观测到超过 5% 的水面过饱和度（Pruppacher and Klett,2000,图 2-2）。

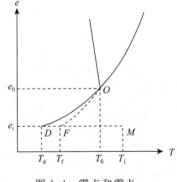

图 1.4　露点和霜点

露点完全由空气的水汽压决定,在等压冷却过程中水汽压不变,露点也不变,所以它在等压过程中是保守量。露点可由露点仪直接测得,也可由其他湿度参量换算得到。

由上述可知,湿度参量比较多,其中除相对湿度表示空气接近饱和的程度,是相对量以外,其余的都表示水汽的绝对含量。常用的相对量还有饱和差($E-e$)、温度露点差($T-T_d$)等。

1.2.5 大气的垂直分层

根据大气热力性质(温度)、电离状态和化学组分等随高度变化的特征,可把大气圈分为不同的层次。在气象上,通常按大气的热力性质,即根据大气温度随高度的分布特点,把大气由地面向上分成对流层、平流层、中间层和热层。图 1.5 分别给出了纬向平均的温度经向剖面图和中纬度平均温度随高度的分布。

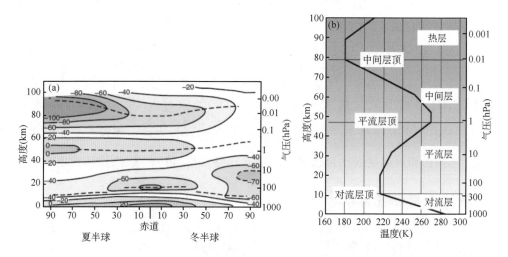

图 1.5 (a) 纬向平均的温度经向剖面图;(b) 中纬度大气的平均温度垂直分布(改编自 Wallace and Hobbs,2006)

(1)对流层

如图 1.5b 所示,对流层位于大气圈的最下部,其厚度在赤道地区约为 17~18 km,在中纬度平均约 12 km,在极地约为 8 km。对流层同平流层之间的过渡区,厚度约几百米至一两千米,称为对流层顶。虽然赤道地区地面温度比极地高得多,但极地对流层顶的温度却比热带对流层顶的温度约高 15~25 ℃。这种现象与热带地区对流运动剧烈,垂直气流能达到很高的高度有关。中纬度地区对流层顶的坡度很大,并且常是不连续的,这些间断处有利于对流层与平流层及其上层大气的物质交换。对流层顶的高度还和地形及海、陆分布有关,例如我国对流层顶在夏季普遍高于 12 km,西南地区达到 18 km。

虽然在对流层的某些高度范围内有时会存在温度随高度递增(逆温)的情形,但平均而言,对流层内的温度随高度增加而递减,递减率为 6.5 K/km(图 1.5a)。这是对流层的一个最重要的热力特征,主要归因于太阳对地气系统的辐射加热过程。太阳辐射主要加热地面,地面的热量再通过传导、对流、辐射等方式传递给大气,因而近地面的温度较高,远离地面的大气温度较低。这一热力特征也有利于水汽和气溶胶粒子等大气成分在垂直方向上的输送。对流层里集中了大气质量的 3/4 和几乎全部水汽,又有强烈的垂直运动,因此主要的天气现象和过程如寒潮、台风、雷雨、闪电等都发生在这一层。对流层顶附近温度垂直递减率发生突变,温度随高度基本不变或略有升高。气象观测规范中规定,当温度递减率减小到 2 K/km 或更小时的最低高度,就可确定为对流层顶。

由地表到 $1\sim2$ km 的大气层称为行星边界层,是与地球生物圈和人类活动最密切的大气层,这里受地表过程的影响和地气相互作用也最强烈。

综上所述,对流层的主要特点是:大气温度随高度递减,气象要素的水平分布不均匀,大气的垂直混合作用强。

(2)平流层

平流层是从对流层顶至约 50 km 高度范围内的大气层。主要由于大气臭氧对太阳紫外辐射的强烈吸收,平流层内温度随高度的增加而升高,并且在平流层上半部的温度升高明显大于下半部,到平流层顶,温度可达 $270\sim290$ K。由于这一热力特征,平流层内空气主要做水平运动,对流运动微弱。大气气溶胶进入平流层后,能长期存在,从而形成了平流层气溶胶层。例如,强火山喷发(如 1992 年菲律宾的皮纳图博火山爆发)的尘埃能在平流层内维持 $2\sim3$ 年,它能强烈反射和散射太阳辐射,导致平流层增温,对流层降温,影响地气系统的能量收支。

在平流层下部,即对流层向上几千米范围内,除了温度随高度的变化明显不同于对流层外,水汽含量也迅速下降,而臭氧含量却迅速增加,表明这里垂直方向上混合的不充分。在高纬地区(特别是在南极地区),冬季还可能存在平流层云,它在平流层的光化学反应和臭氧层破坏中扮演重要角色。

(3)中间层

中间层从平流层顶到约 85 km 左右的大气层。类似于对流层的情况,中间层的温度也是随高度的增加而递减,而且递减的速率远大于对流层的情形。由于很大的温度递减率,中间层内垂直对流和湍流混合相当强烈,因而也称中间层为高空对流层。中间层顶距地 $80\sim85$ km(气压约为 0.1 hPa),年平均温度约 190 K。在高纬地区,有时会出现夜光云。平流层和中间层大气均属于中层大气范畴,其总质量约为大气总质量的 1/4。

(4)热层和外逸层

热层从中间层顶至 250 km(太阳宁静期)或 500 km(太阳活动期)的大气层。由于大气直接强烈吸收波长 0.175 μm 以下的太阳辐射,这一层的温度随高度的增加迅速升高,可高达 2000 K。由于太阳的微粒辐射和宇宙空间的高能粒子能显著地影响这层大气的热状况,故温度在太阳活动高峰期和宁静期能相差几百至一千多摄氏度。在热层上部,温度不再随高度的增加而增高的起始高度称热层顶,其高度在太阳宁静期约为 250 km,在太阳活动期可增至 500 km 左右。由于大气吸收太阳紫外辐射后的光解作用,热层大气处于高度电离的状态。在这一层的高纬度地区经常会出现一种辉煌瑰丽的大气光学现象——极光。

在热层之上直到 2000～3000 km 是大气的最外层,空气极端稀薄,一些高速运动的中性分子可摆脱地球重力场,向星际空间逃逸,因而常称为逃逸层。

根据大气的电磁特性,大气圈可以分为中性层、电离层和磁层。中性层指从地表至 60 km 左右高度的大气层。在中性层,一般情况下带电粒子很少,主要由中性气体组成。电离层指地表以上 60 km 到 500～1000 km 的气层。在太阳电磁辐射(主要是短于 0.1 μm 的紫外线、X 射线)和微粒辐射(从太阳发出的质子、电子等及宇宙射线粒子)的作用下,空气分子和原子(N_2,O_2,O 等)开始电离为正离子和自由电子。这些正离子和自由电子一旦产生又倾向于复合,最后建立起平衡,形成电子密度的垂直分布。虽然电子密度只占中性气体的百分之几,但因它是被电离了的,所以在高层大气中引起一些很重要的现象,这些现象包括产生电流和磁场,对无线电波产生反射,因此对无线电通信很重要。磁层起始于 500～1000 km,其外部边界称为磁层顶。由于电离层以上的电子密度随高度递减,在这个高度上的带电粒子和中性气体粒子之间很少有碰撞机会,相互作用很小,所以带电粒子愈来愈受地球磁场的控制,并沿着地球的磁力线作回旋运动。

1.3　大气静力学

1.3.1　流体静力学平衡与流体静力学方程

大气中任何高度上的气压是指该高度以上所有空气的重量施加的对单位面积上的力。于是,大气压是随着地面以上高度的增加而减小的(以同样的方式,在一摞泡沫床垫中任何一层上的压力,决定于该层之上有多少床垫)。由于大气压随高度的减小而施加在一个水平空气薄片上净的向上的力,一般非常接近与重力在空气片上引起的向下的力相平衡。如果施加在空气片上净的向上的力等于向下的力,那么该大气被称为是处于静力平衡。现在要推导大气在静力平衡下的一个重要方程。

考虑一个具有单位水平横截面积的垂直空气柱(图 1.6)。气柱内处于高度 z 与 $z+\delta z$ 之间的空气薄块质量为 $\rho\delta z$,ρ 是高度 z 处的空气密度。由于此空气块的重量而作用于此气柱向下的力是 $g\rho\delta z$,这里 g 是高度 z 处的重力加速度。现在考虑由于周

围空气压强而造成的作用于空气块上净的垂直
方向上的力。假设从高度 z 出发,上升到高度
$z+\delta z$,压强变化值为 δp,如图 1.6 所示。因为
压强是随高度减小的,所以 δp 必定为负值,且
在空气块下表面上的向上压强必定比空气块上
表面上的向下压强要稍微大些。因而,由于垂
直气压梯度造成的作用于气块上沿垂直方向的
净力是向上的,并且由正值 $-\delta p$ 给出(如图 1.6
所示)。

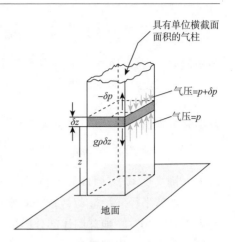

　　对于处于流体静力学平衡中的大气,在垂
直方向上力的平衡式为

$$-\delta p = g\rho\delta z$$

或者,在极限情况 $\delta z \to 0$,

$$\frac{\partial p}{\partial z} = -g\rho \qquad (1.29)$$

方程(1.29)式称为流体静力学方程。应该指
出,(1.29)式中的负号,是为了保证压强随高
度增加而减小而加上去的。由于 $\alpha=1/\rho$,所以
(1.29)式可写为

$$g\mathrm{d}z = -\alpha\mathrm{d}p \qquad (1.30)$$

　　若在高度 z 处的压强是 $p(z)$,根据(1.29)
式,在地球之上某一固定高度,得到

$$-\int_{p(z)}^{p(\infty)}\mathrm{d}p = \int_{z}^{\infty} g\rho\mathrm{d}z$$

或者,由于 $p(\infty)=0$,

图 1.6　在无垂直加速度的大气(即
大气处于流体静力学平衡)中垂直方向
上力的平衡。图中蓝色短箭头表示由阴
影空气块上面空气的压强施加的对阴影
块内空气向下的作用力;蓝色长箭头表
示由阴影空气块下面的空气的压强施加
的对阴影块内空气向上的作用力。由于
阴影块的横截面是单位面积,因而这两
个压强在数值上与力相等。由这两个压
强的差值($-p$)造成的净的向上的力由
指向上的粗黑箭头表示。由于压强增量
p 为负值,因此 $-p$ 为正值。向下指的粗
黑箭头表示由于阴影块内空气的质量施
加在阴影块上的力。(引自 Wallace and
Hobbs,2006)

$$p(z) = \int_{z}^{\infty} g\rho\mathrm{d}z \qquad (1.31)$$

也就是说,高度 z 处的气压,等于该高度以上单位横截面积的垂直柱体内空气的重量。
如果地球大气的质量在全球是均匀分布的,在保留地球目前地形的情况下,则在海平面处
的压强应为 1.013×10^{5} Pa,或 1013 hPa,把它称为一个大气压(1 Atmosphere 或 1 atm)。

1.3.2　大气质量及其垂直分布

　　要估计大气的总质量,应该先求出单位截面积上空气柱的质量。此空气柱的下
界是海平面,上界是大气上界,由于大气和行星际空间没有明显分界,可以取离地面
无限远处为上界。单位截面积上空气柱质量为:

$$m_0 = \int_0^\infty \rho \mathrm{d}z$$

利用静力学方程 $\mathrm{d}p = -\rho g \mathrm{d}z$ 及大气上界处气压为零的条件,有

$$m_0 = -\int_{p_0}^0 \frac{\mathrm{d}p}{g} = \int_0^{p_0} \frac{\mathrm{d}p}{g} \tag{1.32}$$

若把 g 近似地当作常数,并取 $g = 9.8 \text{ m/s}^2$ 及海平面处 $p_0 = 101325 \text{ Pa}$,则

$$m_0 \approx \frac{p_0}{g} = \frac{101325}{9.8} = 10339(\text{kg/m}^2)$$

因为 g 随高度减小,因此以上估算的 m_0 值比实际大气的要小一些。

　　设地球半径 $r_e = 6.37 \times 10^6 \text{ m}$,则由 m_0 乘以地球表面积 $4\pi r_e^2$ 得到大气的总质量约为 $5.27 \times 10^{15} \text{ t}$。地球固体部分质量估计为 $6.0 \times 10^{21} \text{ t}$,海洋的质量为 $1.40 \times 10^{18} \text{ t}$,可知气圈质量为水圈质量的 $1/267$,不及陆圈质量的 $1/10^6$。

　　对于以等压面 p_1 和 p_2 为上下界面的气层,单位截面积气柱的质量为

$$m = \int_{p_2}^{p_1} \frac{\mathrm{d}p}{g} = \frac{p_1 - p_2}{g} \tag{1.33}$$

与整个空气柱质量相比,这一段空气柱质量所占比例为

$$\frac{m}{m_0} = \frac{p_1 - p_2}{p_0} \tag{1.34}$$

　　表 1.3 是根据标准大气中各高度的气压值(中纬度平均状况),利用(1.34)式估算了不同高度以下的大气质量占整个大气质量的百分比。可以看出,对流层内集中了约 3/4 质量的大气,而包括平流层在内的 50 km 以下的气层中集中了几乎全部的大气质量,但这个厚度和地球半径相比是相当浅薄的。

表 1.3　不同高度以下大气质量占整个大气质量的百分比

高度	11 km	30 km	50 km	90 km
气压	226.4 hPa	11.97 hPa	0.8 hPa	1.8×10^{-3} hPa
m/m_0	77.6%	98.8%	99.92%	99.999%

1.3.3　位势和位势高度

　　地球大气内任意一点上的重力位势 Φ 的定义是,把 1 kg 物质从海平面举到该点时反抗地球重力场所必须作的功。换句话说,Φ 是单位质量的重力位能。重力位势的单位是 $\text{J} \cdot \text{kg}^{-1}$ 或 $\text{m}^2 \cdot \text{s}^{-2}$。海平面以上高度 z 处,作用在 1 kg 物质上的力(以牛顿为单位)在数值上等于 g。1 kg 物质从 z 举到 $z + \mathrm{d}z$ 时所作的功(以焦耳为单位)是 $g\mathrm{d}z$,因此有

$$\mathrm{d}\Phi \equiv g\mathrm{d}z$$

或利用(1.30)式

$$d\Phi \equiv g\,dz = -\alpha\,dp \tag{1.35}$$

这样,在高度 z 处重力位势 $\Phi(z)$ 可由下式给出

$$\Phi(z) = \int_0^z g\,dz \tag{1.36}$$

　　根据传统,上式中已将海平面高度($z=0$)上的重力位势 $\Phi(0)$ 取为零。大气中某一特定点上的重力位势仅取决于该点的高度,而与单位质量物质到达该点所取的路径无关。把一千克物质从具有重力位势 Φ_A 的 A 点移到具有重力位势 Φ_B 的 B 点所作的功是 $\Phi_B - \Phi_A$。

　　还可以定义一个称为位势高度 Z 的量如下:

$$Z \equiv \frac{\Phi(z)}{g_0} = \frac{1}{g_0} \int_0^z g\,dz \tag{1.37}$$

式中, g_0 是地球表面处的全球平均重力加速度(取为 $9.81\ \mathrm{m \cdot s^{-2}}$)。在能量起重要作用的大多数大气应用问题中,位势高度常用作垂直坐标(例如,在大尺度运动中的问题)。从表 1.4 中可以看出,在 $g_0 \approx g$ 的低层大气中 z 和 Z 的值几乎相同。

表 1.4　几何高度值(z),位势高度值(Z)以及在纬度 40°处的重力加速度(g)

z(km)	Z(km)	$g(\mathrm{m \cdot s^{-2}})$
0	0	9.81
1	1.00	9.80
10	9.99	9.77
100	98.47	9.50
500	463.6	8.43

　　由于密度 ρ 不能直接测量,所以在气象的实际问题中处理密度 ρ 很不方便。利用(1.2)式消去(1.29)式中的 ρ,得到

$$\frac{\partial p}{\partial z} = -\frac{pg}{RT} = -\frac{pg}{R_d T_v}$$

移项并利用(1.35)式,则有

$$d\Phi = g\,dz = -RT\frac{dp}{p} = -R_d T_v\frac{dp}{p} \tag{1.38}$$

现在,分别在重力位势为 Φ_1 和 Φ_2 及相应的气压为 p_1 和 p_2 的气层间进行积分,则得

$$\int_{\Phi_1}^{\Phi_2} d\Phi = -\int_{p_1}^{p_2} R_d T_v\frac{dp}{p}$$

或者

$$\Phi_2 - \Phi_1 = -R_d \int_{p_1}^{p_2} T_v\frac{dp}{p}$$

用 g_0 除以上面方程两边,并把积分限颠倒后得

$$Z_2 - Z_1 = \frac{R_d}{g_0} \int_{p_2}^{p_1} T_v \frac{\mathrm{d}p}{p} \qquad (1.39)$$

这一差值 $Z_2 - Z_1$ 称之为气压 p_1 和 p_2 之间大气层的(重力位势)厚度。

1.3.4　标高和压高公式

对于等温(温度不随高度变化)大气来说,如果虚温订正可忽略,则(1.39)式可写为

$$Z_2 - Z_1 = H\ln(p_1/p_2) \qquad (1.40)$$

或

$$p_2 = p_1 \exp\left[-\frac{(Z_2 - Z_1)}{H}\right] \qquad (1.41)$$

式中,

$$H \equiv \frac{RT}{g_0} = 29.3\,T \qquad (1.42)$$

称为标高。

由于湍流层顶(约 105 km 处)以下的大气是充分混合的,所以各种气体成分的压强与密度都是根据一个与气体常数 R 成反比(因而与混合大气视分子量成反比)的标高,以相同速率随高度减小的。如果把 T_v 取为 255 K(接近于对流层和平流层的平均值),从(1.42)式可求得大气中空气的标高 H 为大约 7.5 km。

在湍流层顶以上,气体的垂直分布主要受分子扩散所支配,于是空气中每种个别气体成分均可定义其各自的标高。由于每种气体成分的标高正比于该气体单位质量的气体常数,而单位质量的气体常数本身又反比于该气体的分子量,所以在湍流层顶上方较重气体的压强(及密度)随高度减小率比那些较轻的气体为大。

大气温度通常随高度而变化,因而虚温订正并不总是能够被忽略。在这种更一般的情况下,如果定义一个相对于 p 的平均虚温 $\overline{T}_v$,如图1.7中所示,就可以对(1.39)式进行积分。即

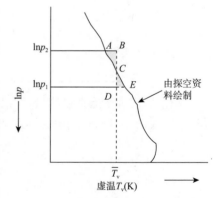

图 1.7　虚温垂直廓线或探空。如果面积 ABC＝面积 CDE,则 $\overline{T}_v$ 为气压层 p_1 和 p_2 之间相对于 $\ln p$ 的平均虚温。(引自 Wallace and Hobbs, 2006)

$$\overline{T}_{\mathrm v} \equiv \frac{\displaystyle\int_{p_2}^{p_1} T_{\mathrm v}\,\mathrm{d}(\ln p)}{\displaystyle\int_{p_2}^{p_1}\mathrm{d}(\ln p)} = \frac{\displaystyle\int_{p_2}^{p_1} T_{\mathrm v}\dfrac{\mathrm{d}p}{p}}{\ln\left(\dfrac{p_1}{p_2}\right)} \tag{1.43}$$

于是,根据(1.39)式和(1.43)式,可得

$$Z_2 - Z_1 = \overline{H}\ln\left(\frac{p_1}{p_2}\right) = \frac{R_{\mathrm d}\,\overline{T}_{\mathrm v}}{g_0}\ln\left(\frac{p_1}{p_2}\right) \tag{1.44}$$

方程(1.44)称为测高方程。

例题 1.2 当海平面气压是 1014 hPa 时,试计算 1000 hPa 等压面的位势高度。大气标高取作 8 km。

解答:据测高公式(1.44),

$$Z_{1000\mathrm{hPa}} - Z_{\mathrm{sea\ level}} = \overline{H}\ln\left(\frac{p_0}{1000}\right) = \overline{H}\ln\left(1 + \frac{p_0 - 1000}{1000}\right) \approx \overline{H}\left(\frac{p_0 - 1000}{1000}\right)$$

式中,p_0 为海平面气压,上式已应用了当 $x \ll 1$ 时 $\ln(1 + x) \approx x$ 的关系式。以 $\overline{H} \approx 8000$ m 代入上面表达式并利用 $Z_{\mathrm{sea\ level}} = 0$(表 1.4)得

$$Z_{1000\mathrm{hPa}} \approx 8(p_0 - 1000)$$

因此,当 $p_0 = 1014$ hPa 时,可利用上式求出 1000 hPa 等压面位势高度 $Z_{1000\ \mathrm{hPa}}$ 为海拔 112 m。

1.3.5 等压面的厚度和高度

由于气压是随着高度增加而单调减小的,因而气压面(即,想象出来的在其上气压相等的表面)总不会相交。从(1.44)式可看出,两个气压面 p_2 和 p_1 之间空气层的厚度与该层的平均虚温 $\overline{T}_{\mathrm v}$ 成正比。可以这样想象:当 $\overline{T}_{\mathrm v}$ 增加时,两等压面之间的空气要膨胀,因而气层就变厚了。

例题 1.3 试计算 1000 hPa 和 500 hPa 等压面之间气层的厚度。设(a)在热带某地,这气层的平均虚温是 15 ℃,(b)在极地某处这气层的平均虚温是 −40 ℃。

解答:据(1.44)式

$$\Delta Z = Z_{500\mathrm{hPa}} - Z_{1000\ \mathrm{hPa}} = \frac{R_{\mathrm d}\,\overline{T}_{\mathrm v}}{g_0}\ln\left(\frac{1000}{500}\right) = 20.3\,\overline{T}_{\mathrm v}\ (\mathrm m)$$

所以,在 $\overline{T}_{\mathrm v} = 288$ K 的热带,$\Delta Z = 5846$ m。而在 $\overline{T}_{\mathrm v} = 233$ K 的极地,$\Delta Z = 4730$ m。

在实际业务中,厚度四舍五入取最接近的 10 m,并用什米(decameters 或 dam)表示。于是,对本例题的答案,通常情况下应分别表达为 585 什米和 473 什米。

在星载辐射计遥感大气的技术出现之前,厚度几乎都是从无线电探空资料估算的。无线电探空资料给出了大气中不同高度上气压、温度及湿度的测量值。利用图 1.7 所示的图形法,可计算各高度的虚温值 $T_{\mathrm v}$ 及估算不同气层的虚温平均值。利用

探空站网给出的各地探空资料,可制作出选定等压面上位势高度的分布形势图。这些计算,最初是由工作在业务第一线的观测员计算的,但现在已加入到复杂的资料同化业务流程中。

把空气从某一等压面移到它上面或下面的另一个等压面上时,位势高度的变化与移过的气层厚度成几何关系,而气层厚度又直接正比于此气层的平均虚温。因此,若虚温的三维空间分布已知,又知道一个等压面上位势高度的分布,就有可能推断出任何其他等压面上的位势高度分布。在三维空间温度场和等压面形状之间相同的测高关系式,可以用来定性地理解在大气扰动的三维空间结构中所具有的某些有用的特征。如下面的例子所示:

①当两层等压面之间有暖空气入侵或气层变暖时,两层等压面之间的厚度会增加(图1.8)。厚度增加的方式可以是低层等压面高度少变,而高层等压面明显升高(高空升压);或者是高层等压面高度少变,而低层等压面高度明显降低(或地面降压);或者同时出现高层等压面升高和低层等压面降低(或气压减小)的变化。

②当两层等压面之间有冷空气入侵或气层变冷时,两层等压面之间的厚度会减小。厚度减小的方式也可以是低层等压面高度少变,而高层等压面明显降低(或高空降压);或者是高层等压面高度少变,而低层等压面高度明显升高(或地面增压);或者同时出现高层等压面降低和低层等压面升高(或增压)的现象。

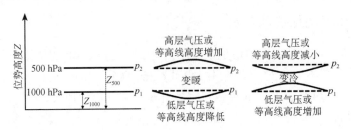

图1.8　当两相邻等压面之间变暖(或暖空气入侵)和变冷(或冷空气入侵)时两等压面高度的相应变化。横虚线表示未变化的等压面

思考题与习题

1.1　试证明湿空气的分子量小于干空气,即 $M_m \leqslant M_d$。

1.2　在某些情况下,当1000—500 hPa气层厚度大大超出正常情况时,所记录到的地面温度很低。试解释这种似乎矛盾的现象。

1.3　如果水汽占空气体积的1%(即如果它的分子数占空气中分子数的1%),请问虚温订正是多少?

1.4　若一个空气微团的比湿保持不变,当其气压变化时,其露点会如何变化?

1.5　随高度而呈指数递减的大气气压和密度,试证明在 2.3H 高度上,气压和密度都减少到原来的 1/10。其中 H 为大气标高。

1.6　为什么霜点温度比露点温度要高?

1.7　若一个低气压系统比它周围为冷则其气压低于环境气压的程度将随高度的增加而增大。为什么?

1.8　1000—500 hPa 之间的气层受到一个大小为 5.0×10^6 J·m^{-2} 的热源的加热。假设大气处于静止状态(除了与空气层膨胀有关的轻微垂直运动外),试计算由此导致的平均温度和气层厚度的增加。

1.9　有 1 kg 重的空气,如果饱和的话,在下面几种情况下,它所含的水汽质量各是多少?

(1)在地面,温度为 25 ℃,气压为 1000 hPa;

(2)在中纬度对流层顶,温度为 -50 ℃,气压为 200 hPa;

(3)在热带对流层顶,温度为 -80 ℃,气压为 90 hPa。

25 ℃时的水汽压为 31.67 hPa;-50 ℃时的冰面水汽压为 3.9×10^{-2} hPa;在 -80 ℃时,为 5.5×10^{-4} hPa。

参考文献

盛裴轩,毛节泰,李建国,等,2013. 大气物理学(第二版)[M]. 北京:北京大学出版社.

周秀骥,陶善昌,姚克亚,1991. 高等大气物理学[M]. 北京:气象出版社.

Bolton, D, 1980. The computation of equivalent potential temperature[J]. Mon Wea Rev, 108: 1946-1953.

Lyons T W, Reinhard C T, Planavsky N J, 2014. The rise of oxygen in Earth's early ocean and atmosphere[J]. Nature, 506(7488): 307-315.

Pruppacher H R, Klett J D, 2000. Microphysics of Clouds and Precipitation[M]. Kluwer Academic Publishers: 954pp.

Stocker T F, Qin D, Plattner G-K, et al, 2013. Climate Change 2013: The Physical Science Basis. Contribution of Working Group I to the Fifth Assessment Report of the Intergovernmental Panel on Climate Change[M]. Cambridge, United Kingdom and New York, NY, USA: Cambridge University Press: 1535 pp.

Wallace J M, Hobbs P V, 2006. Atmospheric Science-An Introductory Survey[M]. 2nd Ed. Elsevier.

Whitby K T, 1978. The physical characteristics of sulfur aerosols[J]. Atmos Env, 12: 135-159.

第 2 章　大气热力学基础

2.1　热力学系统

2.1.1　系统

　　热力学研究的对象是由大量微观粒子(分子或其他粒子)组成的有限宏观物质系统。一旦系统范围被确定,所有可能与之发生相互作用的其他物质称为"环境"或"外界"。例如,当研究置于大气中的容器内的气体时,很自然地把内部气体当作"系统",而把容器壁以及周围的大气(可以通过器壁对气体发生影响的那部分)归入"外界"。

　　系统与外界之间互相作用而发生能量变换,从而使系统的能量发生变化。能量交换的方式分两类,一类是系统与外界互相作功的方式,另一类是系统与外界之间热传递的方式。这两类方式互相是独立的,也就是说,既可以单独地通过作功的方式使系统的能量发生变化,又可以单独地通过热传递的方式使系统的能量发生变化,也可以同时通过作功与热传递的方式使系统的能量发生变化。

　　(1)孤立系统、封闭系统和开放系统

　　根据系统与外界相互作用的情况,可将系统分为孤立系统、封闭系统和开放系统:与外界没有任何相互作用的系统称为孤立系统;与外界有能量交换,但没有物质交换的系统称为封闭系(或闭系);与外界既有能量交换又有物质交换的系统称为开放系(或开系)。大气热力系统考虑气块在大气中所进行的变化,严格意义上说此气块为开放系统。但是,为简化起见,往往可以将之视为封闭系统——这种假设通常用于大体积系统或者此系统与其周围环境有高度同质性。封闭系统假设对于理想的热力学研究是很好的假设,然而当大范围气团因与环境交换物质而受到改变时,则此假设将不再适用,例如在对流旺盛地区,对流区强烈的混合作用使系统和周围环境有大量的物质和能量交换。

　　(2)单元系统、单相系统和多相系统

　　单一化学成分的物质,称为单质。由单质所组成的系统,称为单元系统。一种单质具有一种确定的分子量,不同的单质具有不同的分子量。由多种单质的混合物所组成的系统,称为多元系统。空气是由多种单质气体所组成的混合气体。

在系统内部的各部分宏观性质完全相同的时候,该系统称为单相系统。单元系统不一定是单相系统,例如,由水汽与液态水共同所组成的系统,虽然是由水物质所组成的单元系统,但不是单相系统。这是因为该系统内部的水汽密度与液态水密度是不同的,即水汽部分与液态水部分宏观性质互不均匀,是一种单元二相系。单相系统不一定是单元系统,例如,由混合气体所组成的单相系统,但不是单元系统,这归因于混合气体是由几种不同的单质气体均匀混合组成的。

在系统内部的各部分之间相互不均匀的时候,该系统被称为复相系统或多相系统。一个复相系统可以划分为若干(两个或以上)的均匀部分,每个均匀部分是单相的,因此,复相系统是若干个单相所组成的。例如,水物质系统内部的水汽部分和液态水部分,若这两部分各自都是均匀的,则该水物质系统是由水汽相和液态水相所组成的两相系统。两相或两相以上的系统,都是多相系统。

2.1.2 状态

(1)平衡态和非平衡态

在不受外界影响的条件下,系统内部的各部分宏观性质都不随时间而变化的情形,称该系统处于平衡态。平衡态是热力学所讨论的一种最重要的特殊情形。系统的宏观性质在平衡状态之下虽然不随时间改变,但组成系统的大量微观粒子却仍处在不断的运动之中,只是这些微观粒子运动的平均效果不变而已。因此热力学的平衡状态是一种动态平衡。其次,在平衡状态之下,系统宏观物理量的数值仍会发生或大或小的涨落,在适当的条件下可以观察到,这是统计平均的必然结果。不过,对于宏观的物质系统,在一般情况下涨落是极其微小而可以忽略的。在热力学讨论过程中,将不考虑宏观物理量的涨落而认为在平衡状态下系统的宏观物理量具有确定的数值。

在不受外界影响的条件下,系统内部的宏观性质随时间而变化的情形,称该系统处于非平衡态。在不受外界影响的条件下,只要时间足够长,系统的非平衡态最后必定变为平衡态。平衡态性质由平衡态本身决定,而与如何到达该平衡的历史无关。在外界影响下,系统的平衡态仍然可以随时间发生改变,系统的非平衡态也可以随时间而保持不变。

(2)状态参量和状态函数

当系统处于平衡态时,能够用一组相互独立的变量来描述平衡态,这些相互独立的变量称为状态参量。一组确定的状态参量表示一个确定的平衡态。例如,一个定质量的气体系统,由于气体的密度很小而可以忽略重力的影响,因此该系统在平衡态时其内部的密度和压强都是均匀分布的,即密度和压强在该系统内部处处相等;要描述这个定质量的气体系统历处的平衡态,可以用该系统的容积和压强这两个相互独立的变量来描述,一组确定的容积和压强描述了该系统的一个确定的平衡态;在容积保持不变的条件下,对该系统加热,该系统的压强就能增大,在压强保持不变的条件下,对该系统加热,该系统的容积也能增大;由此可见,容积和压强是可以独立地改变的,容积和压强对定质量的气体系统而言是一组状态参量。

当系统处于其一平衡态时,由一些状态参量所决定的单位函数称为状态函数,简称态函数。例如,一个定质量的理想气体系统,由普通物理学中的理想气体状态方程可知,这个理想气体系统在平衡态时所具有的温度取决于容积和压强,因此温度是一个态函数。

(3)强度量、广延量和比特性量

与系统的质量本身无关的状态参量以及态函数,称为强度量。强度量能够在系统内部的每个点上确定。在单相系统内部任一强度量的分布是均匀一致的。例如,由气体所组成的单相系统,其内部各个点上的密度、压强和温度部是相同的,这三个物理量都与质量本身无关,它们都是强度量。

与系统质量成正比的状态参量以及态函数称为广延量。广延量是用来描述系统整体的,不是对系统内部每个点而言的,广延量的性质不同于强度量的性质。

任一广延量 X 对质量 M 之比 X/M,称为比特性量并记为 x,即:

$$x \equiv X/M \tag{2.1}$$

比特性量 x 与 M 本身无关,x 是强度量。例如,一个单相系统的容积 V 与该系统的质量 M 本身有关,V 是广延量,但是 V 的比特性量——比容 $\alpha \equiv V/M$,α 是强度量,α 能够在系统内部的每个点上确定。虽然,α 的单位是 $cm^3 \cdot g^{-1}$,但 α 的含义决不是对单位质量而言的,这是因为确定比容 α 并不要求系统的质量为 1 g 或 1 kg(单位质量)。比容的倒数称为密度且记为 ρ,即:

$$\rho \equiv M/V \quad 或 \quad \rho \equiv 1/\alpha \tag{2.2}$$

式中,α 是强度量,ρ 也是强度量,ρ 的大小与质量 M 本身无关。

单相系统的总质量为 M,该系统的第 i 部分质量为 M_i,i 由 1 到 n(n 是一个等于或大于 2 的整数),由于整体质量 M 等于各部分质量之和,即:

$$M \equiv \sum_{i=1}^{n} M_i \tag{2.3}$$

这就是质量具有可加性的表达式。

单相系统的任一广延量 $X \equiv xM = x \sum_{i=1}^{n} M_i$,由于比特性量 x 与质量本身无关,并考虑到单相系统的比特性量处处相同(系统内均匀一致),即 $x=x_1=x_2=\cdots=x_n$,或 $x=x_i$,于是,

$$X = x\sum_{i=1}^{n} M_i = \sum_{i=1}^{n} xM_i = \sum_{i=1}^{n} (x_iM_i) \tag{2.4}$$

上式表明广延量具有可加性。

例如单相系统的容积、比容、第 i 部分容积分别为 V、α、V_i，于是有

$$V \equiv \alpha M = \alpha\sum_{i=1}^{n} M_i = \sum_{i=1}^{n} (\alpha M_i) = \sum_{i=1}^{n} (\alpha_iM_i) = \sum_{i=1}^{n} V_i \tag{2.5}$$

单相系统的强度量没有可加性。例如比容为 $\alpha = \alpha_1 = \alpha_2 = \cdots = \alpha_n$，则

$$\sum_{i=1}^{n} \alpha_i = \alpha_1 + \alpha_2 + \cdots + \alpha_n = n\alpha \quad 或 \quad \alpha = \frac{1}{n}\sum_{i=1}^{n} \alpha_i \tag{2.6}$$

因此，
$$\alpha \neq \sum_{i=1}^{n} \alpha_i \tag{2.7}$$

这表明比容这一强度量没有可加性。

2.1.3　过程

系统的状态随时间的变化称为过程，换言之，过程是状态的变化。

（1）准静态过程

准静态过程是热力学理论上的重要过程。系统在过程中的任一时刻都是处于平衡态，又有离开平衡态的趋势，这样的过程称为准静态过程。在准静态过程中，系统的平衡态不断地破坏又不断地建立，就准静态过程中的每一时刻而言平衡是暂时的、相对的。严格地说，准静态过程是一个理想的过程，而任何一个实际过程都不会是准静态过程。只有当实际过程进行得如此缓慢，以致过程中的每一状态都无限地接近于平衡态的时候，这样的实际过程才能够无限趋近于准静态过程。

系统由一个平衡态出发，经历了无限小的过程变到另一个平衡态，这个无限小的过程所经历的时间必须是无限短的，这个无限小的过程也必然是准静态过程，否则经历了无限短的时间后就不可能变到另一个平衡态。

（2）绝热过程与非绝热过程

系统与外界互相作用而发生能量交换，从而使系统的能量发生改变。系统与外界交换能量的方式分为二类，一类是互相作功的方式，另一类是互相热传递（热交换）的方式。如果这二类方式不存在，那么，系统的能量不可能发生改变，这样才符合能量守恒与转化定律。

系统与外界只通过作功的方式互相作用，也就是说不通过热交换的方式，使系统的能量（能量是系统的态函数）发生变化的过程，称为绝热过程。

系统与外界只通过热交换或同时存在着作功的方式互相作用，使系统的能量发生变化的过程，称为非绝热过程。在非绝热过程中，系统与外界之间不一定有质

量交换,例如在热传导过程中有能量交换而不发生质量交换,但也可以发生质量交换而使系统的质量发生改变。使系统的能量发生变化的物理过程,如果不是通过作功的过程,那么一定是通过热交换的过程。在绝热过程中,系统的能量可以通过作功的方式而发生变化,但系统的质量是不可能发生改变的,这是因为热力学系统是由大量分子所组成的,每个分子都有一定的质量和能量。当一些分子离开系统时,这些分子不可能把其所含的能量全部留在系统中,这些分子同时把质量与能量一起带走,在这一过程中外界(例如真空)与系统之间可以互不作功,因此,一些分子离开系统而使该系统质量和能量一起向外界传递的过程,它不可能是绝热过程,而只能是非绝热过程。

(3)可逆过程与不可逆过程

一个过程,每一步都可在相反的方向进行而不在外界引起其他变化的,称为可逆过程。例如,没有摩擦阻力的准静态过程是可逆过程。当可逆过程反向进行时,系统与外界的状态都是正向进行时的状态的重演;当系统回到起始态时,外界也没有留下任何后果,即系统与外界都恢复了原状。因此,对于可逆过程而言,正向与反向并没有特殊的意义。不符合可逆过程条件的过程,称为不可逆过程。

一般而言,如果过程进行的驱动力(如气体膨胀时内外压力差,热传导时的温度差等)无穷小,摩擦力(或耗散效应)无穷小,就可以看成可逆过程。其次,可逆过程是研究平衡态性质的手段。

2.1.4 气块模型

在大气研究中,常以气块(微团)作为一个系统进行研究。空气块或空气微团是指宏观上足够小而微观上含有大量分子和粒子的空气团,包含干空气、水物质(水汽和水凝结物)、气溶胶和痕量气体(在气块理论中一般忽略后两种组分)。气块模型就是从大气中取一体积微小的空气块,作为对实际气块的近似,它是一个理想气块,其尺度可以是任意的,但要远小于环境大气变化的特征尺度。在实际对流云的研究中,通常认为气块具有 $10\sim1000$ m 的尺度。

气块所要满足的其他条件包括:

(1)气块内温度、压强和湿度等均匀分布,各物理量服从热力学定律和状态方程;气块内的气溶胶和水凝物的体积和质量可以忽略。

(2)气块运动时是绝热的,遵从准静力条件,环境大气处于静力平衡状态。这意味着气块运动时,过程进行得足够快而来不及与环境空气进行热交换,即该过程是绝热的;另外,过程又进行得足够慢(其动能与总能量相比可以忽略),使空气压力不断调整到与环境大气压相同,即满足准静力条件

$$p \equiv p_{e} \quad 和 \quad \frac{\mathrm{d}p}{\mathrm{d}z} = \frac{\partial p_{e}}{\partial z} \tag{2.8}$$

(3)气块不与环境大气进行物质交换,其运动不对环境大气造成扰动。

这种气块模型是实际大气简单的、理想化的近似,它要求气块在移动过程中保持完整,不与环境大气混合,而这只有在移动微小距离时可以满足。另外,在此模型中未考虑气块移动对环境大气的影响,这也是不符合实际的。不过,上述绝热过程和准静力条件的假设是合理的,因此气块模型对了解和分析实际大气中发生的一些物理过程很有帮助。

2.2　热力学第一定律

2.2.1　热力学第一定律的普遍表达式

热力学第一定律是能量守恒定律在宏观热现象过程中的表现形式。能量守恒定律是在热力学第一定律的基础上进一步扩大,不仅适用于宏观过程,而且适用于微观过程;它已成为最普通、最重要的自然规律之一。能量守恒定律可以表述为:自然界一切物质都具有能量,能量有各种不同的形式,能够从一种形式转化为另一种形式,从一个物体传递给另一个物体,在转化和传递中能量的数量不变。

系统从一个平衡态变到另一平衡态,必须要有外界对系统的影响,即外界与系统之间相互影响(相互作用)。相互影响的方式有两类:一类是相互作功的方式,另一类是相互传热(热交换)的方式。从能量的观点来说,可以认为系统处于任一平衡态,都具有一个内能。外界对系统作功,可以使系统的内能增加;外界向系统传热,也可以使系统的内能增加。

热力学第一定律的数学表述涉及功、热量与内能。内能是系统平衡态的一个态函数,它的确定是以焦耳的热功当量试验为基础的。从 1840 年开始,焦耳前后花了二十多年时间进行试验。他把工作物质(水或气体)装在不传热的容器里,用各种不同的方法(如搅拌、撞击、压缩等机械方法,以及电加热方法)使工作物质的温度升高,也就是改变系统的平衡态。上述这些过程中外界没有传热给系统,系统状态的改变只是通过外界对系统作机械功或电磁功,这类过程为绝热过程。上述试验可以总结为下面的普遍规律。

当系统由某一平衡态 1 经历一个绝热过程到平衡态 2 时,系统的内能增加量为 $U_{2}-U_{1}$,外界对系统所作的绝热功 W_{a}(下标 a 表示绝热过程),根据能量守恒和转化定律,有

$$U_{2} - U_{1} = W_{a} \tag{2.9}$$

式(2.9)是内能的定义,也是热力学第一定律对绝热过程的表达形式,代表了系统的内能增加等于外界对系统所做的绝热功。

在一个普通的过程中,一方面外界对系统作功为 W,同时另一方面系统从外界吸热为 Q,根据能量守恒和转化定律,当系统从平衡态 1 变到平衡态 2 时系统的内能增量为

$$U_2 - U_1 = W + Q \qquad (2.10)$$

这是热力学第一定律的一般表达式。

若两个平衡态相差无限小,则方程(2.10)可改写为

$$dU = \delta W + \delta Q \qquad (2.11)$$

式中,dU 是内能的微增量,由于内能是系统的态函数,因此内能的微增量是一个全微分;δW 是在无限小的准静态过程中外界对系统所作的微功,δQ 是在无限小的准静态过程中外界向系统所传递的微热量。由于功与热量都不是系统的态函数,因此微功与微热量都不是态函数的微增量,即都不是全微分。为了区别全微分与非全微分,通常用符号"d"表示全微分,专用符号"δ"表示非全微分。

方程(2.11)成立的条件是两个平衡态相差无限小,只有在准静态过程中系统的任一状态是平衡态,也就是说在无限小的准静态过程中,系统的初、终态都为平衡态,因此,方程(2.11)对准静态过程中的任一无限小过程都是适用的;而对非准静态过程是不适用的,这是因为在非准静态过程中系统的任一状态并不一定是平衡态。所以,方程(2.11)是准静态过程的热力学第一定律表达式。

在大气中,一般只讨论体积变化功,即膨胀功。由于准静态过程中系统内部压强 p 和环境压强 p_e 大小相等,所以系统在无限小的准静态过程中环境所做的体积变化功为

$$\delta W = - p dV \qquad (2.12)$$

负号表示 dV 与 δW 符号相反,系统膨胀时,$dV > 0$,系统对外界做功,或外界对系统作负功。则热力学第一定律表达式变为

$$\delta Q = dU + p dV \qquad (2.13)$$

对于单位质量空气微团,对应的各变量用小写字母表示则有

$$\delta q = du + p d\alpha \qquad (2.14)$$

2.2.2　比热

假设某系统无相变,单位质量系统的热量变化为 dq,同时该系统的温度从 T 增加到 $T + dT$,则 dq/dT 定义为该系统的比热。在系统吸热过程中,比热与系统的变化有关,若系统的体积不变,则可定义为定容比热

$$c_{\mathrm{v}} = \left(\frac{\delta q}{\mathrm{d}T}\right)_{\mathrm{v}} \tag{2.15}$$

根据(2.14)式,定容过程中 $q = \mathrm{d}u$。则(2.15)式变为

$$c_{\mathrm{v}} = \left(\frac{\mathrm{d}u}{\mathrm{d}T}\right)_{\mathrm{v}} \tag{2.16}$$

对于理想气体,焦耳定律指出:理想气体的内能与体积无关,它只是温度的函数。因此,在不考虑空气体积是否变化的情况下,(2.16)式改写为

$$c_{\mathrm{v}} = \frac{\mathrm{d}u}{\mathrm{d}T} \tag{2.17}$$

联合(2.14)和(2.17)式,理想气体热力学第一定律定义为

$$\delta q = c_{\mathrm{v}}\mathrm{d}T + p\mathrm{d}\alpha \tag{2.18}$$

若系统在吸热过程中,气压保持不变,则可定义定压比热

$$c_{\mathrm{p}} = \left(\frac{\delta q}{\mathrm{d}T}\right)_{\mathrm{p}} \tag{2.19}$$

在等压过程中,随着吸收的热量增加,系统温度升高并发生膨胀而对外作功,因此除升温所需热量外,系统还需要一部分热量来补偿气体对外所作的功。理想气体在等压条件下的热力学第一定律形式为

$$\delta q = c_{\mathrm{v}}\mathrm{d}T + \mathrm{d}(p\alpha) - \alpha\mathrm{d}p \tag{2.20}$$

利用理想气体状态方程,可知 $\mathrm{d}(p\alpha) = R\mathrm{d}T$,则(2.20)式变为

$$\delta q = (c_{\mathrm{v}} + R)\mathrm{d}T - \alpha\mathrm{d}p \tag{2.21}$$

由于是等压过程,消去上式最后一项,联合(2.19)和(2.21)式可得

$$c_{p} = c_{\mathrm{v}} + R \tag{2.22}$$

上式表明干空气的定容比热 c_{vd} 和定压比热 c_{pd} 数值分别为 717 和 1004 J·K^{-1}·kg^{-1},相差 287 J·K^{-1}·kg^{-1},数值上等于干空气比气体常数 R_{d}。

结合公式(2.18)和(2.22),热力学第一定律又可写为

$$\delta q = c_{\mathrm{p}}\mathrm{d}T - \alpha\mathrm{d}p \tag{2.23}$$

2.2.3　焓

假设某一物质从外界吸热,体积从 α_1 变成 α_2,则单位质量物质对外作功等于 $p(\alpha_2 - \alpha_1)$,根据(2.14)式,单位质量物质的热量变化为

$$\Delta q = (u_2 - u_1) + p(\alpha_2 - \alpha_1) = (u_2 + p\alpha_2) - (u_1 + p\alpha_1) \tag{2.24}$$

式中,u_1 和 u_2 分别代表单位质量物质初、终态的内能。因此在等压条件下

$$\Delta q = h_2 - h_1 \tag{2.25}$$

上式中的 h 定义为单位质量物质的焓,定义式

$$h \equiv u + p\alpha \tag{2.26}$$

因 u、p 和 α 都是状态函数,所以焓 h 也是状态函数。对(2.26)式做微分,得

$$dh = du + d(p\alpha) \tag{2.27}$$

结合(2.17)和(2.20)式,(2.27)式变为

$$\delta q = dh - \alpha dp \tag{2.28}$$

上式为热力学第一定律的另一种表达形式。在等压过程中 $dh=(\delta q)_p$,因此,焓的物理意义是:在等压过程中,系统焓的增加值等于它所吸收的热量。

由(2.23)和(2.28)式可导出

$$dh = c_p dT$$

积分后得,

$$h = c_p T \tag{2.29}$$

当某一处于静力平衡的气层接收辐射被加热时,该气层上方的大气重量仍然保持不变,因此加热是在等压过程中进行。在该气层增加的能量以焓增加的形式来体现(大气科学上通常叫作显热),它的能量变化的表达式为

$$\delta q = dh = c_p dT \tag{2.30}$$

当气层中的空气受热膨胀,会克服地球重力作用,通过抬升对气层上方大气作功。通过加热传递给单位质量气块的热量 δq 由两部分组成即内能和作功,其中内能增量为 $du=c_v dT$,对上方大气作功为 $p\alpha=R_d T$。

那么,在气层中移动的气块,其气压随环境大气的气压变化而变化,联合(2.28)、(2.29)式和位势公式 $d\Phi=gdz-\alpha dp$,可得

$$dq = d(h+\Phi) = d(c_p T + \Phi) \tag{2.31}$$

因此,对于在静力平衡大气中移动的一定质量的气块,若气块与外界无热量交换(即 $dq=0$),则干静力能 $(h+\Phi)$ 维持不变。

2.3 热力学第二定律

2.3.1 第二定律的数学表达式

热力学第一定律给热现象过程加了一条基本限制,即必须满足能量守恒。然而,满足能量守恒的过程不一定实际上能够发生。例如,热量总是从高温物体传向低温物体,从来不会自动反向传递;尽管反向传递并不违背热力学第一定律。类似关于热现象过程具有方向性的例子不胜枚举,如气体的自由膨胀过程、气体的扩散过程、化学反应过程,以及一切趋向平衡的过程等都具有方向性。热力学第一定律完全不能回答有关过程方向性的问题,这个问题需要第二定律来解决。第二定律是大量经验的总结与概括,它是独立于第一定律的另一条基本规律。克劳修斯(1850 年)与开尔

文(1851 年)分别提出了各自对第二定律的表述形式,不妨把它们称为第二定律的经典表述。

开尔文表述:不可能从单一热源吸热使之完全变为有用的功而不产生其他影响。

克劳修斯表述:不可能把热从低温物体传到高温物体而不产生其他影响。

第二定律的开尔文表述与克劳修斯表述表面上不同,但二者是完全等价的。这两种表述形式只不过是从不同的侧面揭示了热力学第二定律的核心。第二定律的核心内容可以概括为:自然界一切热现象过程都是不可逆的;不可逆过程所产生的后果,无论用任何方法,都不可能完全恢复原状而不引起其他变化。这一表述是大量经验的总结与概括,并从第二定律的所有推论与实际观测相符合而得到验证。

不可逆过程具有方向性,例如热传导过程是热从高温传向低温,扩散过程是从浓度高的地区向着浓度低的地区扩散,等等。这种"方向性"虽然不加外部条件不可能反向进行(习惯称为不能"自动地"或"自发地"反向进行);但通过改变外界条件,是可以使过程反向进行的。例如用致冷机就可以把热从低温物体传向高温物体。因此,对"方向性"或"不可逆性"的理解应该是:不可逆过程不仅不能直接反向进行重演正向过程,而且,不可逆过程所产生的后果,无论用什么办法都不能完全恢复原状而不留下其他影响。例如在热传导过程发生后,虽然可以用致冷机把热量从低温物体再传回高温物体。热传导过程被恢复了,然而又产生了一个功变热的不可逆过程。总之一句话,不可逆过程的后果是不可磨灭的,这是第二定律关于过程不可逆性最重要的一点。由此决定了不可逆过程具有下面两条根本性质:①一切不可逆过程都是相互联系的;②既然不可逆过程的后果无论用任何办法都不能完全恢复原状而不引起其他变化,这就表明不可逆过程的初态与终态一定存在某种特殊关系,有可能找到一个态函数,为不可逆过程的方向提供判断的标准。这个态函数就是熵。

对于任一可逆循环过程而言,根据克劳修斯理论,有

$$\oint \frac{\mathrm{d}Q_R}{T} = 0 \tag{2.32}$$

式中,$\mathrm{d}Q_R$ 代表系统在微小的可逆过程中从热源吸收的微热量,用下标 R 以强调是可逆过程;T 即是热源的温度,也是系统的温度,因为在可逆过程中系统与热源温度相等。

假设 x_0 和 x_1 分别表示系统变化过程中的两个平衡态,则沿任意路径从 x_0 状态到 x_1 状态的积分是确定的,这个积分与路径无关,只与初、终两个平衡态有关。克劳修斯根据这个积分的性质引进一个态函数——熵(entropy),用 S 表示,它的定义为

$$\Delta S = S - S_0 = \int_{x_0}^{x_1} \frac{\mathrm{d}Q_R}{T} \tag{2.33}$$

式中，S_0是初态时的熵，S是终态时的熵。公式(2.33)既是熵的定义，也是热力学第二定律对可逆过程的数学表达形式。对于无限小过程则有

$$dS = \frac{dQ_R}{T} \tag{2.34}$$

上式表明熵的变化量等于可逆过程中系统吸收或释放的热量与系统温度之比。可逆绝热过程一定是等熵过程。等熵过程是绝热的，但绝热过程不一定等熵，例如不可逆绝热过程。

　　克劳修斯在熵函数定义的基础上得出热力学第二定律的普遍表述式，即从平衡态x_0开始而终止于另一个平衡态x_1的过程，将朝着使系统与外界的总熵增加的方向进行，即

$$\Delta S = S - S_0 \geqslant \int_{x_0}^{x_1} \frac{dQ}{T} \tag{2.35}$$

对于无穷小的过程，有

$$dS \geqslant \frac{dQ}{T} \tag{2.36}$$

其中"＝"对应可逆绝热过程；"＞"对应不可逆绝热过程。

　　在绝热过程中，$dQ=0$，由(2.35)式得 $S-S_0 \geqslant 0$。因此，系统从一平衡态经绝热过程到达另一平衡态时，系统的熵在绝热过程中永不减少，在可逆绝热过程中不变，在不可逆绝热过程中增加，这就是判断绝热过程方向的熵增加原理。它的另一表述是：孤立系统的熵永不减少。这是任何孤立系统自发不可逆过程的重要结论，终态熵永远大于初态熵。熵增加原理提供了判断不可逆过程方向的普遍准则：在绝热或孤立的条件下，不可逆过程只可能向熵增加的方向进行，不可能向熵减少的方向进行。当孤立系统达到最大熵时，该系统无法继续变化，所以最大熵状态是一种稳定平衡态。

　　综上所述，熵是根据热力学第二定律引入的一个新的态函数，它在热力学理论中占有核心地位。从宏观角度上讲，对于熵的理解，主要包含以下三个方面：能量转化中的作用，判断不可逆过程的方向，研究平衡态的性质(林宗涵，2007)。这里对熵进行初步总结：

　　①熵是系统的态函数。只要状态确定了，熵也就确定了。

　　②熵是广延量。根据平衡态熵的公式，由于系统从热源吸收的热量与系统的总质量成正比，由此可见熵是广延量，具有可加性。

　　③吸热与熵变化之间的关系。对于微小可逆过程，由 $dS = dQ/T$ 可得 $dQ = TdS$。表明可逆过程中系统吸收的热量直接与系统熵的变化联系着，显示出熵在能量转化中的作用。

　　④对于 p-V-T 系统(例如理想气体)，考虑系统进行可逆过程，且只有膨胀(或压

缩)功,结合热力学第一定律,可得热力学基本微分方程为

$$dU = TdS - pdV \tag{2.37}$$

上式与(2.36)式相结合,就有

$$TdS \geqslant \delta Q = dU + pdV \tag{2.38}$$

或

$$dU \leqslant TdS - pdV \tag{2.39}$$

以上公式集中概括了第一定律和第二定律对可逆与不可逆过程的全部结果,是研究可逆与不可逆过程及平衡态性质的基础。

2.3.2　自由能与吉布斯函数

根据前面所述的熵增加原理,提供了判断不可逆过程方向的普遍准则。然而,很多实际问题所涉及的是等温过程,为了直接判断等温过程的方向,引入新的态函数自由能与吉布斯函数会带来很大的方便。

对于等温过程,自由能的定义式为

$$F \equiv U - TS \tag{2.40}$$

考虑理想气体系统,则可得到用自由能 F 表达的热力学基本微分方程

$$dF = -SdT - pdV \tag{2.41}$$

如果系统经历等温、等容过程,则有 $\Delta F \leqslant 0$。可见,等温等容过程系统的自由能永不增加:若过程是可逆的,自由能不变;若过程是不可逆的,自由能减少。由此直接给出判断不可逆等温等容过程方向的准则:等温等容过程向着自由能减少的方向进行。

对于等温、等压过程,定义一个新的态函数——吉布斯函数,表达式为

$$G \equiv U - TS + pV = F + pV \tag{2.42}$$

考虑理想气体系统,得到用吉布斯函数 G 表达的热力学基本微分方程

$$dG = -SdT + Vdp \tag{2.43}$$

由式(2.36)可得第一定律和第二定律的联合表示式:

$$dG \leqslant -SdT + Vdp \tag{2.44}$$

在等温等压条件下,有 $dG \leqslant 0$,对于可逆(平衡)变化情况,$dG = 0$;而对于不可逆变化的情况,则有 $dG < 0$。所以,在等温等压下,系统的吉布斯函数永不增加。可以根据此性质对等温等压过程的方向进行判断,称为吉布斯函数判据。

2.3.3　麦克斯韦关系

麦克斯韦关系是热力学基本微分方程的直接结果。为简单起见,考虑理想气体为研究对象,系统进行可逆过程,且只有膨胀(或压缩)功,其数学表达式为公式(2.37)

$$dU = TdS - pdV$$

由于对可逆过程,微热量与微功都可以用系统本身的状态变量与状态函数表达,因此,公式(2.37)中所出现的物理量都是系统本身的状态量。基本微分方程(2.37)可看作是以(S,V)为独立变量的内能的全微分。由$U=U(S,V)$的全微分为

$$dU = \left(\frac{\partial U}{\partial S}\right)_V dS + \left(\frac{\partial U}{\partial V}\right)_S dV \tag{2.45}$$

与(2.37)式比较,得

$$\left(\frac{\partial U}{\partial S}\right)_V = T \tag{2.46}$$

$$\left(\frac{\partial U}{\partial V}\right)_S = -p \tag{2.47}$$

由(2.46)式可知,由于$T>0$,所以$\left(\frac{\partial U}{\partial S}\right)_V>0$,表示当体积不变时,内能与熵的变化趋势是相同的。又根据(2.47)式,由于$p>0$,所以$\left(\frac{\partial U}{\partial V}\right)_S<0$,表示在熵$S$不变的情况下,$U$与$V$的变化趋势相反,$U$随$V$的增加而减少,因为$S$不变的可逆过程是绝热的,当$V$增加时系统对外做功,而由于绝热,只能依靠消耗系统自身的内能来维持。通常将公式(2.46)和(2.47)称为麦克斯韦关系。

因为U是态函数,故dU是全微分,按全微分条件,U的二阶微商与两次微商的先后次序无关,即

$$\frac{\partial^2 U}{\partial V \partial S} = \frac{\partial^2 U}{\partial S \partial V} \tag{2.48}$$

将(2.46)和(2.47)式分别对S和V再做一次微商,得

$$\left(\frac{\partial T}{\partial V}\right)_S = -\left(\frac{\partial p}{\partial S}\right)_V \tag{2.49}$$

(2.49)式是诸多麦克斯韦关系中的一种形式。使用上述相同的方法,可以得到大气热力学中常用的几个麦克斯韦关系,见表2.1。

表 2.1　麦克斯韦关系

基本微分方程及其等价形式	自然变量	麦克斯韦关系
$dU = TdS - pdV$	(S,V)	$\left(\frac{\partial T}{\partial V}\right)_S = -\left(\frac{\partial p}{\partial S}\right)_V$
$d(U+pV)=dH=TdS+Vdp$	(S,p)	$\left(\frac{\partial T}{\partial p}\right)_S = \left(\frac{\partial V}{\partial S}\right)_p$
$d(U-TS)=dF=-SdT-pdV$	(T,V)	$\left(\frac{\partial S}{\partial V}\right)_T = \left(\frac{\partial p}{\partial T}\right)_V$
$d(U-TS+pV)=dG=-SdT+Vdp$	(T,p)	$\left(\frac{\partial S}{\partial p}\right)_T = -\left(\frac{\partial V}{\partial T}\right)_p$

2.4　水的热力学属性

2.4.1　水的相态平衡

类似干空气,水汽也可以当作理想气体来处理,且服从状态方程。但是,当水汽与液态水或冰共存时,则不能将其视作理想气体,也就无法应用状态方程。一个相态需要两个独立变量(p,T)来描述,另一个相态需要另外独立的变量(p',T')。想要两个相态达到平衡,则必须满足 $p=p'$ 和 $T=T'$。然而,在两个子系统相态变化过程中,物质发生了交换,当两相达到平衡时,两相比自由能必定相等,即 $\mu=\mu'$。于是,两相平衡必须满足三个约束条件:

$$p = p', \qquad T = T', \qquad \mu = \mu'$$

其中前两个方程将两个相态的 4 个独立变量减少至 2 个(即 p 和 T)。第三个方程 $\mu=\mu'=\mu'(p',T')=\mu'(p,T)$,即 $\mu(p,T)=\mu'(p,T)$,可以得到 $p=f(T)$,又将变量减少 1 个。所以,当确定了相态平衡中的相态温度,那么也就确定了气压,且能够得到一条由(p,T)构成的相态平衡曲线,称之为汽化曲线,它是水汽与液态水共存的相态平衡曲线。通过以上分析说明一元两相系统在相态平衡时的变量数为 1,而不是 4。

对于一元三相系统(液态水、冰和水汽组成的系统),在三相平衡时需满足:

$$p = p' = p'', \qquad T = T' = T'', \qquad \mu = \mu' = \mu''$$

其中前两个方程将两个相态的 6 个独立变量减少至 2 个,第三个方程又将变量减少 2 个。因此,所有的变量都被确定下来,这说明在相态平衡时,共存于 3 个相态的平衡位置的仅仅是一个点,称之为三相点。

类似于汽化曲线,同样可以得到冰面饱和水汽压随温度变化的升华曲线,它是水汽和冰共存的相态平衡曲线,以及气压与熔点关系的熔解曲线,它是液态水和冰共存的相态平衡曲线。将汽化曲线、升华曲线和熔解曲线绘制到一张图上,就是三相图。根据热力学理论,系统的独立变量数 N 为

$$N = C + 2 - P \tag{2.50}$$

式中,C 为系统的元数,P 为相态数。这样当水三相共存时,独立变量数为 0,即没有独立变量,这时系统的状态是唯一确定的,即三相点。三相点有确定的气压、温度和各相的比容,由于液态水、冰和水汽的密度不同,它们在三相点的比容也不同,分别为

$$a_{\mathrm{w}} = 1.000 \times 10^{-3}\,\mathrm{m}^{-3} \cdot \mathrm{kg}^{-1}$$

$$a_{\mathrm{i}} = 1.091 \times 10^{-3}\,\mathrm{m}^{-3} \cdot \mathrm{kg}^{-1}$$

$$a_{\mathrm{v}} = 206 \times 10^{-3}\,\mathrm{m}^{-3} \cdot \mathrm{kg}^{-1}$$

2.4.2　相变潜热

潜热是系统水物质等压相变过程中吸收或释放出的热量。在等压相变过程中,系统热量的变化就是焓的变化,所以潜热根据不同的相变过程也称之为汽化焓、升华焓和熔解焓。

对于蒸发过程,系统汽化潜热 L_v 为

$$L_v = H_v - H_w = U_v - U_w + p(V_v - V_w) \tag{2.51}$$

或比汽化潜热 l_v

$$l_v = L_v/m = h_v - h_w \tag{2.52}$$

同样地,也可以得到比升华潜热 l_s 和比熔解潜热 l_f

$$l_s = h_v - h_i, \qquad l_f = h_w - h_i \tag{2.53}$$

式中,下标 v,w 和 i 分别代表水汽、液态水和固态冰。由上可得三种潜热之间的关系如下

$$l_s = l_v + l_f \tag{2.54}$$

考虑到汽化潜热随温度的变化

$$\frac{\partial L_v}{\partial T} = \frac{\partial H_v}{\partial T} - \frac{\partial H_w}{\partial T} = C_{pv} - C_{pw} \tag{2.55}$$

这是汽化潜热随温度变化与定压热容量变化的关系式,称为基尔霍夫(Kirchhoff)方程。

同理,也可以写出熵与相变潜热的关系式

$$\begin{cases} l_v = T(s_v - s_w) \\ l_s = T(s_v - s_i) \\ l_f = T(s_w - s_i) \end{cases} \tag{2.56}$$

2.4.3　克劳修斯-克拉贝龙方程

对于热力学可逆过程,第一定律可以表示为与熵有关的表达式,即

$$dU = TdS - pdV \tag{2.57}$$

变形后,得

$$d(H - TS) = Vdp - SdT \tag{2.58}$$

以此定义 $G = H - TS = (U + pV) - TS$,并可得到

$$\frac{\partial G}{\partial p} = V, \qquad \frac{\partial G}{\partial T} = -S \tag{2.59}$$

那么,热力学第一定律可改写为

$$dG = Vdp - SdT \tag{2.60}$$

式中，$G=H-TS$ 称为吉布斯函数或吉布斯自由能，是温度和气压的函数，即 $G=G(p,T)$ 或比自由能为 $g=g(p,T)$，因此可用于等压相变过程。

考虑系统是由水物质（这里仅包含液态水和水汽）和干空气组成的二元系统，并发生等压相变过程。系统中水物质发生相变，当两个相态在平衡点时，温度是确定的，气压也是确定的，即表明系统发生的是等温、等压过程，因此吉布斯自由能 G 守恒，即

$$\frac{\mathrm{d}}{\mathrm{d}t}(m_v g_v + m_w g_w) = 0 \tag{2.61}$$

式中，m_v 和 m_w 分别代表水汽和液态水在系统中的质量，g_v 和 g_w 代表水汽和液态水的比自由能。因为在等温等压的相变过程中，水汽和液态水的比自由能不随时间变化，所以(2.57)式变为

$$g_v \frac{\mathrm{d}m_v}{\mathrm{d}t} + g_w \frac{\mathrm{d}m_w}{\mathrm{d}t} = 0 \tag{2.62}$$

考虑到 $\dfrac{\mathrm{d}m_v}{\mathrm{d}t} = -\dfrac{\mathrm{d}m_w}{\mathrm{d}t}$，可得

$$\frac{\mathrm{d}m_v}{\mathrm{d}t}(g_v - g_w) = 0 \tag{2.63}$$

由于 $\mathrm{d}m_v/\mathrm{d}t \neq 0$，所以要使上式成立，必须满足

$$g_v(e_s, T) = g_w(e_s, T) \tag{2.64}$$

式中，e_s 为相变过程中温度 T 所对应的饱和水汽压。虽然相变过程中随着温度的变化，饱和水汽压也随之改变，但根据热力学理论，当水汽和液态水两相平衡时，必须满足热平衡条件，即系统维持在相变平衡状态时，(2.64)式在新温度下依然成立。(2.64)式两边对温度 T 求导，有

$$\frac{\partial g_v}{\partial e_s}\frac{\mathrm{d}e_s}{\mathrm{d}T} + \frac{\partial g_v}{\partial T} = \frac{\partial g_w}{\partial e_s}\frac{\mathrm{d}e_s}{\mathrm{d}T} + \frac{\partial g_w}{\partial T} \tag{2.65}$$

则

$$\frac{\mathrm{d}e_s}{\mathrm{d}T} = \left(\frac{\partial g_v}{\partial T} - \frac{\partial g_w}{\partial T}\right) \Big/ \left(\frac{\partial g_w}{\partial e_s} - \frac{\partial g_v}{\partial e_s}\right) \tag{2.66}$$

利用(2.59)式，上式可改写为

$$\frac{\mathrm{d}e_s}{\mathrm{d}T} = \frac{-s_v + s_w}{\alpha_w - \alpha_v}$$

引入熵与潜热的关系式，得

$$\frac{\mathrm{d}e_s}{\mathrm{d}T} = \frac{T(s_v - s_w)}{T(\alpha_v - \alpha_w)} = \frac{l_v}{T(\alpha_v - \alpha_w)} \tag{2.67}$$

公式(2.67)就是克劳修斯-克拉贝龙方程（简称 C-C 方程），它是饱和水汽压随温度变化的微分方程。考虑到水汽的比容 α_v 远大于液态水的比容 α_w，并使用饱和水汽状

态方程,即可得克劳修斯-克拉贝龙方程的常用形式

$$\frac{\mathrm{d}e_s}{\mathrm{d}T} = \frac{l_v e_s}{R_v T^2} \tag{2.68}$$

2.5 大气中的能量

大气能量的基本形式有内能、势能、动能、显热能和潜热能 5 种。在大气科学实际应用中,以上能量通过组合,形成了湿内能、湿焓、静力能、全势能等形式。

2.5.1 大气能量的基本形式

(1)内能

常温常压下的大气可视作理想气体,内能仅是温度 T 的函数,单位质量空气的内能为

$$u = c_v T \tag{2.69}$$

式中,u 是单位质量空气的内能。由热力学第一定律可知空气内能的变化取决于非绝热加热和环境对系统所作的体积功,则单位截面气柱内空气的总内能是

$$U = \int_0^\infty c_v T \rho \mathrm{d}z = \frac{c_v}{g} \int_0^{p_0} T \mathrm{d}p \tag{2.70}$$

(2)势能

单位质量空气位能的变化是由于空气的垂直运动引起的。根据静力平衡条件,可得单位截面气柱内单位质量空气的总势能是

$$E_p = \int_0^\infty \rho g z \, \mathrm{d}z = -\int_{p_0}^0 z \mathrm{d}p \tag{2.71}$$

对上式作分部积分且积分,再利用状态方程,得

$$E_p = -\int_\infty^0 p \mathrm{d}z = \frac{R}{g} \int_0^{p_0} T \mathrm{d}p \tag{2.72}$$

上式与总内能(2.70)式比较,可知单位截面气柱内空气的总位能与总内能成正比,即

$$E_p \approx 0.4U \tag{2.73}$$

(3)动能

单位质量空气的动能是

$$E_k = \frac{1}{2}(v_x^2 + v_y^2 + v_z^2) = \frac{1}{2}v^2 \tag{2.74}$$

式中,v 是空气运动速率,v_x、v_y 和 v_z 分别是速度的三个分量。

(4)显热能(感热能)

单位质量空气的显热能就是比焓,即

$$h = c_p T \tag{2.75}$$

因 $c_p = c_v + R$，因此上式可写为

$$h = c_p T = c_v T + RT \tag{2.76}$$

式中,右端第二项 RT 通常被称为压力能,所以显热能可认为是内能与压力能之和。

（5）潜热能

单位质量空气的潜热能是

$$E_l = l_v q \approx l_v w \tag{2.77}$$

2.5.2　大气能量的组合形式

（1）湿内能

湿内能是指内能和潜热能之和。单位质量空气的湿内能以 u_m 表示,即

$$u_m = c_v T + l_v q \approx c_v T + l_v w \tag{2.78}$$

（2）湿焓（温湿能）

湿焓指感热能与潜热能之和。单位质量空气的温湿能以 h_m 表示,即

$$h_m = c_p T + l_v q \approx c_p T + l_v w \tag{2.79}$$

（3）静力能

对单位质量的干空气,干静力能（或称蒙哥马利流函数,Montgomery streamfunction)是显热能和重力位势之和,即

$$\Phi_d = c_p T + \int_0^z g \mathrm{d}z \approx c_p T + gz \tag{2.80}$$

对单位质量的湿空气,湿静力能为

$$\Phi_m = c_p T + gz + l_v q \approx c_p T + gz + l_v w \tag{2.81}$$

（4）全势能

位能和内能之和称为全势能。单位质量空气的全位能是

$$u + \Phi = c_v T + \int_0^z g \mathrm{d}z \approx c_v T + gz \tag{2.82}$$

单位截面气柱内空气的总位能与总内能成正比,且都随温度变化,所以合并后成为总全势能,即

$$U + E_p = \frac{1}{g} \int_0^{p_0} c_p T \mathrm{d}p \tag{2.83}$$

地球大气的根本能源是太阳辐射能。太阳辐射首先加热地面,再通过长波辐射和感热、潜热的输送加热大气,使大气的全位能增加。在实际大气中只有 5% 左右的全位能可以转换为动能,这部分能转换的能量称为有效位能,而绝大部分全位能仍储存在大气中。

(5)大气总能量

单位质量干空气的总能量是干静力能与动能之和,即

$$E_d = \Phi_d + E_k = c_p T + gz + \frac{1}{2}v^2 \tag{2.84}$$

单位质量湿空气的总能量是湿静力能与动能之和,即

$$E_m = \Phi_m + E_k = c_p T + gz + l_v q + \frac{1}{2}v^2 \tag{2.85}$$

2.6　等压过程

在一些大气过程中,与温度变化相比较,气压的变化往往较缓慢、变化幅度也较小,可近似看成是等压过程。例如,夜间由于辐射冷却,一些物体表面会发生凝结(凝华)而出现露(霜);清晨常见的辐射雾,低层大气中暖湿气流移过较冷的下垫面时,逐渐冷却而形成平流雾等,都是空气等压冷却凝结的结果。此外,降雨在空中蒸发使其周围空气冷却饱和,也属于等压过程;如果研究的系统(降雨和周围空气)范围足够大而使得其内部特性对边界的变化不敏感,则又可视为封闭绝热系统。

根据热力学第一定律,等压过程中系统焓的变化等于系统热量的变化。对于等压绝热过程,则系统焓的变化为零,因此可视为等焓过程。

2.6.1　等压冷却过程

封闭系统等压冷却,系统水汽压保持不变,但随着温度降低,饱和水汽压持续减小,当饱和水汽压减小到与实际水汽压相等时,系统达到平衡或者饱和状态,即

$$e_s(T_d \text{ 或 } T_i) = e \tag{2.86}$$

式中,相对于水面饱和的温度是露点 T_d,相对于冰面饱和的温度是霜点 T_i。露点和霜点在未饱和湿空气所组成的封闭系统中等压降温时,和水汽压一样,是保守量。辐射雾和平流雾的形成过程就是等压冷却达到饱和凝结的结果。

水汽相态平衡曲线图 2.1 显示了等压冷却达到露点和霜点的情况,其中虚线表示汽化曲线在小于三相点时的延伸。p_1、p_2 和 p_3 为三个不同的系统进行等压冷却的起始状态。从 p_1 点出发的过程只能达到露点;从 p_2 点出发的过程刚好达到三相点,具有露点和霜点的双重性质。从 p_3 点出发

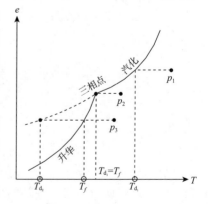

图 2.1　等压绝热过程中的露点和霜点

的过程相对复杂,该过程首先等压冷却经过升华平衡曲线,继续降温则达到相对于过冷水面的汽化平衡曲线,如果先出现凝华则达到霜点,否则就继续冷却达到露点;出现凝华现象的关键因素是否有冰核或者某种物质表面,如果存在冰核(或表面),则水汽能够在冰核上面凝华结霜,这时只出现霜点;若没有可供结霜的冰核(或表面),水汽就不会凝华,会继续冷却达到露点。

　　形成露(或霜)需要一个表面。以露的形成为例,考虑液态水表面的凝结,当水汽达到饱和时,水面上很薄的一个气层内,蒸发率与凝结率相同,即蒸发和凝结达到动态平衡,该气层的露点也就与水表面温度一致。但是薄气层上方的水汽会有很大的水汽梯度,将直接决定水汽是否有向水面的净凝结(即凝结率大于蒸发率),因此,有无净凝结或净蒸发,取决于薄气层上几毫米之内的空气露点。

　　露(霜)点的确定方法不是唯一的,露(霜)点可以根据饱和水汽压方程或数据表查算获得,但也可以通过其他方法来估算。以露点为例,从水汽压与露点之间的关系出发,根据克劳修斯-克拉贝龙方程

$$\frac{\mathrm{d}e_s}{e_s} = \frac{l_v \mathrm{d}T}{R_v T^2} \tag{2.87}$$

假设 l_v 为常数,对上式积分($T:T_d \to T, e_s:e \to e_s$),得

$$\ln \frac{e_s}{e} = \frac{l_v(T-T_d)}{R_v T T_d} \quad 或 \quad -\ln f = \frac{l_v(T-T_d)}{R_v T T_d} \tag{2.88}$$

式中,f 为相对湿度。可知,温度-露点差($T-T_d$)的表达式为

$$T-T_d = -R_v T T_d \ln \frac{f}{l_v} \tag{2.89}$$

将常数 $l_v=2.501\times10^6, R_v=461.52\ \mathrm{J\cdot kg^{-1}\cdot K^{-1}}$,代入上式,可得

$$T-T_d = -1.845\times10^4 T T_d \ln f \tag{2.90}$$

若将 $T-T_d$ 近似看作是 f 的函数,令 $T-T_d \approx 290^2$,并使用以 10 为底的一般对数则

$$T-T_d \approx -35 \log_{10} f \tag{2.91}$$

这就是用相对湿度来估算温度露点差($T-T_d$)的表达式,反过来也可以用($T-T_d$)估算相对湿度。

2.6.2　等压冷却凝结过程

　　露和霜是水汽在物体表面上凝结或凝华形成的,如果这种等压冷却过程发生在大气中的一个气块系统中,当水汽饱和且系统中有凝结核存在时,水汽在凝结核上将发生凝结并形成微滴(如雾滴、云滴)。系统饱和后,温度将会缓慢下降,因为凝结过程中潜热释放又加热了系统空气,使冷却过程减缓。

(1)一般方程

设一个封闭系统由未饱和湿空气(干空气、水汽)和液态水组成,该系统的组分用下标 d、v 和 w 表示,系统经历的初、终两个状态用下标 1 和 2 来表示,系统焓的变化为

$$\Delta H = (H_{d2} + H_{v2} + H_{w2}) - (H_{d1} + H_{v1} + H_{w1}) \tag{2.92}$$

写成比焓形式为

$$\Delta H = (m_{d2}h_{d2} + m_{v2}h_{v2} + m_{w2}h_{w2}) - (m_{d1}h_{d1} + m_{v1}h_{v1} + m_{w1}h_{w1})$$

由于 $l_v = h_v - h_w$,干空气质量 $m_d = m_{d1} = m_{d2}$,系统水物质总质量 $m_t = m_{v1} + m_{w1} = m_{v2} + m_{w2}$,

$$\Delta H = m_d(h_{d2} - h_{d1}) + m_t(h_{w2} - h_{w1}) + m_{v2}l_{v2} - m_{v1}l_{v1} \tag{2.93}$$

式中,$l_{v2} = l_v(T_2)$,$l_{v1} = l_v(T_1)$,如果等压过程中 T_1 和 T_2 相差不太大,可认为两个状态的汽化潜热近似相等,$l_{v1} \approx l_{v2} \approx l_v$。

又因,干空气和液态水的比热在大气温度范围内可近似当作常数,则它们的初、终态焓变为

$$h_{d2} - h_{d1} = c_{pd}(T_2 - T_1) \quad \text{和} \quad h_{w2} - h_{w1} = c_w(T_2 - T_1) \tag{2.94}$$

将 l_v 和(2.94)式代入到(2.93)式,得

$$\Delta H = m_d c_{pd}(T_2 - T_1) + m_t c_w(T_2 - T_1) + (m_{v2} - m_{v1})l_v \tag{2.95}$$

两边同除以 m_d

$$\frac{\Delta H}{m_d} = (c_{pd} + w_t c_w)(T_2 - T_1) + (w_2 - w_1)l_v = (c_{pd} + w_t c_w)\Delta T + l_v \Delta w \tag{2.96}$$

式中,w_t 为总水物质相对于干空气的混合比,在系统变化中是个常量。考虑到 c_{pd}、c_w 和 l_v 不随温度变化,上式可写成微分形式

$$\frac{dH}{m_d} = (c_{pd} + w_t c_w)dT + l_v dw \tag{2.97}$$

系统总质量 $m = m_d + m_v + m_w \approx m_d$,系统比焓 $dh = dH/m \approx dH/m_d$,系统有效比热 $c_p = c_{pd} + c_w$,则最终可得等压过程的微分形式为

$$dh \approx c_p dT + l_v dw \tag{2.98}$$

(2)饱和水汽压变化和凝结液态水的估算

根据热力学第一定律,封闭系统焓的变化等于系统热量的变化。设处于饱和状态的系统在等压过程中系统单位质量的热量变化为 δq,根据等压过程微分方程

$$\delta q = c_p dT + l_v dw_s \tag{2.99}$$

式中,dw_s 为凝结后的饱和混合比与开始凝结时的饱和混合比之差

$$dw_s = w_s(T + dT) - w_s(T_1) < 0 \tag{2.100}$$

T_1 为开始凝结时的温度，即露点。$-\mathrm{d}w_s$ 近似等于单位质量空气中凝结出的液态水含量。利用饱和混合比表达式和克劳修斯-克拉贝龙方程，可得

$$\mathrm{d}w_s \approx \mathrm{d}\left(\frac{\varepsilon e_s}{p}\right) = \frac{\varepsilon}{p}\mathrm{d}e_s = \frac{\varepsilon}{p}\frac{l_v e_s}{R_v T^2}\mathrm{d}T \tag{2.101}$$

将(2.101)式代入到(2.99)式，有

$$\delta q = \left(c_p + \frac{\varepsilon}{p}\frac{l_v^2 e_s}{R_v T^2}\right)\mathrm{d}T \quad \text{或} \quad \delta q = \left(c_p\frac{R_v T^2}{l_v e_s} + \frac{\varepsilon l_v}{p}\right)\mathrm{d}e_s \tag{2.102}$$

根据上式，如果测得等压冷却过程中气压和温度的变化（如昼夜温差），就可估算单位质量空气释放的热量；反之，如果能够估计等压冷却过程中的热量损失（如辐射冷却的热量损失），也可利用上面的公式计算此过程中的温度变化和饱和水汽压的变化。

单位体积空气中凝结的水量($\mathrm{d}\rho_w$)可根据凝结过程中终、初两态的饱和水汽密度差得到，利用水汽状态方程的微分形式，得

$$\mathrm{d}\rho_w = -\mathrm{d}\rho_v = -\frac{1}{R_v}\mathrm{d}\left(\frac{e_s}{T}\right) = -\frac{1}{R_v}\left(\frac{\mathrm{d}e_s}{T} - \frac{e_s \mathrm{d}T}{T^2}\right) \tag{2.103}$$

将克劳修斯-克拉贝龙方程代入上式

$$\mathrm{d}\rho_w = -\frac{1}{R_v}\frac{e_s}{T^2}\left(\frac{l_v}{R_v T} - 1\right)\mathrm{d}T \tag{2.104}$$

假设 $T = 270\ \mathrm{K}$，则 $l_v/(R_v T) \approx 20$，所以 $l_v/(R_v T) - 1 \approx l_v/(R_v T)$，上式可简化为

$$\mathrm{d}\rho_w \approx -\frac{1}{R_v T}\frac{e_s l_v}{R_v T^2}\mathrm{d}T = -\frac{1}{R_v T}\mathrm{d}e_s \tag{2.105}$$

代入(2.102)式中，得

$$\delta q = \left(\frac{c_p R_v^2 T^3}{l_v e_s} + \frac{\varepsilon l_v R_v T}{p}\right)\mathrm{d}\rho_w \tag{2.106}$$

公式(2.104)~(2.106)可用来估算等压冷却过程中凝结的液态水含量与释放的热量。比如在有雾的天气，大气能见度与雾中液态水的含量有关。根据饱和水汽压随温度变化的特点，由公式(2.105)可知，在不同气温下，若降低同样的温度，则温度高的比温度低的空气凝结出的水量多，所以能见度差的浓雾多出现在暖湿大气中。实际工作中，可利用更为简便的热力学图解法（如埃玛图）来估算等压冷却过程中凝结的液态水含量。

2.6.3　等压绝热过程

等压绝热过程是讨论由未饱和湿空气和液态水组成的封闭系统的等压绝热过程，即等焓过程。根据等压过程的微分方程，在等焓过程中的形式为

$$(c_{pd} + r_t c_w)\mathrm{d}T + l_v \mathrm{d}w = 0 \tag{2.107}$$

系统若从初态 1 变化到终态 2,则(2.107)式又可写成

$$(c_{pd} + w_t c_w)(T_1 - T_2) = l_v(w_2 - w_1) \tag{2.108}$$

或

$$\frac{c_{pd} + w_t c_w}{l_v}(T_1 - T_2) = w_2 - w_1 \tag{2.109}$$

(2.107)~(2.109)式可以统称为等压绝热方程。下面讨论等压绝热方程的两种极端情形。

(1)湿球温度

根据等压绝热方程,系统起始(状态 1)是未饱和状态,如果在等压绝热过程中,系统中的部分液态水蒸发,使系统达到饱和,这时系统由液态水和饱和湿空气组成,水汽含量不再增加(状态 2),温度也不再下降。并且,由于蒸发降温,系统的最终温度要低于起始温度,即 $T_2 < T_1$。

将(2.109)式两边分别用独立函数来表示,即随系统等压过程中温度变化的函数

$$f(T) = -\frac{c_{pd} + w_t c_w}{l_v}(T - T_1) \quad 和 \quad g(T) = w_s(T) - w_1 \tag{2.110}$$

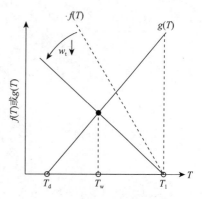

绘制出 $f(T)$ 和 $g(T)$ 的函数曲线,如图 2.2 所示,两个函数曲线的交点温度就是系统的最终状态,即终态温度为 T_w。对于 $g(T)$ 函数,当 $T = T_d$(系统初始状态对应的露点温度)时,$g(T) = 0$;当 T 从 T_0 减小时,$g(T)$ 随温度 T 单调降低。$f(T)$ 是 T 的线性函数,对应直线的斜率与系统总水物质的混合比 w_t 有关,随着 w_t 减小,函数 $f(T)$ 逐渐趋向平缓(与横坐标的夹角变小),则 $f(T)$ 与 $g(T)$ 函数曲线的交点所对应的温度也会逐渐减小。当 $w_t \rightarrow 0$ 时,$f(T)$ 与 $g(T)$ 函数曲线的交点对应的温度就是系统能够达到的最低温度,这时的温度称为湿球温度或等压湿球温度,即图中的 T_w。

图 2.2 利用 f 和 g 函数确定湿球温度的示意图

实际大气过程中不存在水分能够少到 $w_t \rightarrow 0$ 的情况,因此 $m_d \rightarrow \infty$,也就是 $m_d \gg m_t$,对于以上讨论是一个很好的近似。

设系统开始时的温度为 $T_1 = T$,混合比为 $w_1 = w$;系统终态温度为湿球温度,即 $T_2 = T_w$,混合比为 $w_2 = w_s(T_w)$。在 $m_d \rightarrow \infty$ 时,等压绝热方程(2.108)可改写为

$$c_{pd}(T - T_w) = l_v[w_s(T_w) - w] \tag{2.111}$$

即

$$T_w + \frac{l_v}{c_{pd}} w_s(T_w) = T + \frac{l_v}{c_{pd}} w \tag{2.112}$$

或

$$T_w = T + \frac{l_v}{c_{pd}}[w - w_s(T_w)] \tag{2.113}$$

但上式难以直接计算得到湿球温度 T_w，因为 w_s 本身也是 T_w 的函数，所以需要用数值计算方法来求解。

由上可知，理想状态下 T_w 是在等压绝热蒸发过程中，系统内的液态水蒸发使气块降温，达到饱和时气块所具有的温度，是这个过程中的最低温度。必须注意的是，根据以上分析，在实际大气中，湿球温度的定义需要设定限制条件，即系统中的干空气质量要远大于水物质的总质量。另外在等压绝热过程中，系统的混合比是变化的（液态水蒸发使得混合比逐渐增大），这也说明湿球温度与露点是有区别的。

实际工作中，湿球温度是用通风良好的干湿球温度表直接测量的。采用两个完全相同的温度表并以垂直或水平方式安置在相同的环境中，在一个玻璃温度表球部用吸饱水的纱布包裹着就成为湿球。当湿球周围空气未饱和时，纱布上的水分必然会蒸发并使周围空气降温；当空气达到饱和后，温度就不再降低了。若流经湿球的空气提供的热量，与水分继续蒸发维持饱和状态所需的耗热量相等，就达到定常，此时湿球温度表上显示的温度就是湿球温度。这个热力学系统是由流经湿球的一定（任意的）质量空气和从纱布蒸发出来的水分所组成的。用实测湿球温度代替理论湿球温度，在通风良好的条件下，其误差很小。

计算上，若已知相对湿度值，可用经验方程(2.114)和(2.115)计算湿球温度和混合比，并将结果制成温湿计算图（psychrometric tables）（图 2.3），以此建立湿度变量之间（w-T_w 和 f-T_w）的关系，便于在实际工作中进行湿度参量的查表估算。如果已获得干湿球实测值，则可直接使用图 2.3 查找混合比和相对湿度的数值。

$$w = w_s(T_w) - \beta(T - T_w) \tag{2.114a}$$

$$w_s(T_w) = \frac{\varepsilon}{b \cdot p \cdot \exp\left[\dfrac{-cT_w}{T_w + \alpha}\right] - 1} \tag{2.114b}$$

式中，$\beta = 0.40244 \ \text{g} \cdot \text{kg}^{-1} \cdot ℃^{-1}$，$\varepsilon = 622 \ \text{g} \cdot \text{kg}^{-1}$，$b = 1.634 \ \text{kPa}^{-1}$，$\alpha = 243.5 \ ℃$，$c = 17.67$，$T$ 和 T_w 的单位均为摄氏度（℃），气压通常取海平面气压 $p = 1013.25 \ \text{hPa}$。

$$\begin{aligned}
T_w = {} & T \cdot \arctan[0.151977(f + 8.313659)^{1/2}] - 4.686035 \\
& + \arctan(T + f) - \arctan(f - 1.676331) \\
& + 0.00391838 f^{3/2} \arctan(0.023101 f)
\end{aligned} \tag{2.115}$$

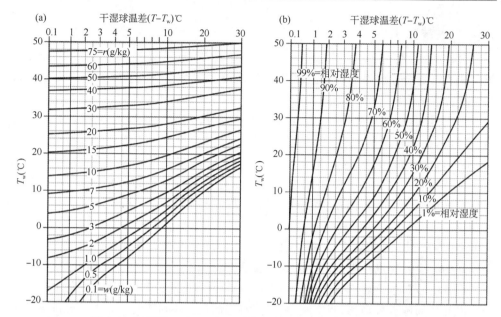

图 2.3　气压为 1013.25 hPa 时的湿度计算图(引自 Stull，2015)

(a)利用干湿球温度查混合比；(b)利用干湿球温度查相对湿度

(2)相当温度

假设系统经过等压绝热凝结过程成为干燥空气，水汽全部凝结并放出潜热使空气升温，那么空气的最终温度称为相当温度或等压相当温度，用 T_e 表示。

对于等压绝热过程，利用方程(2.108)，并考虑到 $c_{pd} \gg r_t c_w$，则(2.108)式改写为

$$c_{pd} T + l_v w_1 = c_{pd} T_e + l_v w_2 \qquad (2.116)$$

式中，$c_{pd} T_1$ 和 $c_{pd} T_2$ 分别是系统在两种状态下的干空气比焓，在大气科学中称为显热能；$l_v w_1$ 和 $l_v w_2$ 被称为潜热能。(2.116)式表明，等压绝热过程中显热能与潜热能之和近似不变。在等压绝热凝结过程中，潜热能不断转变成显热能，潜热能减少，而显热能增加。

设系统开始时的温度为 T，混合比为 $w_1 = w$；系统内水汽不断凝结，释放潜热，终态温度为相当温度，即 $T_2 = T_e$，混合比为 $w_2 = 0$。因此，根据(2.116)式，可得

$$T_e = T + \frac{l_v w}{c_{pd}} \qquad (2.117)$$

然而，由于在绝热的封闭系统中，水汽未饱和时不可能自动凝结，只会自动蒸发，故自然界中并不存在等压绝热凝结过程，只存在其逆过程即等压绝热蒸发过程。因此可将相当温度理解为：系统经等压绝热蒸发过程成为湿空气以前，绝对干燥的空气所应具有的温度。也就是说相当温度是这个等压绝热蒸发过程中所可能有过的最高温

度。若以 $T=273$ K 时的 l_v 和 c_{pd} 代入到(2.117)式,则有

$$T_e = T + \frac{l_v w}{c_{pd}} \approx T + 2500r \tag{2.118}$$

即可以根据温度 T 及混合比 w 估算相当温度 T_e 的数值。

2.7　干绝热过程

在实际大气中,气块作垂直运动的过程中,气块可通过湍流交换、辐射和分子热传导与外界环境大气交换热量,因此不是绝热的。但气块在垂直运动时,气压随高度变化很快,使得空气的温度在短期内发生很大变化,而其他热量交换方式对气温的影响远小于因空气压缩或膨胀所产生的影响,故可以忽略气块与外界的热交换而假设气块是绝热的。另外,除了贴近地表很薄的一层大气外,分子热传导作用也完全可以忽略不计。这样假设使得处理问题大大简化。

在绝热过程中,假设讨论对象是干空气,或者是无凝结、不包含液态(固态)水的湿空气(即未饱和湿空气),这样的过程称之为干绝热过程。

2.7.1　泊松方程

根据热力学第一定律,即公式(2.23)$\delta q = c_p dT - \alpha dp$,在绝热过程中 $\delta q = 0$,并引入未饱和湿空气状态方程 $p\alpha = RT$,得到

$$c_p dT - \frac{RT}{p} dp = 0 \tag{2.119}$$

上式为干绝热过程的微分形式,那么从初态(T_0, p_0)到终态(T_1, p_1)积分,得

$$\frac{T_0}{T_1} = \left(\frac{p_0}{p_1}\right)^k \tag{2.120}$$

式中,$k=R/c_p$。(2.120)式就是未饱和湿空气干绝热过程的泊松方程,描述了理想气体在干绝热过程中温度和压强关系。

理论上,干空气和未饱和湿空气的 k 值有所不同。对于干空气,$k_d = R_d/c_{pd} = 0.286$。对于未饱和湿空气,k 值为

$$k = \frac{R}{c_p} = \frac{R_d(1+0.608r)}{c_{pd}(1+0.84r)} = k_d \frac{(1+0.608r)}{(1+0.84r)} = k_d(1-0.26q)$$

式中,k_d 为干空气的值。由于实际大气中比湿 $q \ll 1$,所以有

$$k \approx k_d = 0.286$$

于是泊松方程(2.120)式变为

$$\frac{T_1}{T_0} = \left(\frac{p_1}{p_0}\right)^{k_d} = \left(\frac{p_1}{p_0}\right)^{0.286} \tag{2.121}$$

用(2.121)式计算大气的干绝热过程已经足够精确。

2.7.2　干绝热减温率

假设环境大气处于静力平衡状态,且某一干空气块满足气块假设。该气块在干绝热过程中必然满足

$$\delta q = \mathrm{d}h - \alpha \mathrm{d}p = 0 \tag{2.122}$$

两边同除以 $\mathrm{d}z$,得

$$\gamma_{\mathrm d} = -\left(\frac{\mathrm{d}T}{\mathrm{d}z}\right)_{\mathrm{dry\ parcel}} = \frac{g}{c_{\mathrm{pd}}} \tag{2.123}$$

式中,$\gamma_{\mathrm d}$ 表示干绝热减温率,将 $g = 9.81\ \mathrm{m \cdot s^{-2}}$ 和 $c_{\mathrm{pd}} = 1004\ \mathrm{J \cdot K^{-1} \cdot kg^{-1}}$ 代入到 (2.123)式可得 $\gamma_{\mathrm d} = 9.8\ \mathrm{K \cdot km^{-1}}$。

类似于干空气的干绝热减温率推导方法,可以得到未饱和湿空气的干绝热减温率

$$\gamma_{\mathrm m} = -\left(\frac{\mathrm{d}T}{\mathrm{d}z}\right)_{\mathrm{unsaturate\ parcel}} = \frac{g}{c_{\mathrm p}} \tag{2.124}$$

式中,$c_{\mathrm p} = c_{\mathrm{pd}}(1+0.84q)$,于是上式改写为

$$\gamma_{\mathrm m} = \frac{\gamma_{\mathrm d}}{1+0.84q} \approx \gamma_{\mathrm d} \tag{2.125}$$

考虑到大气中的比湿数值非常小,因此在处理未饱和湿空气时,同样采用 $\gamma_{\mathrm d}$ 作为干绝热减温率。

2.7.3　露点减温率

未饱和湿空气上升过程中,没有发生凝结,混合比 w 不变,根据 $e = wp/(w+e)$ 可知,随着气压的下降,水汽压跟着下降,因此露点肯定随高度减小。露点减温率定义为

$$\Gamma_D = -\frac{\mathrm{d}T_{\mathrm d}}{\mathrm{d}z} \tag{2.126}$$

因实际水汽压 e 为露点 $T_{\mathrm d}$ 所对应的饱和水汽压 $e_{\mathrm s}(T_{\mathrm d})$,所以 e 和 $e_{\mathrm s}(T_{\mathrm d})$ 随高度的变化相等,即

$$\frac{\mathrm{d}e}{\mathrm{d}z} = -\frac{\mathrm{d}e_{\mathrm s}(T_{\mathrm d})}{\mathrm{d}z} \tag{2.127}$$

做变换得,

$$\frac{\mathrm{d}e}{\mathrm{d}z} = \frac{\mathrm{d}e_{\mathrm s}(T_{\mathrm d})}{\mathrm{d}T_{\mathrm d}}\frac{\mathrm{d}T_{\mathrm d}}{\mathrm{d}z} \tag{2.128}$$

另外,对 $e = wp/(w+e)$ 两边分别取对数并对 z 求导,得

$$\frac{\mathrm{d}e}{\mathrm{d}z} = \frac{e}{p}\frac{\mathrm{d}p}{\mathrm{d}z} = \frac{e_\mathrm{s}(T_\mathrm{d})}{p}\frac{\mathrm{d}p}{\mathrm{d}z} \tag{2.129}$$

(2.128)和(2.129)式合并后,得

$$\frac{\mathrm{d}e_\mathrm{s}(T_\mathrm{d})}{\mathrm{d}T_\mathrm{d}}\frac{\mathrm{d}T_\mathrm{d}}{\mathrm{d}z} = \frac{e_\mathrm{s}(T_\mathrm{d})}{p}\frac{\mathrm{d}p}{\mathrm{d}z} \tag{2.130}$$

再利用克劳修斯-克拉贝龙方程,上式变为

$$\frac{l_\mathrm{v}}{R_\mathrm{v}T_\mathrm{d}^2}\frac{\mathrm{d}T_\mathrm{d}}{\mathrm{d}z} = \frac{1}{p}\frac{\mathrm{d}p}{\mathrm{d}z} \tag{2.131}$$

利用状态方程和静力学方程,得

$$\frac{l_\mathrm{v}}{R_\mathrm{v}T_\mathrm{d}^2}\frac{\mathrm{d}T_\mathrm{d}}{\mathrm{d}z} = \frac{1}{p}\frac{\mathrm{d}p}{\mathrm{d}z} = -\frac{g}{RT} \tag{2.132}$$

联合(2.131)和(2.132)式,得到露点减温率的表达式为

$$\Gamma_D = -\frac{\mathrm{d}T_\mathrm{d}}{\mathrm{d}z} = \frac{g}{l_\mathrm{v}}\frac{R_\mathrm{v}}{R}\frac{T_\mathrm{d}^2}{T} \approx \frac{g}{\varepsilon l_\mathrm{v}}\frac{T_\mathrm{d}^2}{T} \tag{2.133}$$

式中,$R/R_\mathrm{v} \approx R_\mathrm{d}/R_\mathrm{v} = \varepsilon$,$g/\varepsilon l_\mathrm{v}$ 的数值约为 $6.3 \times 10^6 \ \mathrm{m}^{-1}$,几乎与温度无关。而 T_d^2/T 尽管由气块的温度和露点决定,但在对流层内其数值变化范围很小。对流层实际大气露点减温率的范围大致在 $1.7 \sim 1.9 \ \mathrm{℃} \cdot \mathrm{km}^{-1}$。平均状态大气的露点减温率可取 $\Gamma_D = 1.8 \ \mathrm{℃} \cdot \mathrm{km}^{-1}$,作为气块露点温度随高度变化的近似值。

2.7.4 位温

气块在干绝热过程中,尽管没有热量收支也无潜热转化,但因气块升降过程中的膨胀或压缩做功,仍然会有明显的温度变化。当气块上升时,随着压力的减小,气块会绝热膨胀而冷却,使温度降低;当气块下沉时,随着压力的增加,气块会绝热压缩而增温,使温度升高,因此同一气块在不同的高度下会有不同的温度。若要比较两个不同气块的温度,不能直接根据气块的温度变化来判断热量收支,也不能依据不同气压条件下的气温来比较不同气块的冷暖性质,必须将两个气块移至同一高度下才能互相比较其温度高低。所以,为了建立温度比较的标准,在大气科学研究中提出了一个重要的温度度量参数——位温。

对于干空气,位温定义为干空气块从当前状态按照干绝热过程膨胀或压缩到标准气压(1000 hPa)时应该具有的温度,即

$$\theta = T \left(\frac{1000}{p}\right)^{k_\mathrm{d}} \tag{2.134}$$

式中,$k_\mathrm{d} = R_\mathrm{d}/c_{\mathrm{pd}} = 0.286$,$p$(取 hPa 为单位的数值)和 T 分别是干空气的气压和温度。

类似地,也可以给出未饱和湿空气块的位温为

$$\theta_{\mathrm{m}} = T \left(\frac{1000}{p} \right)^{k} = T \left(\frac{1000}{p} \right)^{k_{\mathrm{d}}(1-0.26q)} = \theta \left(\frac{1000}{p} \right)^{-k_{\mathrm{d}}0.26q} \qquad (2.135)$$

式中,p 和 T 分别是未饱和湿空气的气压和温度。由于大气中,水汽压远小于大气压,即比湿 $q \ll 1$,因此可得 $\theta_{\mathrm{m}} \approx \theta$,即

$$\theta = T \left(\frac{1000}{p} \right)^{k} \approx T \left(\frac{1000}{p} \right)^{k_{\mathrm{d}}} \qquad (2.136)$$

对于虚温,同样可以定义虚位温,即

$$\theta_{\mathrm{v}} = T_{\mathrm{v}} \left(\frac{1000}{p} \right)^{k_{\mathrm{d}}} \qquad (2.137)$$

由上述公式可以看出,未饱和湿空气的位温和干空气非常近似,两者差异通常小于 0.1 ℃,即在实际应用中可以统一使用 θ 来表示干空气和未饱和湿空气的位温。但并不是未饱和湿空气的所有量都可以由干空气代替,例如虚温。且必须注意的是,在实际大气中,特别是近地层大气,无法满足虚位温的推导前提条件(即无法满足气块假说),虚位温和虚温之间的转换不一定成立,甚至虚位温和位温的概念也不一定正确。

利用位温,可以追溯气块的源地或者比较不同气块的冷暖状况。例如,原来是同一热力性质的空气(如原来在海平面上具有相同压强、相同温度的同一气团的不同部分的空气),当其中一部分空气上升到高空后,由于环境压强降低而绝热膨胀做功,导致温度降低,这时和同一气团未上升部分的空气相比,其温度、压强都产生了变化(数值上变小),从而无法辨认它曾是未上升空气的一部分。但是如果将上升空气仍然沿干绝热下降到原来的位置,或者把上升和未上升空气一并按照干绝热过程移动到 1000 hPa 气压处,则会发现它们这时不但气压相同,温度也完全相同,说明它们原来的热力性质是相同的。由此可见,在位温定义中将气压规定为 1000 hPa 只不过是给出一个共同的压强标准,从而能够对其温度进行比较。正因为如此,同一气团或者同一来源空气的位温值相同或相近。对于不同的气团来讲,位温高的气团代表较暖气团,位温低的气团代表较冷气团。

2.7.5　位温、熵及热量收支

对公式(2.136)两边取对数,得

$$\ln\theta = \ln T + \frac{R}{c_{\mathrm{p}}} \ln 1000 - \frac{R}{c_{\mathrm{p}}} \ln p \qquad (2.138)$$

或 $$c_{\mathrm{pd}} \ln\theta = c_{\mathrm{pd}} \ln T + R_{\mathrm{d}} \ln 1000 - R_{\mathrm{d}} \ln p \qquad (2.139)$$

依据热力学第一定律,有

$$\delta Q = C_{\mathrm{p}} \mathrm{d}T - V \mathrm{d}p$$

或
$$\frac{\delta Q}{T} = C_p \frac{\mathrm{d}T}{T} - V \frac{\mathrm{d}p}{T}$$

利用状态方程,得

$$\frac{\delta Q}{T} = C_p \frac{\mathrm{d}T}{T} - mR \frac{\mathrm{d}p}{p}$$

则对于单位质量系统,有

$$\mathrm{d}s = c_p \frac{\mathrm{d}T}{T} - R \frac{\mathrm{d}p}{p} \quad 或 \quad \mathrm{d}s = c_p \ln T - R \ln p \tag{2.140}$$

结合(2.139)和(2.140)式,得

$$\mathrm{d}s = c_p \mathrm{d}\ln\theta \tag{2.141}$$

或
$$s = c_p \ln\theta + \text{constant} \tag{2.142}$$

由此,热力学第一定律也可写成

$$\delta q = c_p T \mathrm{d}\ln\theta \tag{2.143}$$

综上可知,①干空气系统(或未饱和湿空气系统)的位温变化决定了比熵的变化,位温守恒则比熵守恒;②干绝热过程是等熵的,所以位温保持不变;③气块吸收热量时位温增加,释放热量时位温降低。

2.7.6　位温的垂直变化

对位温定义式取对数并对高度求导,有

$$\frac{\mathrm{d}\ln\theta}{\mathrm{d}z} = \frac{\mathrm{d}\ln T}{\mathrm{d}z} - k\frac{\mathrm{d}\ln p}{\mathrm{d}z} = \frac{1}{T}\frac{\mathrm{d}T}{\mathrm{d}z} - \frac{k}{p}\frac{\mathrm{d}p}{\mathrm{d}z} = -\frac{1}{T}\Gamma + \frac{k}{p}\frac{\mathrm{d}p}{\mathrm{d}z} = -\frac{1}{T}\Gamma + \frac{1}{T}\gamma_m$$

式中,Γ 为环境空气温度直减率,所以有

$$\frac{\mathrm{d}\ln\theta}{\mathrm{d}z} = \frac{1}{T}(\gamma_m - \Gamma) \approx \frac{1}{T}(\gamma_d - \Gamma) \quad 或 \quad \frac{\mathrm{d}\theta}{\mathrm{d}z} = \frac{\theta}{T}(\gamma_m - \Gamma) \approx \frac{\theta}{T}(\gamma_d - \Gamma) \tag{2.144}$$

对虚位温同样可以导出下式,其中 Γ_v 是虚温的垂直减温率。

$$\frac{\partial \theta_v}{\partial z} \approx \frac{\theta_v}{T_v}(\gamma_d - \Gamma_v) \tag{2.145}$$

因此,位温的垂直变化率 $\mathrm{d}\theta/\mathrm{d}z$ 是和 $(\gamma_d - \gamma)$ 成正比的。如果某一层大气的减温率 $\Gamma = \gamma_d$,则整层大气位温必然相等。在对流层内,一般情况下大气垂直减温率 $\Gamma < \gamma_d$,所以有 $\mathrm{d}\theta/\mathrm{d}z > 0$,表明位温随高度增加而增加。在讨论大气稳定度时,公式(2.144)是一个重要的关系式。

2.7.7　抬升凝结高度

未饱和湿空气块沿干绝热上升时,无凝结和蒸发,温度和气压下降,水汽含量不

变。比较露点递减率和干绝热减温率可知,温度比露点下降得快得多。所以随着气块上升,温度和露点将逐渐接近,在某一高度必达到一致,最终气块达到饱和。若继续上升,则气块内水汽开始凝结,形成云。未饱和湿空气块干绝热上升刚好达到饱和的高度,称为抬升凝结高度(lifting condensation level,LCL),它大致对应于热力对流积状云的云底高度。在 LCL 高度处的气压和温度分别称为饱和气压(p_c)和饱和温度(T_c)。这些定义也适用于含有凝结水的饱和气块,对应于气块可逆湿绝热下沉时凝结水刚好蒸发完的状态。状态点(p_c,T_c)在热力学图上被称为气块特征点,或绝热饱和点、绝热凝结点。

设 T_0 和 T_{d0} 分别为起始高度上的温度和露点,则气块在干绝热上升时的温度和露点的表达式分别为

$$T(z) = T_0 + \frac{\mathrm{d}T}{\mathrm{d}z}(z - z_0) = T_0 - \gamma_\mathrm{d}(z - z_0) \tag{2.146}$$

$$T_\mathrm{d}(z) = T_{d0} + \frac{\mathrm{d}T}{\mathrm{d}z}(z - z_0) = T_{d0} - \Gamma_\mathrm{D}(z - z_0) \tag{2.147}$$

当凝结时,温度与露点相等 $T(z) = T_\mathrm{d}(z)$,则凝结高度为

$$z_c = z - z_0 = \frac{T_0 - T_{d0}}{\gamma_\mathrm{d} - \Gamma_\mathrm{D}} \approx \frac{(T_0 - T_{d0})}{8} \tag{2.148}$$

上式为抬升凝结高度的计算式,其中 z_c 的单位为 km。根据(2.148)式可以估算云底相对地面的高度,适用于局地热力对流云,而不能应用于因天气系统移动到当地的对流云。

由于气块实际上升过程中可能与环境大气有混合,干绝热假设与实际情况有差异,且地面温度的日变化幅度大,导致用式(2.148)计算的云底高度与实测值相差很大,计算结果往往低于实测高度。

在某些实际情况中,需要精确地计算出抬升凝结高度数值,那么就需要根据温度随高度的变化,预先得到饱和温度 T_c,

$$T_c = \frac{2840}{3.5\ln T_0 - \ln e_0 - 4.805} + 55 \tag{2.149}$$

以上云底饱和温度的计算公式由 Bolton 在 1980 年提出,其中 T_0 和 e_0 分别为气块初始温度(单位 K)和初始水汽压(单位 hPa)。使用 T_c,公式(2.148)可改写为

$$z_c = \frac{T_0 - T_c}{T_\mathrm{d}} \tag{2.150}$$

上式避开了露点温度及其减温率的变化,使用了直接云底的饱和温度值,提高了计算精度,与实际观测比较,误差小于 0.1 ℃。

2.8　湿绝热过程

可逆湿绝热过程:未饱和气块按干绝热过程上升到抬升凝结高度时,转变成饱和气块(在此高度仍不含液态水),若饱和气块继续上升,水汽就会开始凝结并释放出潜热。如果所有凝结出的液态水全部保留在气块中,并与外界无热量交换,则由于潜热释放加热气块,气块温度递减率将小于绝热递减率。当气块下沉增温时,凝结物又会蒸发,所消耗的潜热与原来释放的潜热相等,并沿逆向过程仍然可以回到原来的状态,整个过程无质量与热量交换,该过程是可逆的,称为可逆湿绝热过程。这里的"湿"表示在饱和绝热气块内水物质发生了相变。可逆湿绝热过程是一个等熵过程,虽然在该过程中发生的相变,但水汽和凝结出来的液态水总质量不变,干空气质量也不变。

假绝热过程:如果在湿绝热过程的上升阶段,凝结物一旦形成便全部脱离气块,则气块在下沉时,由于没有液态水可供蒸发,使得气块处于未饱和状态,按干绝热过程变化,因此当气块下沉到起始高度时温度一定比原来的高,无法回到原来的状态,这种过程是不可逆的。

对于上升阶段,假绝热过程通常与可逆湿绝热过程无明显差异;由于凝结物有携带热量的能力,所以仅在约 400 hPa 高空以上可逆湿绝热过程中的饱和气块的温度要略高于假绝热过程中的气块温度。可逆湿绝热过程的气块在下沉时,仍按照可逆湿绝热过程进行,气块中的凝结物不断蒸发重新转变为水汽,直到到达抬升凝结高度后再按干绝热下沉;而假绝热过程的气块下沉则只按干绝热过程进行。

2.8.1　可逆湿绝热过程

对于包含干空气、饱和水汽和液态水的气块,系统做可逆变化,则系统的总熵(以上 3 种物质熵的总和)在变化过程中是不变的,即

$$S = S_d + S_v + S_w = \text{constant} \tag{2.151}$$

式中,下标 d,v 和 w 分别代表干空气、饱和水汽和液态水。将上式除以干空气质量 m_d,得

$$\frac{S}{m_d} = s_d + \frac{m_v}{m_d} s_v + \frac{m_w}{m_d} s_w \tag{2.152}$$

设 $w_s = m_v/m_d$ 为饱和混合比,总水质(水汽加液态水)物混合比 $w_t = (m_v + m_w)/m_d$,则上式可写成

$$\frac{S}{m_d} = s_d + w_s s_v + (w_t - w_s) s_w \tag{2.153}$$

对于可逆湿变化过程,有

$$\mathrm{d}S = \frac{\delta Q}{T} = \frac{\mathrm{d}U}{T} + \frac{p\mathrm{d}V}{T} = \frac{1}{T}\left[\left(\frac{\partial U}{\partial T}\right)_V \mathrm{d}T + \left(\frac{\partial U}{\partial V}\right)_T \mathrm{d}V\right] + \frac{p}{T}\mathrm{d}V \tag{2.154}$$

另外对 $S(T,V)$ 全微分展开

$$\mathrm{d}S = \left(\frac{\partial S}{\partial T}\right)_V \mathrm{d}T + \left(\frac{\partial S}{\partial T}\right)_T \mathrm{d}V \tag{2.155}$$

比较以上两式,有

$$\left(\frac{\partial S}{\partial T}\right)_V = \frac{1}{T}\left(\frac{\partial U}{\partial T}\right)_V \tag{2.156}$$

和

$$\left(\frac{\partial S}{\partial V}\right)_T = \frac{1}{T}\left[\left(\frac{\partial U}{\partial V}\right)_T + p\right] \tag{2.157}$$

处于温度 T 和气压 p 的相态平衡中的液态水和水汽,根据方程(2.157)可导出

$$T\left(\frac{S_v - S_w}{V_v - V_w}\right) = \frac{U_v - U_w}{V_v - V_w} + p \tag{2.158}$$

或

$$T(S_v - S_w) = U_v - U_w + p(V_v - V_w) \tag{2.159}$$

根据相变潜热定义式,上式变为

$$T(S_v - S_w) = H_v - H_w = L_v \tag{2.160}$$

或

$$s_v - s_w = \frac{l_v}{T} \tag{2.161}$$

上式代入到方程(2.153)中,得

$$\frac{S}{m_d} = s_d + w_t s_w + \frac{l_v w_s}{T} \tag{2.162}$$

根据公式(2.140)得干空气的比熵公式为

$$s_d = c_{pd}\ln T - R_d \ln p_d + \text{constant} \qquad [\text{干空气的分压 } p_d = p - e_s(T)] \tag{2.163}$$

另外液态水的比熵为 $s_w = c_w \ln T + \text{constant}$,所以可推导出

$$\frac{S}{m_d} = (c_{pd} + w_t c_w)\ln T - R_d \ln p_d + \frac{l_v w_s}{T} + \text{constant} \tag{2.164}$$

由于 S 和 m_d 是保守的,则可得到

$$(c_{pd} + w_t c_w)\ln T - R_d \ln p_d + \frac{l_v w_s}{T} = \text{constant}' \tag{2.165}$$

其微分形式为

$$(c_{pd} + w_t c_w)\mathrm{d}\ln T - R_d \mathrm{d}\ln p_d + \mathrm{d}\left(\frac{l_v w_s}{T}\right) = 0 \tag{2.166}$$

方程(2.166)就是饱和气块按可逆湿绝热上升运动时的热量方程,方程左边 3 项分别代表了显热、膨胀功和潜热。

2.8.2　假绝热过程

在处理假绝热过程时,假设气块按假绝热过程上升过程中,水汽一旦凝结便脱离气块。显然,此时的系统是一个开放系,且为不可逆过程。可以设想将整个假绝热过程分为两步来处理。第一步,未饱和湿空气快按可逆饱和绝热过程上升直至到达抬升凝结高度,此时气块中总共含有凝结的水物质为 dm_w;第二步,随着气块继续上升,凝结出的液态水立即脱离开气块。所以,整个过程的熵变化由干空气和饱和水汽混合比(w_s)来确定,由于凝结释放的潜热仍留在气块中,因此可以认为是近似的绝热过程,熵近似不变。

根据以上事实,可知在假绝热过程中 $w_t = w_s$,于是将方程(2.164)中水物质混合比 w_t 换成饱和水汽混合比 w_s,可得假绝热方程

$$\frac{S}{m_d} = (c_{pd} + w_s c_w)\ln T - R_d \ln p_d + \frac{l_v w_s}{T} + \text{constant} \tag{2.167}$$

由于 S 和 m_d 是保守的,所以

$$(c_{pd} + w_s c_w)\text{d}\ln T - R_d \text{d}\ln p_d + \text{d}\left(\frac{l_v w_s}{T}\right) = 0 \tag{2.168}$$

由于水汽一旦凝结便立即脱离气块,因此假绝热过程不是等熵过程。不过,此过程并没有影响 T 和 P 的数值,所以方程(2.168)描述的是 T 和 P 在假绝热过程中的变化规律。从方程形式上看,方程(2.168)和(2.166)非常相似,但是随着气块的上升,w_s 总是在不断变化的,且 w_s 的变化依赖于温度 T,而方程(2.166)中的水物质混合比 w_t 与温度 T 无关。另外,由上述讨论可知,可逆湿绝热过程和假绝热过程在上升阶段,通常不区分两种过程的差异;但下降过程差异显著:可逆湿绝热过程的气块下降时,因凝结的液态水仍然保留在气块中,所以下降增温过程中,气块先按可逆湿绝热过程下降,直至液态水全部蒸发并到达抬升凝结高度,然后再按干绝热过程下降;而假绝热过程的气块下降则只按照干绝热过程进行。

2.8.3　湿绝热减温率

由于在不可逆饱和绝热上升过程中,水汽凝结释放潜热,减缓了气块的降温速率因此不可逆饱和绝热减温率小于干绝热减温率。下面来讨论湿绝热减温率的具体数值。

根据方程(2.166)

$$c_p \text{d}\ln T - R_d \text{d}\ln p_d + \text{d}\left(\frac{l_v w_s}{T}\right) = 0$$

式中，$c_p = c_{pd} + w_t c_w$，整个方程乘以 T/c_p，得

$$\mathrm{d}T - \frac{R_d T}{c_p p_d}\mathrm{d}(p - e_s) + \frac{1}{c_p}\mathrm{d}(l_v w_s) - \frac{l_v w_s}{c_p T}\mathrm{d}T = 0 \tag{2.169}$$

式中，$p = p_d + e_s$。根据克劳修斯-克拉贝龙方程 $\mathrm{d}e_s/\mathrm{d}T = l_v e_s/R_v T^2$，并由水汽和干空气状态方程得到的关系式 $R_d e_s/R_v p_d = w_s$，上式第二项可改写成

$$-\frac{R_d T}{c_p p_d}\mathrm{d}p + \frac{l_v w_s}{c_p T}\mathrm{d}T \tag{2.170}$$

代入到方程(2.169)中并除以 $\mathrm{d}z$，且假设 $\mathrm{d}p \approx \mathrm{d}p_d$，利用静力学方程和状态方程，可推导出

$$\frac{\mathrm{d}T}{\mathrm{d}z} = -\frac{g}{c_p} - \frac{1}{c_p}\frac{\mathrm{d}}{\mathrm{d}z}(l_v w_s) \tag{2.171}$$

注意以上方程中 $c_p \neq c_{pd}$，因此 g/c_p 不是真正的干绝热减温率。将方程右边第二项展开，得

$$\frac{\mathrm{d}T}{\mathrm{d}z} = -\frac{g}{c_p} - \frac{w_s}{c_p}\frac{\mathrm{d}l_v}{\mathrm{d}z} - \frac{l_v}{c_p}\frac{\mathrm{d}w_s}{\mathrm{d}z} \tag{2.172}$$

或

$$\frac{\mathrm{d}T}{\mathrm{d}z} = -\frac{g}{c_p} - \frac{w_s}{c_p}\frac{\mathrm{d}l_v}{\mathrm{d}T}\frac{\mathrm{d}T}{\mathrm{d}z} - \frac{l_v}{c_p}\frac{\mathrm{d}w_s}{\mathrm{d}z} \tag{2.173}$$

或

$$\left(1 + \frac{w_s}{c_p}\frac{\mathrm{d}l_v}{\mathrm{d}T}\right)\frac{\mathrm{d}T}{\mathrm{d}z} = -\frac{g}{c_p} - \frac{l_v}{c_p}\frac{\mathrm{d}w_s}{\mathrm{d}z} \tag{2.174}$$

使用方程 $\dfrac{\mathrm{d}l_v}{\mathrm{d}T} = c_{pv} - c_w$，上式变为

$$\left[1 - \frac{w_s(c_w - c_{pv})}{c_p}\right]\frac{\mathrm{d}T}{\mathrm{d}z} = -\frac{g}{c_p} - \frac{l_v}{c_p}\frac{\mathrm{d}w_s}{\mathrm{d}z} \tag{2.175}$$

式中，c_w, c_{pv}, c_p 和 w_s 的典型值分别为 $4220\ \mathrm{J \cdot kg^{-1} \cdot K^{-1}}$，$1850\ \mathrm{J \cdot kg^{-1} \cdot K^{-1}}$，$1050\ \mathrm{J \cdot kg^{-1} \cdot K^{-1}}$ 和 0.01。因此 $w_s(c_w - c_{pv})/c_p$ 在方程中为绝对小量，可以忽略不计，则方程简化为

$$\frac{\mathrm{d}T}{\mathrm{d}z} = -\frac{g}{c_p} - \frac{l_v}{c_p}\frac{\mathrm{d}w_s}{\mathrm{d}z} \tag{2.176}$$

即，湿绝热减温率(或饱和绝热减温率)为

$$\gamma_s = -\frac{\mathrm{d}T}{\mathrm{d}z} = \frac{g}{c_p} + \frac{l_v}{c_p}\frac{\mathrm{d}w_s}{\mathrm{d}z} \tag{2.177}$$

虽然 g/c_p 不是真正的干绝热减温率，但在实际计算中可近似等于 $\gamma_d = g/c_{pd}$，因饱和水汽混合比 w_s 随高度减小，显然从方程(2.177)可得 $\gamma_s < \gamma_d$。

如图 2.4 所示，在对流层下部的暖湿气层中，饱和气块温度下降较慢，γ_s 值平均

约为 4 ℃ · km^{-1}；对流层中部的代表性数值是 6～7 ℃ · km^{-1}；在干冷的对流层顶附近，γ_s 与 γ_d 的差别很小，接近于干绝热过程。

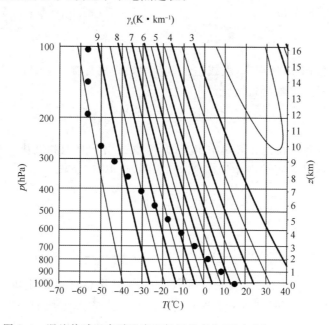

图 2.4 湿绝热减温率随温度和气压的变化（引自 Maarten，2010）

2.8.4 相当位温

在大气热力学中，仅用温度、湿度和气压等基本气象要素是不够的，通常将这些气象要素按照不同物理过程组合成一些特征量，并结合基本气象要素一起描述空气的状态，统称为温湿参量。在等压过程和干绝热过程中定义了相当温度、湿球温度、位温等，2.8.4～2.8.6 节将继续介绍相当位温、假湿球位温和假湿球温度、假相当位温和假相当温度。

在可逆饱和绝热过程中，定义

$$\theta' = T \left(\frac{1000}{p_d}\right)^{\frac{R_d}{c_p}} \tag{2.178}$$

式中，θ' 为湿空气中所含干空气的位温，$c_p = c_{pd} + w_t c_w$，对上式取对数并作微分

$$c_p \mathrm{dln}\theta' = c_p \mathrm{dln}T - R_d \mathrm{dln}p_d \tag{2.179}$$

上式联合可逆湿绝热方程

$$c_p \mathrm{dln}T - R_d \mathrm{dln}p_d + \mathrm{d}\left(\frac{l_v w_s}{T}\right) = 0$$

得

$$\mathrm{dln}\theta' = -\,\mathrm{d}\left(\frac{l_\mathrm{v}w_\mathrm{s}}{c_\mathrm{p}T}\right) \tag{2.180}$$

对(2.180)式积分,可得

$$\theta'\exp\left[\frac{l_\mathrm{v}w_\mathrm{s}}{c_\mathrm{p}T}\right] = \mathrm{constant} \tag{2.181}$$

可见,在可逆饱和绝热过程中,上式左边组合项始终维持保守,因此可定义一个新的温度参量——相当位温,用 θ_e 表示

$$\theta_\mathrm{e} = \theta'\exp\left(\frac{l_\mathrm{v}w_\mathrm{s}}{c_\mathrm{p}T}\right) = T\left(\frac{1000}{p_\mathrm{d}}\right)^{R_\mathrm{d}/(c_\mathrm{pd}+w_\mathrm{t}c_\mathrm{w})}\exp\left[\frac{l_\mathrm{v}w_\mathrm{s}}{(c_\mathrm{pd}+w_\mathrm{t}c_\mathrm{w})T}\right] \tag{2.182}$$

尽管相当位温是在饱和气块中定义的,但也适用于非饱和气块。气块从非饱和状态 (T,p,w) 抬升到凝结高度(LCL)达到饱和,在 LCL 处有

$$\theta' = T_\mathrm{LCL}\left(\frac{1000}{p_\mathrm{d}}\right)^{R_\mathrm{d}/(c_\mathrm{pd}+w_\mathrm{t}c_\mathrm{w})} \tag{2.183}$$

于是相当位温为

$$\theta_\mathrm{e} = T_\mathrm{LCL}\left(\frac{1000}{p_\mathrm{d}}\right)^{R_\mathrm{d}/(c_\mathrm{pd}+w_\mathrm{t}c_\mathrm{w})}\exp\left[\frac{l_\mathrm{v}(T_\mathrm{LCL})w}{(c_\mathrm{pd}+w_\mathrm{t}c_\mathrm{w})T_\mathrm{LCL}}\right] \tag{2.184}$$

式中, $p_\mathrm{d} = p_\mathrm{LCL} - e_\mathrm{s}(T_\mathrm{LCL})$ 。因未饱和气块的热力状态可以确定唯一的饱和温度 T_LCL 和饱和气压 p_LCL ,所以在干绝热的上升和下沉过程中,气块的相当位温 θ_e 是保守的。 θ_e 在数值上近似为一个饱和气块抬升到极低的气压,水汽全部凝结后气块的位温。即当 $w_\mathrm{s}=0$ 时, $\theta_\mathrm{e}=\theta'\approx\theta$ 。

2.8.5   假湿球位温和假湿球温度

未饱和气块经过干绝热过程上升达到饱和后,再按照可逆饱和绝热过程下降到起始气压处的温度,称为假湿球温度(或绝热湿球温度);沿可逆饱和绝热过程下降到1000 hPa 处的温度,称为假湿球位温度。

如图 2.5 所示,气块从初始气压 p_0(点 A)经干绝热过程抬升至 LCL(点 C),再经可逆饱和绝热过程下沉,回到初始气压 p_0 处(点 W)对应的温度为假湿球温度 T_sw ,继续下沉到 1000 hPa,对应的温度就是假湿球位温 θ_sw 。对于以上过程,必须指出的是,气块并非真正经历了上述过程,而是为了充分估计膨胀、压缩以及蒸发、凝结对气块温度可能产生的影响,作出预先的考虑;在沿饱和绝热过程(湿绝热线)下沉的过程

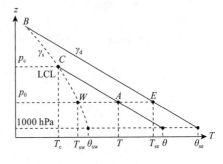

图 2.5   温湿参量

中是假定外界有足够的水分以提供蒸发,使气块能始终保持饱和状态。

　　W 点所对应的温度定义为假湿球温度,与前面所述的湿球温度(或等压湿球温度)十分相似,但又有所不同。T_w 是等压绝热蒸发降温使气块达到饱和时的温度。T_{sw} 虽然看起来也是绝热蒸发到饱和时的温度,但其在上升和下沉的过程中多出一项对外做功。

　　气块经过 A→C→W 路径,温度由 T 下降为 T_{sw},相当于释放了 $c_{pd}(T-T_{sw})$ 的热量。由于整个过程是绝热的($\mathrm{d}Q=0$),根据热力学第一定律可知,这部分热量必定等于对外做功及蒸发所损耗的热量之和,对外做功数值上等于 ACW 包围的面积(用 W_{ACW} 表示),对以上过程列出公式

$$c_{pd}(T-T_{sw}) = l_v(w_{sw}-w) + W_{ACW}$$

则假湿球温度为

$$T_{sw} = T - \frac{l_v(w_{sw}-w)}{c_{pd}} - \frac{W_{ACW}}{c_{pd}} \tag{2.185}$$

将等压湿球温度减去假湿球温度,并考虑 $w_{sw}\approx w_s$,可得

$$T_w - T_{sw} = \frac{l_v(r_{sw}-r_s)}{c_{pd}} + \frac{W_{ACW}}{c_{pd}} \approx \frac{W_{ACW}}{c_{pd}} > 0$$

即 $T_w > T_{sw}$,因 W_{ACW} 比 c_{pd} 小得多,所以 T_w 与 T_{sw} 差异不大,一般不超过 $0.5\ ℃$。另外,湿度越大,升降过程中气块对外作功也越小,T_w 和 T_{sw} 差别也越小;对于饱和气块,则两者相等。

　　由假湿球位温的定义可知,假湿球位温 θ_{sw} 就是将假湿球温度 T_{sw} 沿着假绝热线降到 1000 hPa 处所具有的温度。显然,假湿球位温在干绝热和湿绝热过程中都是保守的,所以在天气学上也常用 θ_{sw} 进行气团和锋面分析。

　　气块从 LCL 下沉的可逆饱和过程中,相当位温是保守的,满足

$$\theta' \exp\left[\frac{L_v w_s}{c_p T}\right] = \text{constant}$$

　　实际上,这是一个假想的过程,因为气块下沉需要额外的水汽补充才能维持饱和状态,因而混合比湿逐渐增加的,这样 c_p 就是变化的。为了能够得到假湿球位温 θ_{sw} 的近似解,假设 c_p 为常数,且蒸发潜热随温度变化不大的情况下,可得假湿球位温的近似表达式

$$\theta_{sw} = \theta \exp\left[\frac{l_v}{c_p}\left(\frac{w}{T_{LCL}} - \frac{w_s(\theta_{sw})}{\theta_{sw}}\right)\right] \tag{2.186}$$

2.8.6　假相当位温和假相当温度

　　为了比较两个干空气块的热力性质,必须利用位温。位温在气块干绝热升降中是不变的。在湿空气上升过程中,如果发生了水汽凝结且凝结物脱离气块(湿绝热过程),但释放的潜热仍然留在气块中,那么当它再按照干绝热下沉到 1000 hPa 时,它的位温将比没有发生凝结前要大。因此位温在湿绝热过程中是增大的,不再具有保

守性质。为此,气象学家提出了一个既考虑气压又考虑蒸发、凝结对气温影响的温湿特征量——假相当位温。气块经过假绝热过程上升,直到全部水汽凝结脱落,然后再沿干绝热过程下沉到起始气压高度处对应的温度为假相当温度 T_{se},继续下沉到 1000 hPa对应的温度称作假相当位温 θ_{se}(图 2.5)。

假相当位温实际是气块经历了一个假绝热过程,然后下沉到 1000 hPa。整个过程中熵的变化由干空气和饱和水汽混合比(r_s)来确定,且整个过程的熵近似不变,所以可基于前面描述假绝热过程的(2.168)式

$$(c_{pd} + w_s c_w)\mathrm{d}\ln T - R_d \mathrm{d}\ln p_d + \mathrm{d}\left(\frac{l_v w_s}{T}\right) = 0$$

利用推导相当温度时类似的方法,可得假相当位温的表达式为

$$\theta_{se} = \theta' \exp\left(\frac{l_v w_s}{c_{pd} T}\right) \tag{2.187}$$

式中,θ' 为湿空气中所含干空气的位温,表达式为

$$\theta' = T \left(\frac{1000}{p_d}\right)^{\frac{R_d}{c_p}}$$

实际工作中,假相当位温数值常使用 Bolton(1980)提出的公式来求解

$$\theta_{se} = T \left(\frac{p_0}{p}\right)^{0.2854(1-0.28w)} \exp\left[\left(\frac{3376}{T_{LCL}} - 2.54\right)(1 + 0.81w)w\right] \tag{2.188}$$

式中,(T, p, w) 为气块饱和或者未饱和的任意状态。

在假绝热过程中的饱和湿空气块,其熵与假相当位温的关系为

$$\mathrm{d}s \approx c_{pd}\mathrm{d}\ln\theta_{se} \tag{2.189}$$

对上式积分,得

$$s \approx c_{pd}\ln\theta_{se} + \text{constant} \tag{2.190}$$

公式(2.190)表示在假绝热过程中饱和湿空气块的熵与假相当位温近似地对应。因假绝热过程可以看成是近似的等熵过程,故假相当位温也近似不变,是假绝热过程中的准保守量。

类似于位温随的垂直变化,对于饱和气层,也可以导出假相当位温随高度的变化关系。对(2.187)式取对数后对高度 z 求导,可得

$$\frac{\partial\ln\theta_{se}}{\partial z} = \frac{\partial\ln\theta'}{\partial z} + \frac{l_v}{c_{pd}}\frac{\partial}{\partial z}\left(\frac{w_s}{T}\right)$$

令 $\theta' \approx \theta$,并略去 $w_s \partial T/\partial z$ 项,有

$$\frac{\partial\ln\theta_{se}}{\partial z} \approx \frac{\partial\ln\theta}{\partial z} + \frac{l_v}{c_{pd}T}\frac{\partial w_s}{\partial z}$$

利用位温垂直分布公式(2.144)和湿绝热减温率公式(2.177),假相当位温垂直分布

$$\frac{\partial\theta_{se}}{\partial z} \approx \frac{\theta_{se}}{T}(\gamma_s - \Gamma) \tag{2.191}$$

　　以上讨论的都是饱和气块,对于未饱和湿空气,其假相当位温等于该气块干绝热上升达到饱和状态后的假相当位温。仍可用公式(2.187)计算,但其中的 T 需采用凝结高度时的温度 T_c 和饱和混合比 w_s(与气块的初始混合比相同)。因为气块沿干绝热上升过程中,干空气的位温 θ' 和混合比 w 都是保守量,凝结温度 T_c 又是确定的,所以假相当位温在此过程中是不变的。综上所述,假相当位温在干、湿绝热过程中均是保守的。由于假相当位温的保守性,天气学上常用它作气团和锋面的分析。

2.8.7　焚风

　　当潮湿空气越过高山时,常在山的背风坡山麓地带形成一种干燥高温的气流,称作焚风。焚风往往以阵风形式出现,从山上沿山坡向下吹。焚风在迎风坡成云致雨,在背风坡形成干热风的整个过程称为"焚风效应"。焚风这个名称来自拉丁语中的 Favonius(温暖的西风),德语中演变为 Föhn,主要用来指阿尔卑斯山的焚风。此外在世界各地对类似的现象还有类似的地区性的称呼,比如在智利的安第斯山脉这样的焚风被称为帕尔希风(Puelche),在阿根廷同样的焚风被称为佐达(Zonda),美国落基山脉东侧的焚风叫钦诺克风(Chinook),在墨西哥被称为仓裘风(Chanduy)。

　　如图 2.6 所示,当气流经过山脉时,将被迫抬升,若其凝结高度低于山顶,则在山前凝结物以云或降水的形式脱离气流(也有可能有小部分凝结物随同气流过山)。气流在山的背风坡下沉,若没有凝结物供蒸发,此时的气流将按照干绝热过程下降;若气流仍携带部分凝结物,则其先按照湿绝热过程下降,直到所有凝结物蒸发后,再按照干绝热过程下降。所以,气流过山后的温度比山前同高度上的温度高得多,湿度也显著减少,形成干而热的风。由上可见,焚风可作为一种近似的假绝热过程的实例。在全球范围内,亚洲的阿尔泰山、欧洲的阿尔卑斯山、北美的洛基山东坡等地都是著名的焚风出现区,焚风一般能使背风面温度提升 10 ℃左右,个别极端情况下背山地区可能在几分钟内出现温度增加 20 ℃以上的焚风。中国不少山区也有焚风现象,较明显的地区有天山南坡、太行山东坡、大兴安岭东坡。焚风现象全年都可发生,当焚风在冬季出现时,可使积雪融化,有利于农田灌溉。但春夏两季,不强的焚风可促使作物早熟而影响产量,强大的焚风可造成干热风危害和森林火灾,强焚风还可引起山区雪崩等。

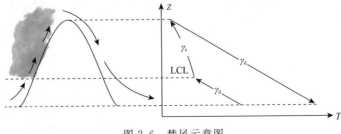

图 2.6　焚风示意图

2.9　混合过程

除了研究单个气块的运动外,大气中还涉及空气的混合过程。混合过程也是大气热力学中的典型过程,可分为水平混合和垂直混合。大气中的一些常见现象,如飞机的凝结尾迹云和蒸汽雾等都是混合过程的产物。常采用两个气块的混合来描述混合过程,然后可推广到多个气块。

2.9.1　等压绝热混合

在同一水平面上,由于气压的水平分布近似均一,因此大气在水平混合过程中,可以认为是等压混合,若系统又是绝热的,那么就是等压绝热混合过程。从热力学第一定律可知,等压绝热混合过程即是等焓过程,可采用态函数焓来分析。

考虑两个气块(气块 1 和气块 2)在混合过程中,气块始终处于等压状态。假设混合过程是绝热的,并且无凝结发生,则系统混合前后焓的变化为

$$\Delta H = m_1 \Delta h_1 + m_2 \Delta h_2 = 0 \tag{2.192}$$

式中,

$$\Delta h_1 = c_{p1} \Delta T = c_{p1}(T - T_1)$$
$$\Delta h_2 = c_{p2} \Delta T = c_{p2}(T - T_2)$$

式中,T 为混合后的最终温度。考虑到 $c_p = c_{pd}(1 + 0.84q)$,公式(2.192)变为

$$c_{pd}(1 + 0.84q_1)(T - T_1) + c_{pd}(1 + 0.84q_2)(T - T_2) = 0 \tag{2.193}$$

求解得到 T

$$T = \frac{(m_1 T_1 + m_2 T_2) + 0.84(m_1 q_1 T_1 + m_2 q_2 T_2)}{m + 0.84 m_v} \tag{2.194}$$

式中,$m = m_1 + m_2$ 为混合后系统的总质量,$m_v = m_1 q_1 + m_2 q_2$ 为混合后系统的水汽含量,则混合后系统的比湿为

$$q = \frac{m_v}{m} = \frac{m_1 q_1 + m_2 q_2}{m} \tag{2.195}$$

使用(2.195)式,混合后的温度(2.194)式改写为

$$T = \frac{(m_1 T_1 + m_2 T_2) + 0.84(m_1 q_1 T_1 + m_2 q_2 T_2)}{m(1 + 0.84q)} \tag{2.196}$$

因实际大气的比湿 $q \ll 1$,所以 $(m_1 T_1 + m_2 T_2) \gg 0.84(m_1 q_1 T_1 + m_2 q_2 T_2)$ 和 $m \gg 0.84mq$,故上式可近似为

$$T \approx \frac{m_1 T_1 + m_2 T_2}{m} \tag{2.197}$$

可见,等压绝热混合后系统的温度是混合前两气块各自初始温度的按质量加权平均。
同理可得混合后的位温和水汽压的近似表达式

$$\theta \approx \frac{m_1\theta_1 + m_2\theta_2}{m} \tag{2.198}$$

$$e \approx \frac{m_1 e_1 + m_2 e_2}{m} \tag{2.199}$$

(2.198)式表明位温高的气块混合时位温下降,即气块放出热量;位温低的气块混合时位温上升,吸收热量;直到两个气块位温相等,热交换达到平衡为止。总之,两个未饱和气块绝热混合后,如无凝结发生,则终态的温度、水汽压取决于两个气块初态温度、水汽压的质量加权平均。

　　混合系统如果饱和,则可发生凝结成云。为了研究两个未饱和气块经过等压绝热混合后,能否达到饱和,需要了解混合前后系统的状态。如图 2.7 所示,在温度—水汽压图上,$e_s(T)$ 为饱和水汽压随温度变化的曲线,假设有两个未饱和湿气块 A_1 和 A_2,混合系统的状态在 A_1 和 A_2 连线之间,图中例子显示这条线段位于饱和水汽压曲线下方,显热混合后系统是不饱和的。这种情况下,无论开始时两气块的质量如何变化,混合后的系统都无法达到饱和。

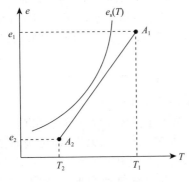

图 2.7　等压绝热混合后系统
未达到饱和

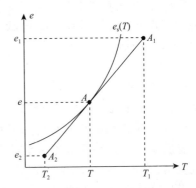

图 2.8　等压绝热混合后系统
的临界饱和状态

　　图 2.8 给出了混合后系统所达到的临界饱和状态。如果混合前有两个未饱和湿空气块,分别为状态点 A_1 和 A_2,混合后系统的状态位于 A_1 和 A_2 连线之间,线段 A_1A_2 与 $e_s(T)$ 曲线相切于 A 点,也就说混合后系统只有在 A 点时是饱和的。由 (2.198)式,结合图 2.8,可得出只有当满足以下条件时

$$\frac{A_1A}{AA_2} = \frac{T_1 - T}{T - T_2} = \frac{m_2}{m_1} \tag{2.200}$$

混合后系统才能饱和,这要求混合前两气块的质量比也会唯一的。

图 2.9 显示了混合后系统所达到过饱和状态的情况。如果混合前两个气块的状态 A_1 和 A_2 是饱和的,即开始混合前的状态都位于 $e_s(T)$ 曲线上,混合后系统的状态位于 A_1 和 A_2 连线之间的 A 点,可知无论两个气块质量比如何变化,A 点都是过饱和的,这时会发生凝结。

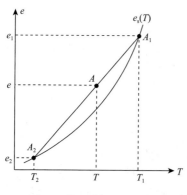 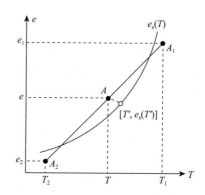

图 2.9　等压绝热混合后系统
的过饱和状态

图 2.10　未饱和湿空气等压绝
热混合后达到饱和状态

实际上,更为典型的混合后系统达到饱和的情况通常如图 2.10 所显示的例子,即混合前两个气块都不饱和,系统状态点连线的一部分与饱和水汽压 $e_s(T)$ 曲线相交,位于 $e_s(T)$ 曲线上方的线段对应混合后系统的过饱和状态,下方的两段则是未饱和状态。因此,系统混合后的状态是否饱和,取决于混合前两个气块的质量比。当混合后的系统状态位于 $e_s(T)$ 曲线上方时,即出现过饱和,这时就出现凝结。因此,需要从理论上给出混合后系统出现过饱和(或出现凝结)的判据。

假设没有发生凝结,根据已知的两气块状态,按等压绝热混合理论计算混合后系统的温度 T、水汽压 e 以及饱和水汽压 $e_s(T)$,比较 e 和 $e_s(T)$ 的大小,即可判断是否出现凝结:若 $e < e_s(T)$,则没有凝结;若 $e > e_s(T)$,则发生凝结。

发生凝结后,系统的状态会出现相应的变化,系统最终是饱和水汽、液态水共存的饱和状态。在图 2.10 上,混合后系统最终状态应该落在饱和水汽压曲线上,即状态点 $[T', e_s(T')]$。由于水汽凝结释放潜热,系统最终温度 T' 一定大于没有凝结时的系统温度 T;系统中的水汽因凝结而减少,所以系统最终水汽压 $e_s(T')$ 一定小于没有凝结时的水汽压 e。

等压绝热混合凝结过程分为两步:第一步为没有凝结时的等压绝热混合过程,系统最终为过饱和湿空气;第二步近似为等压绝热凝结过程,系统最终由饱和湿空气和液态水组成。在第二步过程中,因水汽凝结释放的潜热为

$$\delta q_1 = -l_v \, dr \approx -\frac{\varepsilon l_v}{p} de \qquad (2.201)$$

由于释放潜热,系统温度发生了变化,即显热变化量为

$$\delta q_2 = (c_{pd} + r_t c_w) dT = c_p dT \tag{2.202}$$

水汽凝结释放的潜热转化为显热的增加量,因此 $q_1 = q_2$,即

$$-\frac{\varepsilon l_v}{p} de = c_p dT \tag{2.203}$$

或

$$\frac{de}{dT} = -\frac{p c_p}{\varepsilon l_v} \tag{2.204}$$

由式(2.204)可见,等压凝结过程的系统水汽压随温度近似线性变化。凝结过程开始于等压绝热混合过程的终点 (T, e),终止于系统真正的饱和状态 $[T', e_s(T')]$,对公式(2.203)积分,得

$$(c_{pd} + r_t c_w)(T - T') = \frac{\varepsilon l_v}{p} [e_s(T') - e] \tag{2.205}$$

上式经过数值计算得到的温度 T',即为系统等压混合凝结后的最终温度,近似等于等压湿球温度。

上述过程可以说明一些天气现象的热力学机理,当未饱和暖空气和未饱和冷空气混合后,可能出现过饱和,并因此凝结成云,即混合成云。除此之外,蒸汽雾和混合雾的形成也是冷暖空气混合的结果。

2.9.2　垂直混合

考虑研究对象为两个不同高度的未饱和气块,垂直混合前两个气块质量为 m_1 和 m_2,它们的状态分别为 (p_1, T_1, e_1) 和 (p_2, T_2, e_2),假设两气块先经过绝热过程移动到某一气层 $p(p_1 > p > p_2)$,然后再作水平等压绝热混合,充分混合后变成一个质量为 $m = m_1 + m_2$ 的气块,其温度为 T、位温为 θ、比湿为 q。

(1)第一阶段:两气块经过干绝热过程垂直移动到气层 p,但尚未混合,在此过程中,两个气块的比湿(q_1 和 q_2)与位温(θ_1 和 θ_2)不变,但温度和水汽压是变化的。则在气压 p 处时,有

$$T_1' = T_1 \left(\frac{p}{p_1}\right)^k = \theta_1 \left(\frac{p}{1000}\right)^k \quad 和 \quad T_2' = T_2 \left(\frac{p}{p_2}\right)^k = \theta_2 \left(\frac{p}{1000}\right)^k \tag{2.206}$$

$$e_1' = e_1 \frac{p}{p_1} \quad 和 \quad e_2' = e_2 \frac{p}{p_2} \tag{2.207}$$

式中,T_1' 和 T_2' 分别表示这两个气块在同一水平高度处,在混合以前各自的温度;e_1' 和 e_2' 分别混合以前各自的水汽压。

(2)第二阶段:在气层 p 处,两个气块进行等压绝热混合,假设无凝结发生,则利用等压绝热混合方程(2.195)~(2.199),可得

$$q = \frac{m_1 q_1 + m_2 q_2}{m} \tag{2.208}$$

$$T \approx \frac{m_1 T_1' + m_2 T_2'}{m} \tag{2.209}$$

$$\theta \approx \frac{m_1 \theta_1 + m_2 \theta_2}{m} \tag{2.210}$$

$$e \approx \frac{m_1 e_1' + m_2 e_2'}{m} \tag{2.211}$$

由上可知,已知 m_1、m_2、q_1、q_2、θ_1、θ_2 的情况下,就计算出 q、θ、T、e 等参量。也不难求得 T 所对应的饱和水汽压 E。如果 $e \leqslant E$,那么在绝热混合过程中无凝结发生的假设成立,即这个混合后质量为 m 的气块内部不含液态水;如果 $e > E$,虽然无凝结发生的假设不成立,但混合后质量为 m 的气块内部发生的是等熵的不可逆凝结过程,因此可以按照假相当位温 θ_{se} 近似不变的原理,得到有凝结情况下混合后气块的假相当位温 θ_{se} 为

$$\theta_{\text{se}} \approx \frac{m_1 \theta_{\text{se1}} + m_2 \theta_{\text{se2}}}{m} \tag{2.212}$$

2.10　大气热力学图

热力图(thermodynamic diagram),能够描绘气压、温度和湿度的数值,并分析大气绝热过程和大气稳定度等。通常热力学图包含的线条有等压线、等温线、湿度线、干绝热线、饱和绝热(或假绝热)线。当气块经历一个绝热过程,其连续状态可以用图上的曲线表示,循环过程可以用一封闭曲线表示。一些图上的封闭曲线包围的面积与过程中环境对系统作的功成正比。

19 世纪末,大气热力学研究的不断进展,确定了绝热减温率,得到了湿绝热过程表达式,并给出了饱和绝热上升的气压-温度对照表。为简化复杂的热力学变量的计算,并方便实际应用,1884 年,赫兹(Heinrich Hertz)研发出热力学图,并在欧洲广泛使用。自此,许多热力学图被设计出来。使用最多的有温度-对数压力图(埃玛图)、斜温图、温熵图和斯塔夫图等(表 2.2)。

热力学图设计要素包括:
- 坐标为实测的气象要素,或其简单函数,纵坐标最好和高度成正比;
- 绘制的热力学线型最好为直线,有利于绘图和分析;
- 等温线和绝热线的夹角尽可能大,这样热力过程图形随着随温度垂直梯度的变化就越敏感;
- 一些热力线就是气块状态变化曲线;

- 图上面积与能量成正比,便于计算大气运动能量,即为能量图解。

2.10.1 热力学图类型

常见的热力学图见表 2.2,其中斯塔夫图也称为假绝热图。实际上所有的图都是假绝热图,因为在处理饱和绝热过程时按假绝热来处理,即凝结潜热用来加热气块,而凝结物生成后立即脱离气块。热力图包含 5 组基本线条:等压线、干绝热线(又称等位温线或等熵线)、假绝热线(又称等假相当位温线)、等湿度线(如等饱和比湿线)。不同类型的热力学图选择不同坐标系,因为它们的构造和特点各不相同。中国主要使用埃玛图,欧美国家通常还使用斜温图和温熵图等。

表 2.2 不同类型热力学图年表

类型	横坐标	纵坐标	开发者
埃玛图(Emagram)	T	$-\ln p$	Heinrich Hertz,1884
温熵图(Tephigram)	T	$\ln\theta$	Napier Shaw,1915
斯塔夫图(Stüve diagram)	T	$-P^{0.286}$	Georg Stüve,1927
高空图(Aerogram)	$\ln T$	$-T\ln p$	A. Refsdal,1935
斜温图(Skew-T/log-P Diagram)	$T-c\ln p$	$-\ln p$	N. Herlofson,1947

(1)温熵图

温熵图是一种能量图,其横坐标是温度 T,纵坐标是对数位温 $\ln\theta$,但坐标刻度值仍以 θ 作为单位来表示。因为 $\ln\theta$ 与比熵 s 存在线性关系,故纵坐标实际表示的是熵,故名温熵图。

图 2.11 是温熵图的简单示例,图中等温线(T)和感觉热线为直线,等温线感觉热线的夹角为 90°,非常有利于大气分析。对于等压线(P),根据位温定义得到

$$(\ln\theta) = \ln(T) - k_d\ln p + k_d\ln p_{00} \tag{2.213}$$

公式(2.213)中括号代表温熵图的坐标变量,等压线为对数曲线(但在某些研究区域近似直线),$p_0 = 1000$ hPa。

因倾斜的等压线对分析大气垂直特征不方便,常将温熵图中感兴趣的大气区域顺时针旋转 45°作为实际使用的温熵图,此时等压线近似于水平分布。

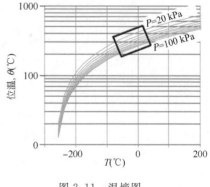

图 2.11 温熵图

（2）温度-对数压力图

温度对数压力图（埃玛图，energy-per-unit-mass diagram 的缩写，即单位质量的能量图解），其横坐标是温度 T，纵坐标是对数压力 $-\ln p$。

埃玛图的等温线和干绝热线的夹角随位置而变，角度一般在 45°左右。等压线和等温线均为直线。从位温定义可得

$$(-\ln p) = -\frac{1}{k_{\mathrm{d}}}\ln(T) + \frac{1}{k_{\mathrm{d}}}\ln\theta - \ln p_0 \qquad (2.214)$$

其中，括号部分表示埃玛图的坐标变量。由上式可知，干绝热线对数曲线，但斜率接近常数，因而干绝热线近似为直线（图 2.12）。

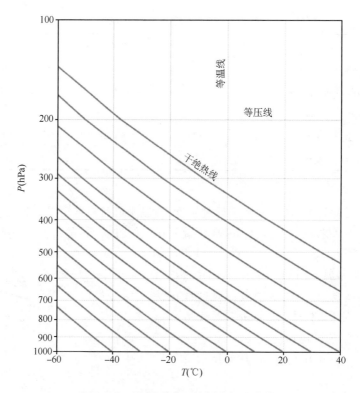

图 2.12　温度-对数压力图之干绝热线

等饱和比湿线是一组双曲线，它的方程可根据饱和比湿定义，利用克拉贝龙-克劳修斯方程变换得到

$$T[(-\ln p) + C_1] = C_2 \qquad (2.215)$$

式中，C_1 和 C_2 为常数，

$$C_1 = \frac{l_{\mathrm{v}}}{R_{\mathrm{v}} T_0} + \ln\frac{\varepsilon E_{s0}}{q_{\mathrm{s}}}, \qquad C_2 = \frac{l_{\mathrm{v}}}{R_{\mathrm{v}}}$$

由于等温线就是等饱和水汽压线,而压强 p 随着纵坐标 y 的增加而减少,因此图中的等饱和比湿线 $q_s(T,p)$ 看来像是一组偏离等温线的近似直线(见图 2.13)。

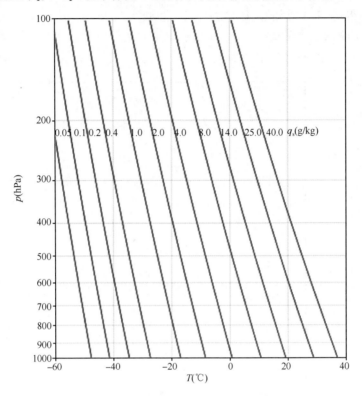

图 2.13　温度-对数压力图之饱和比湿线

与上述线条相比,在埃玛图中,湿绝热线的绘制过程相对复杂。过去,通常根据假绝热过程的简化方程逐段画出来的,绘制过程十分繁琐,也不精确。Bakhshaii (2013)研究表明,湿绝热过程中温度随高度的变化(即,饱和绝热减温率 γ_s)可用 $\Delta T/\Delta P$ 来表示(见公式 2.216),其计算的结果与 γ_s 比较,误差小于 1%。因此, $\Delta T/\Delta P$ 的计算精度满足绝大多数热力学图解的应用。

$$\frac{\Delta T}{\Delta P} = \frac{\left[(R_d/C_p)T + (l_v/C_p)r_s\right]}{P\left(1 + \frac{l_v^2 r_s \varepsilon}{C_p R_d T^2}\right)} \tag{2.216}$$

假设初始气压为 $P_1 = 1000$ hPa,气压递减量 $\Delta P = P_2 - P_1 = 2$(hPa),初始温度为 T_1,则 P_2 高度所对应的温度 T_2 为,

$$T_2 = T_1 + \frac{\Delta T}{\Delta P}(P_2 - P_1) \tag{2.217}$$

因此,可通过反复迭代方法绘制出湿绝热过程。第一步:从起始高度 P_1 开始,由 T_1

可求出饱和水汽压 $e_s(T_1)$，进而得到 r_{s1}，再根据公式(2.216)求出 $(\Delta T/\Delta P)_1$，最后由公式(2.217)计算出 T_2；第二步：将 T_1 和 P_2 作为新的初始值，重复"第一步"的计算过程，即可得到 T_3；使用以上方法计算，直到大气顶部(假设大气顶部气压为 100 hPa)，可绘制出一条从 (P_1,T_1) 出发的湿绝热线。以此方法，每个初始气温值都可绘制出相应的湿绝热线(图 2.14)。

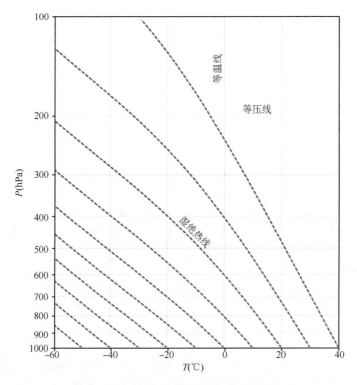

图 2.14　温度-对数压力图之湿绝热线

埃玛图是一种能量图解，图上的面积表示了循环过程中外界对单位质量气块作功的大小。

单位质量气块对外界作功为

$$\delta a = p\mathrm{d}\alpha = R\mathrm{d}T - \alpha\mathrm{d}p \tag{2.218}$$

在一个循环中

$$a = \oint(R\mathrm{d}T - \alpha\mathrm{d}p) = -\oint\alpha\mathrm{d}p = R\oint T\mathrm{d}(-\ln p) = R\oint T\mathrm{d}\ln(\frac{p_{00}}{p}) = R\sigma' \tag{2.219}$$

式中，σ' 就是埃玛图上循环曲线所包围的面积，取逆时针为正。现用的埃玛图上 1 cm² 的面积等于 74.5 J/kg。

为了增大等温线和绝热线的夹角，将埃玛图纵轴顺时针旋转 45°，使得等温线和干绝热线接近垂直，这种图称为斜温图（图 2.15）。此图由 N. Herlofson 发明于 1947 年，随即被美国空军采纳，现在已经广泛应用航空天气分析。斜温图的等温线倾斜 45°并与绝热线有明显交角，让垂直温度梯度的变化较敏感，对于分析中尺度天气系统（例如锋面和气团）有极大帮助，也利于稳定度的估算。

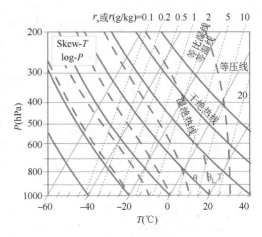

图 2.15　斜温图

2.10.2　热力学图解的应用

热力学图解对于快速了解大气垂直结果或区域大气特征有极大的帮助，仍具有其他方法难以替代的作用。在这个图解上不但可以直观地显示局地大气温度、湿度的垂直分布；计算各规定等压面之间的厚度；更重要的是，它是研究一些大气过程和判断大气静力稳定度的有力工具。因此它是我国气象台站分析预报雷雨、冰雹、飑线等强对流天气的一种基本图表，在人工影响天气的野外作业中也是一个简便的分析工具。我国目前广泛使用温度-对数压力图。这一节主要介绍温度-对数压力图的基本应用。

（1）大气层结和状态曲线

大气层结指一个地区上空大气温度和湿度的垂直分布。将气象台站探空资料中的温度、露点和压强的数值点绘在埃玛图上，用折线连接，就能得到该地区大气温度层结曲线 (p, T) 和露点层结曲线 (p, T_d)。这两条曲线反映了同一时刻该地区上空的大气热力状况，对于预报热对流的发展及分析大气污染扩散状况都有重要参考意义。

层结曲线反映了环境大气的热力状况，气块在此环境中做升降运动时，气块的温度和露点随气压而变化，绘制于埃玛图上的曲线，称为气块的状态曲线（或路径曲线）（图 2.16）。

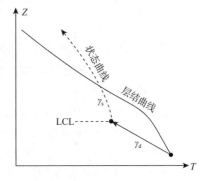

图 2.16　大气层结曲线和气块状态曲线（或路径曲线）

（2）温湿参变量的确定

根据探空资料可得到温度和露点层结曲线。假设某一大气条件为 (T, p, t_d)，则在埃玛图上可确定的温度参量包括 θ、θ_{se} 和 T_v 等，湿度参量包括 q、q_s、e 和 e_s 等。为此先在图上确定温度和湿度的状态点,如 $A(p,T)$ 和 $A'(p,t_d)$。

①位温

位温是状态点 A 沿干绝热线下降(或上升)至 1000 hPa 处所对应的温度。因干绝热线即等位温线,故而也可直接读取通过状态点 A 的干绝热线上的数值。

②饱和比湿和比湿

读取通过状态点 A 的等饱和比湿线的数值,没有等饱和比湿线通过时,采用内插法求解,其结果即为状态点 A 的饱和比湿。

根据关系式 $q=\varepsilon e(T)/p=\varepsilon E_s(T_d)/p$,可知通过 $A'(p,t_d)$ 点的饱和比湿即为实际比湿。

③饱和水汽压和水汽压

埃玛图的等饱和比湿线的数值是以单位 $g \cdot kg^{-1}$ 表示,所以使用饱和比湿定义式时,ε 被放大了 1000 倍,即 $\varepsilon=622$。那么,在埃玛图上 q(或 q_s)与 e(或 E_s)的关系式变为,

$$q = 622e(t)/p = 622E_s(t_d)/p \quad 和 \quad q_s = 622E_s(T)/p$$

说明,当 $p=622$ hPa 时,e(或 E_s)在数值上与 q(或 q_s)相等。利用这一特性,可以按照以下方法求得 e(或 E_s)。

沿状态点 A 的等温线上升(T 不变,则 E_s 不变),直到与 $p=622$ hPa 等压线相交与 B 点,通过 B 点的饱和比湿线的数值就是状态点 A 的饱和水汽压(E_s)。同理,沿状态点 A' 的等露点温度线上升(T_d 不变,则 e 不变),直到与 $p=622$ hPa 等压线相交与 C 点,通过 C 点的饱和比湿线的数值就是状态点 A 的实际水汽压(e)。

④抬升凝结高度

通过 $A'(p,T_d)$ 点的饱和比湿是状态点 A 的实际比湿,由 A 沿干绝热线上升,直到与通过 (p,T_d) 点的饱和比湿线相交,该交点即为凝结高度 Z_c。

⑤假相当位温

根据定义求解,即气块 $A(p,T,T_d)$ 沿干绝热线上升到抬升凝结高度后,再沿湿绝热线上升,直到水汽全部凝结掉落(即干绝热线与湿绝热线平行,此时凝结物全部脱离气块,气块变为干空气块),再沿着干绝热线下降到 1000 hPa 时的温度即为假相当位温 θ_{se}。当假相当位温数值很大时(超出埃玛图温度刻度上限),上述定义法求解误差较大。

第二种方法,利用假相当位温的守恒性来求解。由于 θ_{se} 在干湿绝热过程中守恒,湿绝热线就是等 θ_{se} 线,因此只要读取通过抬升凝结高度 Z_c 点的湿绝热线上的 θ_{se} 数值即可。

⑥虚温

埃玛图中,每个等压面上的绿色小竖线表示饱和虚温差 ΔT_{vs}。

由 $T_v = T\left(1+0.378\dfrac{e}{p}\right) = T_v + \Delta T_v$，可得虚温差 $\Delta T_v = T_v - T = 0.378\dfrac{E}{p}\dfrac{e}{E} = \Delta T_{vs}f$。

因此可通过已知状态 $A(p,T,T_d)$，求得相对湿度 f 并读取 ΔT_{vs}，即可计算出虚温。

⑦气层平均温度和等压面间的厚度

根据等温模式大气条件下的压高公式 $Z_2 - Z_1 = 67.4\overline{T}(\ln p_1 - \ln p_2)$，可知对于给定的气层平均温度 $\overline{T}$，可计算等压面之间的厚度。埃玛图中，小黄点的数值表示标准等压面之间的厚度，单位为位势什米（10 gpm）。

例如，求算等压面 $p_0 = 1000$ hPa 和 $p_1 = 850$ hPa 之间的厚度，可根据层结曲线，利用等面积法估算出 p_0 和 p_1 间的平均温度 $\overline{T}$，然后使用内插法读取 $\overline{T}$ 等温线所对应的小黄点间的数值，该数值乘以 10 就是 1000~850 hPa 等压面之间的厚度。

2.11　大气静力稳定度

2.11.1　大气静力稳定度概念

大气静力稳定度表示大气层结特性对气块铅直位移影响的趋势和程度。大气中气象要素的垂直分布，对流的强弱，云雾、降水的形成，污染物的扩散状况等都与大气稳定度密切相关。

当大气处于静力平衡状态时，假设某一未饱和湿空气块受到动力或者热力抬升作用，可能出现三种情况：①若气块离开起始位置后逐渐减速，有返回原来位置的趋势，这时的气块所处的环境大气是稳定的；②若气块从起始位置离开后，逐渐加速并远离原位，则此时的环境大气是不稳定的；③若气块受到扰动后产生一个垂直位移，气块到达新位置后既无返回又无离开原位的趋势，则环境大气为中性气层。

由上可知，大气稳定度是大气层结对气块能否产生对流的一种潜在能力的度量。它并不是表示气层中已经存在的铅直运动，而是用来描述大气层结对处于其中的气块受到外力扰动后产生垂直运动时所施加的影响，这种影响只有当气块受到外界扰动后，才表现出来。因此大气静力稳定度有以下特性：①静力稳定度是气块与它所在的气层相互作用的综合结果；②静力稳定度仅表示气块处在该气层中，其垂直运动发展的趋势与可能；③稳定气层中可以有对流运动，但不利于对流发展；不稳定气层中若无扰动也不可能发展对流，但有利于对流的发生、发展。

2.11.2　大气静力稳定度的判据

（1）基本判别式

在静止的气层中，任一气块在垂直方向上所受的作用力主要由向下的重力和向

上的气压梯度力组成,垂直运动方程写为

$$\rho \frac{\mathrm{d}w}{\mathrm{d}t} = -\rho g - \frac{\partial p}{\partial z} \qquad (2.220)$$

式中,w 为气块的垂直方向速度,ρ 为气块密度。假设环境空气的密度为 ρ_e,压强为 p_e,由于处于静力平衡,

$$\frac{\partial p_e}{\partial z} = -\rho_e g$$

将上式代入(2.220)式中,得

$$\frac{\mathrm{d}w}{\mathrm{d}t} = \left(\frac{\rho_e - \rho}{\rho}\right)g = f_b \qquad (2.221)$$

上式表明气块内外的密度差异,即净浮力 f_b 是气块获得垂直加速度的原因。密度 ρ 不是实测的状态量,因此利用状态方程和准静态条件,将(2.221)式改写为

$$\frac{\mathrm{d}w}{\mathrm{d}t} = \left(\frac{T_v - T_{ve}}{T_{ve}}\right)g \qquad (2.222)$$

由于 $T_v - T_{ve} \approx T - T_e$,于是有

$$\frac{\mathrm{d}w}{\mathrm{d}t} = \left(\frac{T - T_e}{T_{ve}}\right)g \qquad (2.223)$$

由此可见,气块垂直加速度取决于气块内外温度之差。当 $T > T_e$ 时,即气块比环境空气暖,气块获得向上的加速度,产生上升运动;当 $T < T_e$ 时,即气块比环境空气冷,气块具有向下的加速度,产生下沉运动;当气块温度与环境温度相等时,加速度为零。因此分析 $(T - T_e)$ 是寻求静力稳定度判据的出发点。

(2) 气块法

假定在气层中的某一气块微团受到扰动而作绝热运动,但周围空气不受气块移动的影响,始终处于静力平衡状态。根据气块微团的运动情况来判别气层稳定度的方法,叫作气块法。

①未饱和气层的稳定度判据

在气块位移的起始高度,气块温度和周围空气的温度相等,设为 T_0。当气块向上做微位移 $\mathrm{d}z$,气块经过的薄气层的微厚度为 δz,$\mathrm{d}z = \delta z$。气块按照干绝热过程上升,经垂直位移 $\mathrm{d}z$ 后的温度为

$$T = T_0 - \gamma_d \mathrm{d}z \qquad (2.224)$$

新位置的环境大气温度为

$$T_e = T_0 - \Gamma \mathrm{d}z \qquad (2.225)$$

对于确定厚度的薄气层 Γ 是确定的常量,将以上两式代入(2.223)式,得

$$\frac{\mathrm{d}w}{\mathrm{d}t} = \left(\frac{\Gamma - \gamma_d}{T_{ve}}\right)g \mathrm{d}z \qquad (2.226)$$

由上式可知,对于未饱和气块,大气层结稳定度的性质取决于 $\Gamma - \gamma_d$,如图 2.17 所示,可将大气层结稳定度分为以下 3 种情况。

若 $\Gamma > \gamma_d$:则气块加速度与其运动方向符号一致,有加速离开平衡位置的趋势,说明环境大气对于干绝热运动的气块是不稳定的,即大气层结不稳定;

若 $\Gamma = \gamma_d$:环境大气对气块的垂直运动没有影响,气块运动既不发展也不衰减,称为大气层结中性;

若 $\Gamma < \gamma_d$:气块加速度与其运动方向符号相反,气块的垂直运动受到抑制,有回到平衡位置的趋势,说明环境大气对于气块是稳定的,即大气层结稳定。

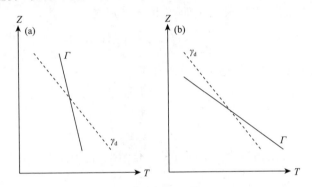

图 2.17　未饱和气层静力稳定度判据

(a)稳定;(b)不稳定

通过以上分析,大气静力稳定度判据归纳为

$$\Gamma \begin{cases} > \gamma_d & \text{不稳定} \\ = \gamma_d & \text{中性} \\ < \gamma_d & \text{稳定} \end{cases} \tag{2.227}$$

因为位温在干绝热过程中是保守的,可以用它来比较不同高度上气块的冷暖状况,使用位温随高度的垂直变化率来判断大气稳定度。对位温定义式两边取对数并对高度求偏导,结合状态方程与静力方程,可得

$$\frac{1}{\theta}\frac{\partial \theta}{\partial z} = \frac{1}{T}\frac{\partial T}{\partial z} - \frac{R_d}{pc_{pd}}\frac{\partial p}{\partial z} = \frac{1}{T}\left(\frac{\partial T}{\partial z} + \frac{g}{c_{pd}}\right)$$

式中,$\Gamma = -\dfrac{\partial T}{\partial z}$,$\gamma_d = \dfrac{g}{c_{pd}}$,所以上式改写为

$$\frac{\partial \theta}{\partial z} = \frac{\theta}{T}(\gamma_d - \Gamma) \tag{2.228}$$

上式中 $\theta/T > 0$,可见位温垂直变化率 $\partial \theta/\partial z$ 与 $(\gamma_d - \Gamma)$ 成正比,因此有

$$\frac{\partial \theta}{\partial z} \begin{cases} < 0 & 不稳定 \\ = 0 & 中性 \\ > 0 & 稳定 \end{cases} \tag{2.229}$$

②饱和气层的稳定度判据

饱和气层可以分为含液态水的饱和气层和不含液态水的饱和气层。

对于含液态水的饱和气层(如云层、雾层),则其中的任一气块也必含液态水,当该气块饱和湿空气块在作虚位移升、降的过程中,遵循湿绝热过程,其温度随高度的变化由湿绝热温度垂直递减率决定。饱和湿空气稳定度的判别与未饱和湿空气的方法类似,只要将(2.226)式 γ_d 换成 γ_s 即可,因此判别式为

$$\frac{\mathrm{d}w}{\mathrm{d}t} = \left(\frac{\Gamma - \gamma_s}{T_{ve}}\right)g\,\mathrm{d}z \tag{2.230}$$

由上式可知,饱和湿空气稳定度判据如下

$$\Gamma \begin{cases} > \gamma_s & 不稳定 \\ = \gamma_s & 中性 \\ < \gamma_s & 稳定 \end{cases} \tag{2.231}$$

同样也可以根据气层假相当位温随高度的变化情况,得到与上式等价的判据

$$\frac{\partial \theta_{se}}{\partial z} \begin{cases} < 0 & 不稳定 \\ = 0 & 中性 \\ > 0 & 稳定 \end{cases} \tag{2.232}$$

若饱和气层中不含液态水,则其中的气块绝热上升时的温度按照湿绝热直减率变化,而下降时则按照干绝热直减率变化,所以该气层的稳定度性质要看扰动的方向而定。

如果薄气层的温度直减率介于干绝热直减率与湿绝热直减率之间,即 $\gamma_s < \Gamma < \gamma_d$。那么,具有 $\gamma_s < \Gamma < \gamma_d$ 的不含液态水的饱和薄气层,它对扰动所产生的向上位移而言是不稳定的气层,对扰动所产生的向下位移而言是稳定的气层;$\gamma_s < \Gamma < \gamma_d$ 的未饱和薄气层是稳定的;$\gamma_s < \Gamma < \gamma_d$ 的饱和薄气层是不稳定的。可见,$\gamma_s < \Gamma < \gamma_d$ 的薄气层的静力稳定度视条件而定,称为条件性不稳定,这里的"条件性"是指气层是否饱和以及扰动产生位移的方向。

综上所述,大气静力稳定度的判决可以归纳为以下五种情形(图2.18):

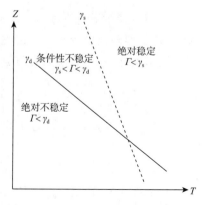

图 2.18　大气静力不稳定类型

（a）$\Gamma>\gamma_d$的薄气层,无论它是饱和还是未饱和,该气层都是不稳定的,这种气层称为绝对不稳定的气层。

（b）$\Gamma<\gamma_s$的薄气层,无论它是饱和还是未饱和,该气层都是稳定的,这种气层称为绝对稳定的气层。

（c）$\Gamma=\gamma_d$的薄气层,若饱和且含液态水,则为不稳定的;若它是饱和但不含液态水,受垂直向上扰动为不稳定,受垂直向下扰动就为中性:若它是未饱和则为中性。

（d）$\Gamma=\gamma_s$的薄气层,若饱和且含液态水,则为中性;若它是饱和但不含液态水,受垂直向上扰动为中性,受垂直向下扰动就为稳定;如它是未饱和,则为稳定。

（e）$\gamma_s<\Gamma<\gamma_d$的薄气层为条件性不稳定气层,若饱和且含液态水,则是不稳定的:若它是饱和但不含液态水,则受垂直向上扰动为不稳定,受垂直向下扰动就为稳定;如它未饱和,则为稳定。

2.11.3　气层的不稳定能量与条件性不稳定

在一有限厚 Δz 的气层中（$\Delta z\gg\delta z$）,底部任一气块若受到较大的垂直向上扰动,有可能使该气块从气层底部一直上升到气层顶部,则气块在上升过程中可能依次经历干绝热过程和湿绝热过程,因此气块的温度递减率相应地有 γ_d 变为 γ_s。另外,有限厚气层温度直减率不再是一个确定常量,而是变化的数值,所以无法继续使用"气块法"来分析厚气层的静力稳定度,将采用气层不稳定能量的方法来解决。

（1）不稳定能量的概念

根据能量守恒和转化定律,如果环境大气对一上升气块作正功,那么气块垂直上升运动的动能是增加的,可以认为气块这种动能的增加是由气层所储藏的一部分能量转化而来的,这部分能量称为气层的不稳定能量。若环境大气对气块作负功,那么气快垂直上升运动的动能是减少的,可以认为气块的初始动能的一部分或全部转化成为气层的能量,这部分能量称为气层的稳定能量,它是由气层对气块所作的负功来度量。气层的稳定能量就是负的不稳定能量。当气层具有正的不稳定能量时,气层具有对气快作正功的能力,这意陈着气层具有促进气块作可能的垂直运动的能力;相反,当气层具有负的不稳定能量时,气层具有对气块作负功的能力,这意味着气层具有抑制气块作可能的垂直运动的能力。

一有限厚气层,底部气压为 p_0,顶部气压为 p,并假设其处于静力平衡状态。在该气层中任取一气块,由气层底部 z_0 向上做垂直位移 dz,移动到位置 z。根据（2.229）式,气块向上的垂直加速度为

$$\frac{dw}{dt}=\left(\frac{T_v-T_{ve}}{T_v}\right)g$$

上式两边同乘以 dz,得

$$\frac{\mathrm{d}w}{\mathrm{d}t}\mathrm{d}z = \left(\frac{T_v - T_{ve}}{T_v}\right)g\mathrm{d}z$$

利用 $\mathrm{d}z = w\mathrm{d}t$，上式改写成

$$w\mathrm{d}w = \mathrm{d}\left(\frac{1}{2}w^2\right) = \left(\frac{T_v - T_{ve}}{T_v}\right)g\mathrm{d}z$$

对上式从 z_0 到 z 积分，得

$$\frac{1}{2}(w^2 - w_0^2) = \Delta E = \int_{z_0}^{z}\left(\frac{T_v - T_{ve}}{T_v}\right)g\mathrm{d}z \tag{2.233}$$

上式中，ΔE 表示气块在垂直运动中动能的增量，可以认为是由气层中所储存的一部分能量转化而来，它的大小和正负是大气层结是否稳定的标志。ΔE 的大小应该用净浮力对单位质量空气所作功衡量，但环境大气温度 T_{ve} 和饱和气块的温度 T_v 都是高度的复杂函数。(2.233)式的积分难以求出，所以常采用图解法。

利用静力学方程(2.233)可改写成

$$\Delta E = R_d\int_{p_0}^{p}(T_v - T_{ve})\mathrm{d}(-\ln p) = R_d\int_{p_0}^{p}(T_v - T_{ve})\mathrm{d}\left(\ln\frac{p_0}{p}\right) \tag{2.234}$$

根据定积分的几何意义，在埃玛图中，(2.234)式就是由气块状态曲线（虚线）、大气层结曲线（实线）和等压线 $p_0 \sim p$ 所包围的面积，这个面积的大小与不稳定能量的多少成正比（图 2.19）。

当气块的状态曲线处于层结曲线右侧，即 $T_v > T_{ve}$ 时，气块受到正浮力作用，所包围的面积为正用加号（＋）表示；反之，当气块的状态曲线处于层结曲线左侧，即 $T_v < T_{ve}$ 时，气块受到负浮力作用，所包围的面积为负用减号（－）表示。

（2）条件性不稳定

在实际大气中，绝对不稳定气层很少

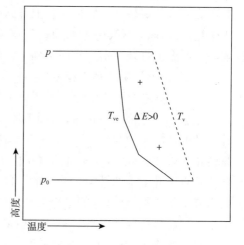

图 2.19　不稳定能量示意图

见，绝对稳定气层也只是出现在如等温层、逆温层等情况中，比较常见的情况是条件不稳定，它对天气过程形成和发展起到重要作用。而且发现同样是条件不稳定，天气状况可能大不相同，这就要视其湿度条件而定，即大气的温度层结和湿度层结共同影响大气稳定度。在埃玛图上，根据大气层结曲线和气块状态曲线的不同组合，常把条件性不稳定分为以下三种基本类型：潜在不稳定型、绝对稳定型和绝对不稳定型，其中潜在不稳定型又分为真潜在不稳定和假潜在不稳定。

①潜在不稳定型

如图 2.20 所示,气块上升过程的状态曲线(虚线)与层结曲线(实线)有多个交点,有正面积(正不稳定能量),也有负面积(负不稳定能量)。气块从起始点 S 开始上升,到达抬升凝结高度 C 点(LCL)饱和,然后继续按照湿绝热过程上升,状态曲线与层结曲线先后相交于 F 和 E 点。F 点以下为负面积区(-),F 点到 E 点之间为正面积区(+),E 点以上又是负面积区(-)。F 点为状态曲线与层结曲线初次相交的高度,气块上升未到达此点之前,其温度总小于环境大气温度,即一直处于稳定状态,对流不能发展,所以在 F 点以下气块只能在外力作用下

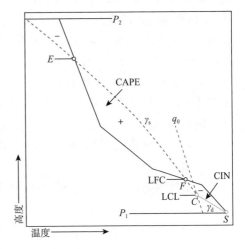

图 2.20　潜在不稳定

强迫抬升;当外力抬升气块超过 F 点,气块温度大于环境大气温度,即使外力作用停止,气块仍能依靠其内部不稳定能量的释放而继续上升,从而对流能自由地发展,所以称 F 点所在高度为自由对流高度(level of free convection,LFC)。第二个交点 E 为平衡高度(equilibrium level,EL),该处气块上升加速度为零,速度达到最大值。越过 E 点后,气块进入负面积区域(-)并减速,直至速度降为零(P_2 高度),此处高度称为最大气块高度(maximum parcel level,MPL),是气块上升的上限,表示对流云发展的最大云顶高度。

在使用埃玛图分析强对流天气时,通常将 F 点与 E 点之间的正面积区域称作对流有效势能(convective available potential energy,CAPE),它是评估垂直大气是否稳定、对流是否容易发展的指标之一。一般对流有效势能的计算范围,是以自由对流高度以上到平衡高度为止,周围环境所能提供的浮力对高度积分而得

$$\text{CAPE} = \int_{p_E}^{p_F} R_d (T_v - T_{ve}) \mathrm{dln} p \tag{2.235}$$

式中,p_F 和 p_E 分别表示 F 和 E 点处的气压。

对流有效势能代表的是积云或积雨云中的气块上升经过正不稳定能量区时浮力所作的正功,因此可以借此估算气块动能的增加。然而,现实当中需要考虑其他因素。首先,理论上对流有效势能无法完全转换为气块的动能,因为环境的补偿性下降运动会使环境温度上升、密度下降,进而使浮力下降。其次,气块上升过程中,环境空气会卷入气块中,使气块变干,这会使气块中水滴或冰晶汽化、温度下降、密度下降,进而使浮力下降。第三,计算对流有效势能时不考虑气块中的水滴或冰晶,这导致低

估气块密度,因为水相变时所释放的潜热会有部分留在水滴或冰晶中而未释放到空气中,且水滴或冰晶受到空气的拖曳作用之反作用力也会使浮力下降。第四,计算对流有效势能时亦不考虑非静力平衡的气压梯度力。以上除第四项可能增加也可能减少浮力外,其余三项均导致浮力下降,故对流有效势能对于气块动能的增加的估算会有误差。另外,对流有效势能的计算本身也有误差来自不同的高度上升的气块。对流有效势能为评估大气不稳定度的一项指标,但其数值越大并不代表发生对流的强度一定较强,仍需要其他因素配合。通常对流有效势能值大于 $1000\ \mathrm{J \cdot kg^{-1}}$ 以上视为不稳定的大气状态,在某些极端例子中对流有效势能可达 $5000\ \mathrm{J \cdot kg^{-1}}$ 以上(李万彪,2010)。

如果气块到达 F 点的速度为零,则可以得到气块到达 E 点的最大垂直速度为

$$w_{\max} = \sqrt{2\mathrm{CAPE}} \qquad (2.236)$$

与 CAPE 一样,$w_{\max}$ 也是对流最终发展强弱的指标。

自由对流高度(LFC)以下的负面积区对应的不稳定能量称为对流抑制能(convective inhibition,CIN)。计算公式为

$$\mathrm{CIN} = \int_{p_F}^{p_1} -R_\mathrm{d}(T_\mathrm{v} - T_\mathrm{ve})\mathrm{dln}p \qquad (2.237)$$

式中,p_1 表示气块抬升的起始高度。在实际分析中,负不稳定能量区的底部一般为地面,顶部则为自由对流高度。气块需要突破负浮力区所造成的对流抑制能,才能继续向上发展深对流。

当对流抑制能存在时,负浮力区通常会分布在地表到自由对流高度之间。气块的负浮力来自于比地面气块温度更高(密度更低)的周围环境空气,气块在此环境下将会产生向下的加速度。可见,对流抑制能分布的高度区间,其温度应该是上层高于下层的温度,所以下层空气块难以上升通过此区域,进入深对流发展阶段。

对流抑制能的存在也意味着大气中有相对较暖空气层覆盖在较冷空气层之上,因而阻挡了较冷空气层内的空气块上升,形成相对稳定的区域。对流抑制能的大小代表驱动较冷空气层内气块突破上方较暖空气层所需要的能量,这些能量可由锋面、地面加热、加湿或中尺度辐合边界层提供。

如果一个地方的上空具有较高的对流抑制能,则大气处于相对稳定的状态,不利雷暴产生,概念上可以视为与对流有效势能相反的指标。对流抑制能阻碍了上升气流,让对流、雷暴较难发生。但是如果有大量的对流抑制能被加热或加湿过程消耗掉,则发展出来的对流反而会比没有对流抑制能的情境下更旺盛,这是因为对流抑制能将对流可用位能暂时蓄积在低层大气,等累积了足够的对流有效势能,足以突破负浮力区时,其对流可用势能往往已经达到相当可观的数值。

　　低层大气的干空气平流和地表空气的冷却都会增强对流抑制能,因为两者均会减少近地面空气的虚温,使得垂直虚温分布在低层附近出现逆温结构,上方虚温较高的空气阻碍下方空气块的上升运动。当对流抑制能的绝对值大于 $200\,\mathrm{J \cdot kg^{-1}}$ 时,大气中的对流将很难发生。

　　如果气块从地面开始克服负浮力上升,到达 F 点时的速度刚好为零,则可计算得到气块开始上升时必须具有的最小垂直速度为

$$w_{\min} = \sqrt{2\mathrm{CIN}} \tag{2.238}$$

$w_{\min}$ 是对流从地面开始时的最小速度,低于此速度,气块便无法进入正面积区,对流难以发生。因此 CIN 和 $w_{\min}$ 是反映对流能否发生的指标。

　　由上可知,气层的潜在不稳定性,是指在该气层中,下部的稳定气块具有到达上部时转变为不稳定气块的条件。当有足够的外力使气块上升到自由对流高度以上时,潜在不稳定就变成了真实不稳定,若气块获得的能量不足以克服对流抑制能,则气块将回到原平衡位置,气层仍处于稳定状态。根据正负面积区的大小,可将潜在不稳定型再分成真潜不稳定和假潜不稳定。若 CAPE>CIN,则是真潜不稳定,有利于对流发展;若 CAPE<CIN,则是假潜不稳定,上升气块不易达到自由对流高度,即便外力抬升很强,气块达到自由对流高度后,由于 CAPE 较小,仍很难发展成强对流。若大气低层湿度大,则气块能很快到达抬升凝结高度,此时自由对流高度以下的负面积区(CIN)较小,而 CAPE 较大,与低层湿度小的情况相比较,更容易出现真潜不稳定型。可见,不稳定能量及潜在不稳定类型与湿度条件密切相关,在相同温度层结下,湿度越大,越有利于对流发展。

　　②绝对稳定和绝对不稳定

　　如图 2.21,若 $T_v < T_{ve}$,即气块温度总小于气层温度,则气层具有负的不稳定能量,在埃玛图上相应地使用负面积来表示(一)。在这种气层中,其底部扰动不论强弱,气层对受扰气块起抑制作用,不利于受扰动气块的上升运动。对于图 2.21 型所示的绝对稳定型厚气层,其底部的气块并不是绝对不能上升,该气块如果受强烈的外力强迫,向上冲击而获得较大的初始上升速度,就能够上升到相当高,但是该气块上升到一定高度以后必将下降回到起始高度。在午后,由于受到地面加热,可能出现下部气层的不稳定能虽为零,上部绝大部分气层的不稳定能量仍为负,因此气层仍然为绝对稳定型。

　　绝对不稳定型如图 2.22 所示,$T_v > T_{ve}$,即气块温度总大于气层温度,气层不稳定能量面积为正(+)。在这种气层中,低层大气是一个干绝热气层,其底部只要有一点微小的扰动,气块就能上升,该气层会释放不稳定能量并转化为气块上升的动能,使受扰动气块的上升运动得到发展。

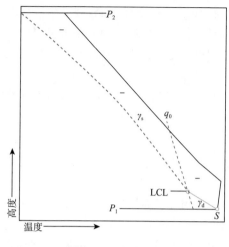

图 2.21 绝对稳定

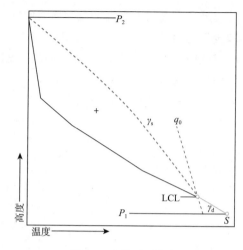

图 2.22 绝对不稳定

③热雷雨预报

热雷雨是指气团内因下垫面(森林、沙地、湖泊等)受热不均匀,由热力抬升作用形成的雷雨。多发生在夏季午后,一般时间较短,强度不大,但有时也能产生大风、雷暴等激烈的天气现象,因此及早作出预报是重要的。

图 2.23 是夏季早晨探空曲线的一种典型的条件性不稳定情况。近地面气层存在逆温,日出之后,地面(开始温度为 T_0,平均实际比湿为 q_0)很快增温并通过湍流输送加热空气,使贴近地面的气层变得超绝热。这种超绝热气层极不稳定,湍流混合的结果将使其成为干绝热气层。随着地面温度的逐渐升高(从 $T_1 \to T_\tau$),这个干绝热气层不断向上扩展;同时,湍流混合作用还使大气低层的湿度趋近于平均比湿 q_0。当地面温度上升到 T_τ 时,干绝热曲线与等饱和比湿线 q_0 相交于 C 点(饱和凝结),标志着地面空气能自由上升到 C 点凝结,并继续沿湿绝热线上升,所以 C 点就是对流凝结高度 CCL。

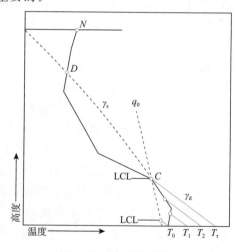

图 2.23 热雷雨预报

对流凝结高度被看成是热力对流产生的积云(对流云)的云底高度,积云在 CCL 以上的正面积区得到发展,正面积越大,发展越旺盛。假设云内外无混合作用,云内温度应按湿绝热减温率变化,在 D 点处垂直气流速度达到最大。过 D 点以后垂直气流减速,至正负面积相等的高度(N 点)垂直气流速度降为零,积云停止发展。N 点的高度称为对流上限或等面积高度,即是理论上的积云云顶高度。这就是最简单的积云绝热模型。

因此,若要用埃玛图做局地热雷雨预报,首先需根据当日清晨的大气层结曲线确定对流凝结高度 CCL。由前面的分析可知,CCL 即为温度层结曲线与低层实际比湿线 q_0 的交点。要预测当天可能发生热雷雨的可能性,需从 CCL 沿干绝热线下降至地面,以确定当天可能发生热对流的下限温度 T_r。一般认为,如果几天来天气条件没有太大变化,且前几天地面最高气温接近或超过 T_r,那么当天气温就可能达到或超过 T_r,产生热雷雨的可能性就比较大。

2.12　薄层法

气块法基于气块假说,假定气块上升时在大气中做绝热运动,与环境空气无能量和质量交换,对周围环境空气不产生扰动,环境空气始终保持静止状态。这些假设通常与实际大气运动情况不符。

实际情况是,当大气中有气流运动时,环境大气不可能保持静止,即气块上升时必定在周围产生下沉的补偿气流。由对流云的观测发现,一般云外补偿性下沉气流速度约是云内上升气流的 25%~50%,下沉气流范围可伸展到云半径的 1~5 倍区域。所以,当上升气流的区域比较大时,下沉气流的作用是不能忽略的。

本节所要介绍的薄层法就是考虑了这种补偿的下沉运动,但仍然是静止气层的稳定度问题。原先静止的薄气层,若受到外界铅直扰动,则上升气流及其附近环境的下沉气流同时产生,上升气流与下沉气流通过这一薄层的不同水平区域,从而可以得到静止薄气层的静力稳定度判据。

薄层法的假定条件如下:

①上升与下沉气块均服从气块假说,即气块与环境大气无混合交换,气块满足静力平衡条件。

②当气块垂直运动时,伴随有环境大气的垂直补偿运动。

③薄气层中,通过任一水平高度的上升空气质量与下沉空气质量相等。

④气层水平均一($\rho = \rho_e$),其中 e 表示环境变量(或下沉环境空气)。

⑤上升气流和下沉气流都是可逆绝热的。

⑥薄气层的温度直减率水平均一且不受外界扰动的影响,即温度的改变只与垂直运动有关(没有水平方向的冷暖平流)。

如图 2.24 所示,在厚度为 δz 的薄气层中,上升气流和下沉气流的水平区域面积和密度分别为 A、A_e 和 ρ、ρ_e,上升和下沉气流的速度和位移分别是 w、w_e 和 dz、dz_e,

则有

$$\mathrm{d}m = \rho A w \mathrm{d}t = \rho A w \mathrm{d}z \tag{2.239}$$

$$\mathrm{d}m_\mathrm{e} = \rho_\mathrm{e} A_\mathrm{e} w_\mathrm{e} \mathrm{d}t = \rho_\mathrm{e} A_\mathrm{e} w_\mathrm{e} \mathrm{d}z_\mathrm{e} \tag{2.240}$$

根据薄气层的假定条件③和④,有,由以上两式可得

$$\frac{A_\mathrm{e}}{A} = \frac{w}{w_\mathrm{e}} = \frac{\mathrm{d}z}{\mathrm{d}z_\mathrm{e}} \tag{2.241}$$

假设薄层中上升气流按湿绝热过程运动、下沉补偿气流按干绝热过程运动,这种情况在实际大气中非常典型,将以此为基础探讨薄层法的稳定度判据。图2.25为考虑了补偿运动后上升气块和下沉空气的温度随高度变化的示意图。

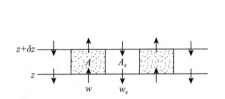

图 2.24　薄层法的假设条件

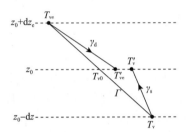

图 2.25　薄层法中上升气块与下沉补偿
空气的温度随高度的变化

根据 z_0 处的虚温 T_{v0},当气块未抬升前,由薄气层的直减率 Γ,可得 T_v 和 T_{ve} 的初始值分别为

$$T_v = T_{v0} + \Gamma \mathrm{d}z \quad 和 \quad T_{ve} = T_{v0} - \Gamma \mathrm{d}z_\mathrm{e} \tag{2.242}$$

当气块按湿绝热减温率 γ_s 上升并通过参考平面 z_0 时,上部环境空气按照干绝热减温率 γ_d 下沉通过 z_0 进行补偿,则在 z_0 平面处,上升气块的虚温 T'_v 和下沉空气的虚温 T'_{ve} 分别为

$$T'_v = T_v - \gamma_\mathrm{s} \mathrm{d}z \quad 和 \quad T'_{ve} = T_{ve} + \gamma_\mathrm{d} \mathrm{d}z_\mathrm{e} \tag{2.243}$$

对于图2.24中的情况,很明显 $T'_v > T'_{ve}$,属于不稳定型,结合(2.242)和(2.243)式可得,当

$$(\Gamma - \gamma_\mathrm{s}) \mathrm{d}z > (\gamma_\mathrm{d} - \Gamma) \mathrm{d}z \tag{2.244}$$

产生不稳定,同理可得产生中性和稳定情况的条件。所以,根据(2.244)式并考虑(2.241)式的条件后,可得薄层法稳定度基本判据为

$$(\Gamma - \gamma_\mathrm{s}) - (\gamma_\mathrm{d} - \Gamma)\frac{A}{A_\mathrm{e}} \begin{cases} > & 不稳定 \\ = 0 & 中性 \\ < & 稳定 \end{cases} \tag{2.245a}$$

或

$$(\Gamma - \gamma_{\mathrm{s}}) - (\gamma_{\mathrm{d}} - \Gamma)\,\frac{w_{\mathrm{e}}}{w}\begin{cases} > & \text{不稳定} \\ = 0 & \text{中性} \\ < & \text{稳定} \end{cases} \qquad (2.245\mathrm{b})$$

以上两式在实际应用中,测量上升和下沉气流的面积或垂直速度都是非常困难的,一般都采取人为估计。当上升气流区与总面积相比很小时,式中的 A/A_{e} 和 w_{e}/w 可忽略不计,于是就得到和气块法相同的稳定度判据。下面分 3 种类型进行定性讨论。

(1)绝对不稳定型

当气层的温度直减率 $\Gamma > \gamma_{\mathrm{d}} > \gamma_{\mathrm{s}}$ 时,无论 A/A_{e} 为何值,公式(2.245)的结果都是大于零,所以这种情况下薄气层是绝对不稳定的,且气块内外温差 ΔT 比使用气块法求出的数值要大。从图 2.26a 也可看出,上升气流温度必高于周围下沉气流温度。

(2)绝对稳定型

此时气层的温度递减率 $\Gamma < \gamma_{\mathrm{s}} < \gamma_{\mathrm{d}}$,与绝对不稳定型的讨论类似,(2.245)式的值总是小于零,气块内外温差 ΔT (此时为负值)比气块法公式求出的大,且由图 2.26b 可见,上升气流温度必低于周围下沉气流温度,所以是绝对稳定的。

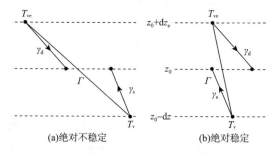

图 2.26　薄层法之绝对不稳定(a)和绝对稳定(b)

(3)条件不稳定性

当气层的温度直减率为 $\gamma_{\mathrm{d}} > \Gamma > \gamma_{\mathrm{s}}$ 时,该气层是条件不稳定型。由(2.245)式看出,气层的稳定度情形与面积比 A/A_{e} (或垂直气流速度比 w_{e}/w)有关,即与对流的相对范围密切相关。如果上升气块的水平尺度远小于气层、且气块上升速度很大时,即 A/A_{e} 或 w_{e}/w 越小,气层越容易达到不稳定(图 2.27a);反之,则越有利于气层趋向稳定(图 2.27b)。因此,在条件性不稳定大气中,若存在迅速发展的单个或少量积云时,气层不稳定且有利于积云对流的发展;若积云数量较多,则气层可能趋向于稳定,不利于积云向上发展。

薄层法判据是皮叶克尼斯(J. Bjerknes)于 1938 年首先提出的,它比气块法有所改进,提供了一个在给定高度上分析微小虚拟位移的稳定度的令人满意的方法。但在实际工作中,由于上升气块和下沉环境大气面积无法测定,也很难得到垂直速度,所以难以在实际中应用,但它仍能得到一些在气块法中无法得到的正确的定性结论。

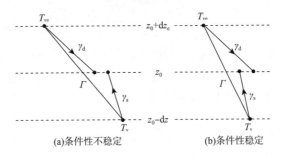

(a)条件性不稳定　　　　　　　　　(b)条件性稳定

图 2.27　薄层法之条件性不稳定(a)和条件性稳定(b)

2.13　夹卷过程对气层静力稳定度的影响

　　夹卷过程是指上升云体周围的空气进入云体并与云体混合的过程。气块法和薄层法均假设气块孤立上升,气块与周围环境空气无混合,这肯定与实际情况不符。事实上,气块并不一定绝热,气块与环境空气也可交换质量;尤其是积云向上发展阶段,云体内部上升气流很强,以至于水平卷入未饱和的环境空气,这使得云内温度直减率要大于湿绝热减温率,从而对气层的稳定度产生影响。

　　积云是在不稳定环境中的饱和气团,如果在一特定高度的环境减温率为 Γ,云块的减温率增大,会导致环境和云块之间的温差 ΔT 变小。这种较小的温差 ΔT 意味着较小的不稳定度(或较大的稳定度),因此夹卷作用增大了环境大气的稳定度。也可这样理解,饱和云块是与较冷、较干的外部空气夹卷混合的,而干冷空气比暖湿空气重,导致云块的上升运动会因夹卷作用而减慢,所以增加了大气的稳定度。

　　因夹卷作用使得云内温度递减率增大,云内温度变化曲线将偏离假绝热线,所以导致云内正不稳定能量减少,云顶高度降低,并使其上升的加速度受到削弱(图 2.28)。许多观测事实表明,对流云内的减温率一般大于湿绝热减温率,接近云外环境大气的减温率;云内含水量也比严格按照绝热过程计算的数值小 1/2～1/3;云顶高度则低于理论计算值。这说明对流云的发展不是孤立的,云内外的空气有强烈的混合,云外空气进入云内的过程通常称为夹卷过程。

　　夹卷过程包括:①湍流夹卷,指的是通过云顶

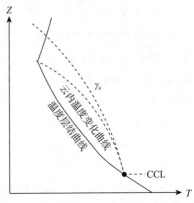

图 2.28　夹卷作用对积云的影响

和侧边界,云内外进行热量、动量、水分和质量的湍流交换;②动力夹卷,即由于云内气流的加速上升,根据质量连续性的要求,四周空气必然会流入云中进行补偿。

观测表明,在淡积云和中积云的下部,动力夹卷和湍流夹卷强度相当,云的中上部以湍流夹卷为主。

夹卷作用对于积云对流过程影响很大,尤其是在积云发展时期。若以上升湿空气表示云体的话,那么其温度、湿度高于云外环境空气。由于有一部分周围环境空气卷入云内,一方面卷入的干空气必然降低其温度,从而减小上升云体的浮力;另一方面,由于干空气混入上升云体后,除非有一些早已存在的液态水可供蒸发来补充水汽,使云内保持饱和状态,否则云体就无法维持,可能就会消散掉。液态水蒸发又会降低云体温度,干空气卷入越多,云中初始水汽含量就越少,液态水就需要蒸发得越多。当卷入过程中液态水含量小于等于卷入混合时的饱和差,那么部分云体就将消失。

2.14　气层整层升降对静力稳定度的影响

大气中经常会发生大范围的空气层抬升或下沉的运动,例如大范围地形抬升、锋面抬升作用,或是受到大尺度低、高压系统的辐合、辐散作用,会使整个气层做垂直升降运动。这种运动的水平范围在几百千米以上、持续时间几小时甚至一天以上,而垂直升降速度却只有厘米每秒的量级,通常称为大尺度升降运动。不同于对流(即小尺度升降运动),大尺度升降运动与天气系统有关。例如在反气旋天气系统中,存在大尺度下沉运动,且可能形成下沉逆温;在气旋天气系统中,存在大尺度上升运动,有可能使绝对稳定的未饱和气层转化为不稳定气层。

整个气层升降运动对大气静力稳定度的影响主要分为两种情况来讨论。为了方便讨论,假设气层在升降过程中是绝热的且气层的总质量保持不变;并且气层内部没有湍流混合作用,也不发生翻腾现象,气层上部空气始终位于上部,下部空气始终位于下部,即气层内各部分的相对位置不变。

2.14.1　未饱和气层及下沉逆温

讨论未饱和气层在绝热升降过程中始终处于未饱和状态时稳定度的变化。假设气层从压强 p_1 处垂直下降到 p_2 处(图 2.29),气层下降前后的厚度、平均水平截面、平均密度、平均气压、平均虚温和虚温递减率分别以 Δz、A、ρ、p、T_v 和 Γ 表示,气层下降前、后的变量用小标 1 和 2 区分。由于气层在升降过程中总质量不变,所以有

$$\rho_1 A_1 \Delta z_1 = \rho_2 A_2 \Delta z_2 \tag{2.246}$$

利用状态方程,上式可改写为

$$\frac{\Delta z_1}{\Delta z_2} = \frac{\rho_2 A_2}{\rho_1 A_1} = \frac{\rho_2 A_2 T_{v1}}{\rho_1 A_1 T_{v2}} \tag{2.247}$$

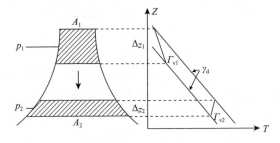

图 2.29　未饱和气层的整层下降

若 θ_v 为气层下界虚位温,则气层上界位温可写成 $\theta_v + \frac{\partial \theta_v}{\partial z_1}\Delta z_1$。因在绝热升降过程中,虚位温及上下界虚位温差不变,有

$$\frac{\partial \theta_v}{\partial z_1}\Delta z_1 = \frac{\partial \theta_v}{\partial z_2}\Delta z_2 \tag{2.248}$$

将(2.247)式代入上式,得

$$\frac{\partial \theta_v}{\partial z_2} = \frac{\partial \theta_v}{\partial z_1}\frac{p_2 A_2}{p_1 A_1}\frac{T_{v1}}{T_{v2}} \tag{2.249}$$

根据(2.145)式关于 $\partial \theta_v/\partial z$ 与 Γ_v 的关系,可以导出垂直升降后气层的虚温递减率 Γ_{v2} 为

$$\Gamma_{v2} = \gamma_d - (\gamma_d - \Gamma_{v1})\frac{p_2 A_2}{p_1 A_1} = \Gamma_{v1} + (\gamma_d - \Gamma_{v1})\left(1 - \frac{p_2 A_2}{p_1 A_1}\right) \tag{2.250}$$

这是整层气层下降时得到的结果。上式也适用于整层抬升的情况,此时变量的下标1和2分别代表抬升前后的气层。

　　如果整层气层下沉,且伴随有水平辐散,得 $p_2 A_2 > p_1 A_1$,有 $[1-(p_2 A_2)/(p_1 A_1)]<0$。根据(2.250)式:①对于下沉前是稳定的气层(即当 $\Gamma_{v2}<\gamma_d$ 时),下沉后 $\Gamma_{v2}<\Gamma_{v1}<\gamma_d$,下沉气层趋向于更加稳定;对于下沉前本来就十分稳定的气层,若下沉高度和截面积的变化有很大,就可能因气温直减率显著减小而形成逆温层($\Gamma_{v2}<0$);这可能是副热带高压中心下沉逆温形成的主要物理机制。②当 $\Gamma_{v2}=\gamma_d$ 时,可得 $\Gamma_{v2}=\Gamma_{v1}=\gamma_d$,即原来中性的气层整层下降时仍为中性;③当 $\Gamma_{v2}>\gamma_d$ 时,$\Gamma_{v2}>\Gamma_{v1}>\gamma_d$,下沉气层变得更加不稳定,但这种超绝热气层在实际大气中极其少见。

　　若整层气层被抬升且伴随有水平辐合,有 $p_2 A_2 < p_1 A_1$。根据(2.250)式:①当 $\Gamma_{v1}<\gamma_d$ 时,原本稳定的气层抬升后 $\Gamma_{v2}>\Gamma_{v1}$,但因为 $[1-(p_2 A_2)/(p_1 A_1)]<1$,所以 $\Gamma_{v2}<\gamma_d$,即抬升气层仍然是稳定气层但稳定度减小,当达到 $\Gamma_{v2}>\gamma_s$ 时则出现条件不稳定;②当 $\Gamma_{v1}>\gamma_d$ 时,原来不稳定气层抬升后,出现 $\Gamma_{v2}>\gamma_d$ 且 $\Gamma_{v2}>\Gamma_{v1}$,即气层仍是

不稳定的,只不过不稳定程度减小了;③当 $\Gamma_{v1}=\gamma_d$ 时,有 $\Gamma_{v2}=\Gamma_{v1}=\gamma_d$,原来中性的气层整层抬升后仍为中性。

综上所述,对于始终保持未饱和状态的气层,整层下沉时,会使稳定或不稳定度增加;整层抬升时,会使稳定或不稳定度减小,但不能由稳定转变为不稳定或由不稳定转变为稳定。

2.14.2 气层升降过程中达到饱和状态

原来稳定的未饱和气层被整层抬升时,由于水汽垂直分布不同,气层内不同高度的空气可能先后达到饱和,凝结时放出的相变潜热将会改变气层的垂直减温率,从而改变了气层稳定度。这里只考虑气层抬升过程,并假设气层上下界气压差 Δp 在抬升过程中不变。

如果开始上升时气层未饱和,则通过以下两种情况分别讨论:

①如图 2.30a 所示,可见整个气层是一种下湿上干的状态,当气层按照干绝热过程抬升时,下部比上部先达到饱和,饱和后沿湿绝热过程继续上升,于是温度层结曲线由原来的 A_1B_1 变为 A_2B_2。很明显,整个气层上升并先后凝结后,饱和气层的垂直减温率将变得大于湿绝热减温率 γ_s,成为不稳定层结。

②图 2.30b 中的气层为下干上湿的情况,上部先达到饱和,抬升后的气层垂直减温率将变小甚至小于零(逆温),导致层结更加稳定。

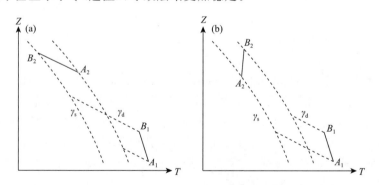

图 2.30 整层气层抬升时的稳定度变化
(a)对流性不稳定;(b)对流性稳定

大气中的水汽主要来源于地表,因此常是低层湿度大而高层干燥,大范围气层被抬升时往往下部先达到饱和,符合第 1 种情况。这种原来稳定的未饱和气层,由于整层被抬升到一定高度以上而变成为不稳定的气层,称为对流性不稳定或位势不稳定。如果低层干燥而高层湿度大,符合第 2 种情况,即为对流性稳定的气层。可见气层是否对流性不稳定,不但和温度层结有关,显然还取决于湿度条件,特别是低层的水汽状况。

依据图 2.30 所给出的对流性不稳定和对流性稳定两种情形,结合前面对假相当位温的讨论,可以看出对流性不稳定时气层下部假相当位温比上部高,对流性稳定时相反。因此该未饱和气层内假相当位温随高度的变化是对流性不稳定的很好判据,即

$$\frac{\partial \theta_{se}}{\partial z} \begin{cases} > 0 & \text{对流性稳定} \\ = 0 & \text{对流性中性} \\ < 0 & \text{对流性不稳定} \end{cases} \quad (2.251)$$

同样,假湿球位温和假相当位温一样,也可以作为对流性不稳定的判据。

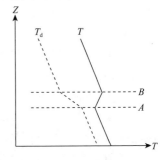

图 2.31 对流性不稳定气层 AB 的温度和露点垂直分布

对流性稳定的气层被整层抬升后可能形成层状云,而对流性不稳定的气层则形成积状云(对流云),甚至产生对流性降水。观测表明,最可能产生强对流的是低层暖湿、高层干燥的具有条件性不稳定层结的气层,其温度曲线和露点曲线呈现"喇叭口"形状(图 2.31 中 AB 气层)。如果 AB 气层受强迫抬升,则原来在逆温层底部 A 处的空气会很快达到它的抬升凝结高毒 LCL,并在超过此高度后沿湿绝热冷却。而原先在逆温层顶部 B 处的空气,在达到其 LCL 之前,必须先按照干绝热过程冷却并经历一段很厚的气层。因此,当整个逆温层 AB 被抬升时,逆温层顶部将冷却得远比底部快,从而使层结稳定度很快减弱。这样,这个逆温层当它被充分抬升后,就变成了条件不稳定的层结。

对流性不稳定是一种潜在的不稳定,所谓"潜在不稳定"是指,当时的气层是稳定的,需要有一定的外加抬升力作为"触发机制",潜在的不稳定性才能转化成真实的不稳定。对流性不稳定的实现要求有大范围的抬升运动,因此要有天气系统(如锋面)的配合或大地形的作用,造成的对流性天气往往比较强烈,范围也大。前述的条件性不稳定也是一种潜在的不稳定,它只要有局地的热对流或动力因子对空气进行抬升即可,因而往往造成局地性的雷雨天气。

思考题与习题

2.1 若要使 3 kg 干空气降温 10 ℃,所需的热量交换是多少?若 3 kg 水汽凝结成液态水,能够释放多少潜热?

2.2 若一理想气体的比熵减少 0.05 J·g^{-1}·K^{-1},温度减少 5%,求该气体的气压变化。

2.3　对于任何 p-V-T 系统,证明以下的普适关系:$\left(\dfrac{\partial U}{\partial V}\right)_T = T\left(\dfrac{\partial p}{\partial T}\right)_V - p$。(提示:利用热力学基本微分方程和麦克斯韦关系式)

2.4　一个未饱和气块在干绝热过程中,请描述气块的状态参量的是怎么变化的,并解释原因。饱和气块在可逆湿绝热过程中,其状态参量的变化情况又是怎样?

2.5　质量为 1 kg 的干空气块,初始状态为 $(P,T) = (1000\ \text{hPa}, 300\ \text{K})$,被抬升到 $T = 230\ \text{K}$ 和气压为 p 的高空,上升过程中干空气块的熵增加了 150 $\text{J}\cdot\text{g}^{-1}\cdot\text{K}^{-1}$,则气压 p 是多少? 最后的位温是多少?

2.6　试推导当位温随高度增加时,大气的垂直减温率 Γ 小于干绝热减温率 γ_d。并证明 $\mathrm{d}\theta/\mathrm{d}p = k\theta p^{-1}(\Gamma/\gamma_d - 1)$。

2.7　已知气块初始状态为 $p = 1000\ \text{hPa}$,$T = 30\ ℃$,$r = 14\ \text{g}\cdot\text{kg}^{-1}$。试计算以下温湿参量:相对湿度 f,虚温 T_v,露点 T_d,湿球温度 T_w,凝结温度 T_{LCL},抬升凝结高度 Z_{LCL},相当位温 θ_e,假相当位温 θ_{se}。

2.8　两个质量相等的气块 1 和气块 2,它们的状态分别为 $T_1 = 23\ ℃$、$e_1 = 25\ \text{hPa}$,$T_2 = -6\ ℃$、$e_2 = 2\ \text{hPa}$。试问这两个气块在经历等压绝热的充分混合以后,是否能形成雾? 如果能成雾,其中的液态水含量约为多少?

2.9　有一股假相当位温近似不变的越山气流,它在山前的初始气压为 900 hPa,温度为 10 ℃,比湿为 12 $\text{g}\cdot\text{kg}^{-1}$,山顶气压为 650 hPa,气流越山后下沉,最终气压为 950 hPa。如果该气流越过山顶之前,所凝结的水物质有 80% 脱离,试使用艾玛图求解该气流在山后 950 hPa 处的温度、露点、水汽压、比湿、相对湿度、位温和假相当位温。

2.10　假设有一气块,它的初始状态为 $(P,T,T_d) = (950\ \text{hPa}, 26\ ℃, 3\ ℃)$。气块受外力强迫抬升,直到云顶高度 $P = 350\ \text{hPa}$。在其上升的过程中,由于降水而脱离气块的水物质量为 $\Delta q_t = 4\ \text{g}\cdot\text{kg}^{-1}$,并且因红外辐射冷却作用使其降温 $\Delta T = -18\ ℃$。如果该气块重新回到初始高度,那么它最终的热力学状态是什么? 请使用埃玛图进行分析,给出气块升降的关键过程和主要特征量。

2.11　薄层法与气块法的稳定度判据有什么区别?

2.12　南京某气象站夏季某日 08 时的探空资料如表 2.3 所示。

表 2.3　某气象站夏季某日 08 时的探空资料

p(hPa)	1005	910	850	825	790	700	675	600	500	400	300	200
T(℃)	24.5	22	17	15	12	6.5	4.5	-0.5	-8.5	-17	-30	-43
T_d(℃)	23.5	17.5	12.5	11	5	2.5	1.5	-4.5	-19	-24	-36	-49

(1)根据探空资料点绘层结曲线,并作出当时地面气块的绝热上升状态曲线。

(2)估算该地当时地面气块的抬升凝结高度、自由对流高度和对流上限。

　　(3)如果当天地面的露点保持不变,那么地面气温增加到多少摄氏度,才能产生热雷雨(热力对流云),云底和云顶高度各为多少?

　　(4)哪些层次(分气层)处于对流性不稳定(位势不稳定)状态?

参考文献

李万彪,2010.大气物理:热力学与辐射基础[M].北京:北京大学出版社.

林宗涵,2007.热力学与统计物理学[M].北京:北京大学出版社.

盛裴轩,毛节泰,李建国,等,2013.大气物理学(第二版)[M].北京:北京大学出版社.

Anastasios A T, 2007. An Introduction to Atmospheric Thermodynamics[M]. Second Edition. Cambridge University Press:259.

Bakhshaii A, Stull R, 2013. Saturated Pseudoadiabats—A Noniterative Approximation[J]. J Appl Meteor Clim, 52: 5-15.

Bolton D, 1980. The computation of equivalent potential temperature[J]. Mon Wea Rev, 108: 1046-1053.

IPCC AR5 WG1, 2013. Climate Change 2013: The Physical Science Basis. Working Group 1 (WG1) Contribution to the Intergovernmental Panel on Climate Change (IPCC) 5th Assessment Report (AR5)[M]. Stocker T F,et al. Cambridge University Press.

Iribarne J V, Godson W L, 1981. Atmospheric Thermodynamics[M]. 2nd edition. Reidel, Dordrecht, 259.

Maarten H P, 2010. Thermal Physics of the Atmosphere[M]. John Wiley & Sons:241.

Murry L S, 1995. Fundamentals of Atmospheric Physics[M]. Academic Press:649.

Stull R, 2015. Practical Meteorology: An Algebra—based Survey of Atmospheric Science[M]. Univ of British Columbia:938.

第 3 章　大气辐射学

地球系统的主要能量来源是太阳的辐射能量,入射的太阳辐射加热着地球,是决定地球天气和气候的驱动力;同时,地表和大气也在源源不断地以热红外辐射的形式向外发射能量,用于平衡来自太阳的辐射能量。太阳和地球辐射在大气中的传输(发射、吸收和散射),直接决定着地球辐射能量的收支以及现在和将来的气候。除此之外,辐射作为信息的载体,是大气遥感的基础,被广泛应用于大气参数的探测中。随着卫星、雷达等探测技术的不断发展,对辐射传输理论也提出了更高的要求。所以,本章旨在介绍大气辐射传输的基本概念,揭示地球-大气系统中辐射发射、吸收及散射等物理过程。

3.1　辐射基本概念

3.1.1　电磁波谱

辐射,即电磁辐射(electromagnetic radiation),是以波的形式传递的能量形式,真空中所有电磁波具有相同的传播速度,也就是光速 $c=2.99793\times10^{8}$ m·s^{-1}。而人眼能够感知到的一部分电磁辐射,称为可见光。为了对各种电磁辐射有更加全面的了解,可以按照波长、频率、波数或能量的顺序把所有的电磁辐射排列起来,就是电磁波谱,也被称为光谱。

波长、波数及频率是常用的表征电磁波谱的参数。根据波动理论,波长和频率的关系可以简单地表示为:

$$\lambda f = c \tag{3.1}$$

式中,λ 表示波长,f 为频率,c 表示真空中的光速。在不同的光谱区间,波长的习惯单位也不同,例如,在太阳辐射波段,通常使用微米为单位(μm,1 μm$=10^{-6}$ m),而在紫外辐射区间也经常使用纳米 (nm,1 nm$=10^{-3}$ μm$=10^{-9}$ m)或埃(Å,1Å$=10^{-4}$ μm$=10^{-10}$ m)。频率的单位是赫兹(Hz,1 Hz$=1$ s^{-1})或吉赫兹(GHz,1 GHz$=10^{9}$ Hz),通常用于表示微波波段。另一个用来描述光谱的参数是波数 ν,在红外辐射区间使用较多,定义为:

$$\nu = \frac{1}{\lambda} = \frac{f}{c} \qquad (3.2)$$

所以,波数可以理解为"空间频率",即单位长度内波动的个数。波数的常用单位是cm^{-1}。

图 3.1 给出了完整的电磁波谱,应当注意,不同光谱间其实并没有明确的界限,不同参考文献给出的划分也会有微小的区别。图中由左向右表示波长的增加(即波数或频率的减小),包括 γ 射线、X 射线、紫外线、可见光、红外、微波以及无线电波。具有不同波长/波数的电磁辐射在传播过程中特性不同,所以在实际生活生产中发挥着完全不同的作用,如穿透力较强的 X 射线被广泛应用于医学成像诊断,以及用于信息传播的无线电波(广播、手机通讯等)。对于大气辐射,太阳辐射的能量主要集中在波长为 0.2 微米到 4 微米的区间,跨越了紫外线、可见光和近红外波段,也被称为短波辐射;而地球及其大气的热辐射主要位于 4 微米到 100 微米的谱段范围,属于红外波段,通常也被称为长波辐射。人眼可以感应的电磁辐射就是所谓的可见光,在整个电磁波谱中,可见光所占的波段其实很窄,大约为 0.4 微米到 0.76 微米,紫色光对应较短的波长,红色光对应较长的波长。

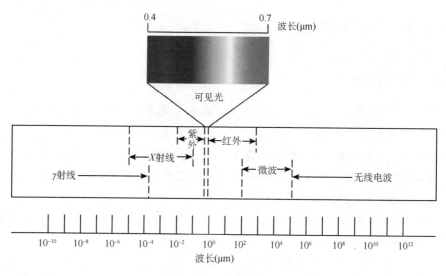

图 3.1 电磁波谱

同时,按照波粒二象性的描述,也可以用粒子的性质描述电磁辐射,辐射能量可以理解为离散的能量量子,即"光子",其能量由辐射的波长决定。正是"光子"概念的提出,才合理地解释了物体发射辐射的基本规律,并直接推动了量子力学的发展。后面讨论分子吸收时也将涉及光子的概念。

3.1.2　辐射基本度量

在介绍表征辐射的物理量之前,先给出"立体角"的概念,因为辐射能量的表示需要考虑单位立体角内的能量。立体角定义为锥体所拦截的球面面积与对应半径平方之比,如图 3.2 所示,即:

$$\Omega = \frac{\sigma}{r^2} \tag{3.3}$$

立体角通常用 Ω 表示,它的国际单位是球面度 Sr(steradian)。根据上面的定义知道,一个完整的球面对应的立体角是 4π 球面度。在三维极坐标系中,微分的立体角元可以表示为:

$$d\Omega = \sin\theta d\theta d\varphi \tag{3.4}$$

式中,$d\theta$ 和 $d\varphi$ 分别表示极坐标中的天顶角和方位角微元。读者可以利用极坐标系中微分面元和立体角的定义,得到该表达式。

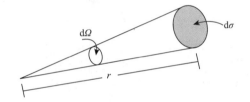

图 3.2　辐射强度及立体角示意图

与一般的气象场相比(如温度场、风场等),辐射场的概念更加抽象和复杂,因为描述辐射能量大小不仅涉及时间和空间上的分布,还需要考虑波谱和立体角上的分布。考虑如图 3.3 描述的情况,一个小面元 $d\sigma$,该面元法线方向的单位矢量为 $\hat{r}$,一束辐射局限在 $d\Omega$ 对应的立体角微元内在沿 $\hat{s}$ 方向通过该面元,假设该辐射能量集中于波长 λ 和 $\lambda + d\lambda$ 间的光谱区间。如果在 t 时刻到 $t + dt$ 时刻的 dt 时间间隔内,通过该面元的能量为 dE。那么,就可以定义单色辐射强度(也称为光谱辐射强度或单色/光

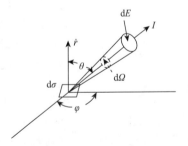

图 3.3　辐射强度定义的示意图

谱辐射亮度)为单位时间内、某一波长或波数单位波谱区间内、在传播方向上的单位立体角内、通过垂直于传播方向单位有效面积的辐射能量,通常用 I 表示,可以定义为:

$$I = \frac{dE}{dt d\lambda d\Omega d\sigma'} \tag{3.5}$$

按照上式,单色辐射强度的单位为 $J \cdot s^{-1} \cdot m^{-2} \cdot Sr^{-1} \cdot \mu m^{-1}$(或 $W \cdot m^{-2} \cdot Sr^{-1} \cdot \mu m^{-1}$),

如果定义单位波数内的单色辐射强度,对应的单位是 $W \cdot m^{-2} \cdot Sr^{-1} \cdot cm$。理解单色辐射强度时,需要注意:首先,这里强调的"单色"或"光谱"表示对应辐射能量只处于某一特定波长或波数空间内;其次,辐射强度是沿特定方向传播,归一化到传播方向单位立体角内传播的能量;最后,公式(3.5)中的面元为 $d\sigma'$,表示垂直于辐射传播方向的"有效面积",即辐射能量通过的实际区域,$d\sigma' = \cos\theta d\sigma$。所以,单色辐射强度其实表示辐射场内任意位置、任意时刻、任意波长或波数、沿任意方向传播的辐射的强弱程度。也就是 $I(x,y,z,t,\theta,\varphi,\lambda)$,其中 (x,y,z) 表示对应位置的单位面积,(t) 表示对应时刻,(θ,φ) 表示极坐标系下对应的方向,(λ) 为对应波长。

单色辐射强度是表征辐射场最基本的物理量,以它为基础,介绍单色辐射通量密度(也称为光谱辐射通量密度或单色/光谱辐射照度)的概念。单色辐射通量密度表示单位时间内、某一波长或波数单位波谱区间内、通过单位面积的辐射能量,也就是沿不同方向传播的单色辐射强度在平面法线方向的总和,通常用 F 表示,即:

$$F(x,y,z,t,\lambda) = \int_{2\pi} I(x,y,z,t,\theta,\varphi,\lambda)\cos\theta d\Omega \tag{3.6}$$

这里乘以 $\cos\theta$ 表示沿平面法线方向的分量,积分范围是平面上方整个半球 2π 球面度。它的单位是 $W \cdot m^{-2} \cdot \mu m^{-1}$ 或 $W \cdot m^{-2} \cdot cm$。单色辐射通量密度中的"密度"表示单位面积对应的能量。在特定平面,对单色辐射通量密度进行面积分,就可以得到通过该平面的单色/光谱辐射通量,通常用 f 或 Φ 表示,单位为 $W \cdot \mu m^{-1}$ 或 $W \cdot cm$。

以一个各向同性的辐射源为例,说明由辐射强度求解辐射通量密度的基本过程。如图 3.3 所示,如果一个辐射源发射的辐射强度在各个方向是相同的,即 $I(\theta,\varphi) = I$ 为常数,其向上半球面发射的辐射通量密度就可以表示为:

$$F = \int_{2\pi} I(\theta,\varphi)\cos\theta d\Omega = \int_0^{\pi/2} \int_0^{2\pi} I(\theta,\varphi)\cos\theta\sin\theta d\theta d\varphi \tag{3.7}$$

这样发射各向同性辐射的辐射源被称为朗伯辐射源(Lambertain)。如果经过某个平面后的反射辐射呈现为各向同性,该反射面就被称为朗伯反射面。当辐射强度随传播方向变化时,只需进行如上式(3.7)在对应立体角内的积分,就可以得到对应的辐射通量密度。

前面介绍的辐射量都是单色/光谱辐射量,表示某一波长或波数单位波谱区间内对应的能量,通常也以含下角标的符号表示,即 I_λ,F_λ 和 Φ_λ,如果在一定波长范围(从 λ_1 到 λ_2)内对它们积分,就可以得到宽带辐射能量,即:

$$I = \int_{\lambda_1}^{\lambda_2} I_\lambda d\lambda \tag{3.8}$$

$$F = \int_{\lambda_1}^{\lambda_2} F_\lambda d\lambda \tag{3.9}$$

$$\Phi = \int_{\lambda_1}^{\lambda_2} \Phi_\lambda \, \mathrm{d}\lambda \tag{3.10}$$

它们也被称为宽带辐射量,单位分别为:$\mathrm{W} \cdot \mathrm{m}^{-2} \cdot \mathrm{Sr}^{-1}$,$\mathrm{W} \cdot \mathrm{m}^{-2}$ 和 W。

3.2　黑体辐射基本定理

3.2.1　吸收率、反射率和透过率

当辐射通过介质时,能量会被吸收、反射或透过介质,如图 3.4 所示。例如,太阳辐射能量进入地球大气,一部分能量会被大气中的气体吸收变为内能或其他形式的能量,一部分能量会被大气中的粒子反射回太空,剩余的能量则通过地球大气达到地表。如果入射的总辐射能量为 Q_0,被吸收、被反射和透过的能量分别表示为 Q_a,Q_r 和 Q_t,根据能量守恒定律,有:

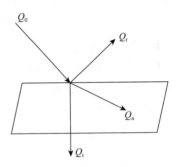

图 3.4　辐射通过介质时吸收、反射及透过的示意图

$$Q_0 = Q_a + Q_r + Q_t \tag{3.11}$$

定义吸收率 A 为被吸收的能量和总入射能量的比值,即 $A = Q_a/Q_0$。类似地,有反射率 $R = Q_r/Q_0$,及透过率 $T = Q_t/Q_0$。所以,由公式(3.11),可以得到:

$$A + R + T = 1 \tag{3.12}$$

这里讨论的能量可以是单色能量,也可以是宽带能量,也就是说,吸收率、反射率和透过率的定义也涉及波谱的概念。对于单色辐射能量的吸收、反射和透过,对应单色吸收率 A_λ、反射率 R_λ 和透过率 T_λ,各种物体或介质对不同波长的辐射具有完全不同的吸收或反射率。例如,当白色光照射物体,由于物体在不同波长反射率的区别,才能看到不同的颜色。

3.2.2　黑体

物体吸收入射到其表面的辐射外,自身也会发射辐射,而吸收和发射是辐射与其他能量形式之间转换的过程。对于温度为 T 的物体,都会发射所有波长、频率或波数的辐射,但是发射辐射的总量是有限的。定义一个理想的物体,称之为黑体(或绝对黑体),它对所有波长的入射辐射都能完全吸收,即吸收率为 1,同时,处于热平衡状态的黑体,发射的单色辐射强度是所有具有相同温度物体发射辐射强度的上限,由黑体辐射定律给出。也就是说,黑体是完美的吸收体和发射体。如果物体只在某一或某些特定波长满足上述特点,称该物体在这一波长或这些波长为黑体。当物体的

吸收率不随波长变化,且为小于 1 的常数时,称之为灰体。

　　绝对黑体是一个理想的物体,要求物体吸收所有波长的入射辐射,如图 3.5 给出了一个黑体的理想模型,即一个具有小孔入口的腔体。外界辐射通过腔体的小孔进入,在腔内发生多次内反射,由于小孔很小,能量从小孔逃逸的概率很小,使得腔体内壁几乎是全暗黑的。无论腔壁的材料和表面特性如何,入射能量都会被腔体捕获。由于腔体任何面积所发射的能量将被反射,每被腔壁反射一次,能量由于被吸收而减弱,同时由于新的发射而增强,最终发射和吸收达到辐射平衡状态。注意,这里描述的黑

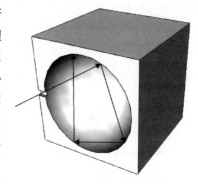

图 3.5　黑体空腔示意图

体,即不是所谓的黑色物体,也不是黑洞,它们间的区别和联系留给读者讨论。以下介绍描述黑体辐射基本规律的四个辐射定律。

3.2.3　普朗克定律

　　普朗克定律由 Max Planck 于 1900 年首次提出,描述了温度为 T,处于热平衡状态的绝对黑体发射辐射的规律,即其单色辐射强度 $B_\lambda(T)$ 随波长的变化关系为:

$$B_\lambda(T) = \frac{2\,hc^2}{\lambda^5\left[\exp(hc/k\lambda T)-1\right]} \tag{3.13}$$

式中,普朗克常数 $h=6.626\times10^{-34}$ J·s,玻尔兹曼参数 $k=1.3806\times10^{-23}$ J·K^{-1},c 仍为真空中的光速。公式(3.13)中,绝对温度 T 的单位是 K,波长 λ 的单位是 m。为了简化,普朗克函数有时也表示为:

$$B_\lambda(T) = \frac{C_1}{\pi\lambda^5\left[\exp(C_2/\lambda T)-1\right]} \tag{3.14}$$

式中,普朗克第一辐射常数 $C_1=2\pi c^2h=3.7427\times10^8$ W·m^{-2}·μm^4,普朗克第二辐射常数 $C_2=\dfrac{ch}{k}=1.4388\times10^4$ μm·K。

　　图 3.6 给出了不同温度下,普朗克函数给出的黑体辐射的光谱曲线。普朗克函数作为描述黑体辐射的基本规律,可以得到若干黑体辐射的特点。例如,公式(3.13)的单色辐射强度是温度的单调递增函数,也就是说,随着温度的升高,任意波长下的辐射强度都会增加;同时,在某一温度下,黑体辐射的单色辐射强度有最大值,该最大值对应的波长 $\lambda_{\max}$ 随温度升高变小。

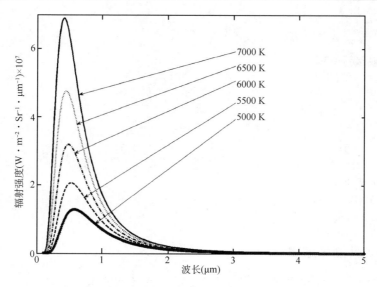

图 3.6　普朗克函数结果例子

利用波长和频率的关系,可以得到单色辐射强度随频率的关系。需要:

$$B_\lambda \mid d\lambda \mid = B_f \mid df \mid \tag{3.15}$$

由于 $\lambda = c/f$,有

$$\mid d\lambda \mid = \frac{c}{f^2} \mid df \mid \tag{3.16}$$

得到

$$B_f = \frac{c}{f^2} B_\lambda \tag{3.17}$$

从而得到以频率为变量的普朗克定律:

$$B_f(T) = \frac{2hf^3}{c^2} \frac{1}{\exp[hf/(kT)] - 1} \tag{3.18}$$

黑体发射辐射的另外一个特点是辐射强度各向同性的,所以可以利用公式(3.7)和(3.14)得到,黑体发射的单色辐射通量密度为:

$$F_{B,\lambda}(T) = \frac{2\pi hc^2}{\lambda^5[\exp(hc/k\lambda T) - 1]} \tag{3.19}$$

对于绝对黑体,它的发射辐射只取决于温度,与物体的形状和成分无关。同时,由光谱辐射强度可以反推出对应波长上发射出等量辐射的黑体的温度,计算得到的黑体温度被称为亮温。

当辐射波长向两端变化,波长趋于无穷大或无限接近零时,普朗克函数的极限可以分别得到 $\lambda \to \infty$ 时的瑞利—金斯分布和 $\lambda \to 0$ 时的维恩分布。当 $\lambda \to \infty$ 时,有:

$$B_\lambda(T) \approx \frac{2ck}{\lambda^4}T \tag{3.20}$$

或频率无限接近 0 时：

$$B_f(T) \approx \frac{2kf^2}{c^2}T \tag{3.21}$$

当 $\lambda \to 0$ 时,有：

$$B_\lambda(T) \approx \frac{2hc^2}{\lambda^5}\exp[hc/(\lambda kT)] \tag{3.22}$$

或频率无穷大时：

$$B_f(T) \approx \frac{2hf^3}{c^2}\exp[hf/(kT)] \tag{3.23}$$

3.2.4　维恩位移定律

在普朗克定律提出之前,维恩就利用热力学理论得到黑体辐射光谱最大值对应波长 λ_{max} 与温度成反比的关系,该规律被称为维恩定律或维恩位移定律。当然,借助普朗克函数,得到该规律也并不难,黑体发射光谱最大值对应波长可以通过对普朗克函数的求导得到,导数为零时对应的波长就是 λ_{max}。公式(3.13)对波长求偏导,并用乘积法则,有：

$$\frac{\mathrm{d}B_\lambda}{\mathrm{d}\lambda} = -\frac{10hc^2}{\lambda^6}\frac{1}{\exp[hc/(k\lambda T)]-1} - \frac{2hc^2}{\lambda^5}\frac{\exp\left(\frac{hc}{k\lambda T}\right)\left(-\frac{hc}{k\lambda^2 T}\right)}{\{\exp[hc/(k\lambda T)]-1\}^2} \tag{3.24}$$

令导数为零,就可以得到 λ_{max} 的方程,即：

$$\frac{5}{\lambda_{max}} = \frac{1}{\exp[hc/(k\lambda_{max}T))]-1}\exp\left(\frac{hc}{k\lambda_{max}T}\right)\left(\frac{hc}{k\lambda_{max}^2 T}\right) \tag{3.25}$$

将 $x_{max} = \dfrac{hc}{k\lambda_{max}T}$ 代入上式,得到：

$$\frac{1}{\exp(x_{max})-1}\exp(x_{max})\,x_{max} = 5 \tag{3.26}$$

利用数值计算,可以得到上式的解为 $x_{max}=4.9651$。从而可以得到：

$$\lambda_{max} = \frac{2897.8}{T} \tag{3.27}$$

将物体的绝对温度 T 代入到上式,就可以轻松得到它辐射强度最大值对应以微米为单位的波长。这个最大波长和黑体温度是一一对应的,所以可以根据这个辐射最强的波长确定绝对黑体的温度,这个温度被称为颜色温度或色温,而这就是光谱法测量物体温度的基础。

3.2.5　斯蒂芬-玻尔兹曼定律

通过对普朗克函数的求导,可以得到黑体辐射最大值对应的波长,即维恩位移定律,如果对普朗克函数在波长空间积分,就可以得到黑体发射辐射的总辐射通量密度。

计算以下积分:

$$F_{BB}(T) = \pi \int_0^\infty \frac{2hc^2}{\lambda^5} \frac{1}{\exp[hc/k\lambda T]-1} \mathrm{d}\lambda \tag{3.28}$$

将 $x = \dfrac{hc}{k\lambda T}$ 和 $\dfrac{\mathrm{d}x}{\mathrm{d}\lambda} = -\dfrac{hc}{k\lambda^2 T}$ 代入上式,可以得到:

$$F_{BB}(T) = \pi \frac{2k^4 T^4}{h^3 c^2} \int_0^\infty \frac{x^3}{\exp(x)-1} \mathrm{d}x \tag{3.29}$$

如果给定上式积分值为 $\pi^4/15$(Bronstein and Semendiajev, 1985),就可以得到黑体在全部光谱范围发射的总辐照度为:

$$F_{BB}(T) = \frac{2k^4 \pi^5}{15h^3 c^2} T^4 = \sigma T^4 \tag{3.30}$$

式中,σ 是斯蒂芬-玻尔兹曼常量,$\sigma = \dfrac{2k^4 \pi^5}{15h^3 c^2} = 5.671 \times 10^{-8}\,\mathrm{W \cdot m^{-2} \cdot K^{-4}}$。即绝对黑体发射的总辐射能量和温度的四次方成正比。其实,在普朗克定律提出之前,斯蒂芬和玻尔兹曼已经分别通过实验和热力学理论得到了该结论,所以,这一规律被称为斯蒂芬-玻尔兹曼定律。

利用上式可以得到给定温度黑体的辐射总功率。同样,也可以利用辐射方法测量物体的温度,也就是在给定总辐射通量密度时,利用斯蒂芬-玻尔兹曼定律得到对应绝对黑体的温度,该温度被称为等效黑体温度或有效辐射温度。由于绝对黑体是具有相同温度物体中辐射能量最强的理想物体,所以有效辐射温度会等于或低于实际温度。例如,利用辐射总能量估算的太阳的温度约为 5777 K,它略小于太阳的实际温度。

3.2.6　发射率和基尔霍夫定律

普朗克定律描述了绝对黑体的辐射,即特定温度下物体发射辐射的最大值,一般物体并不会达到对应的最大值。所以,定义单色发射率为物体发射单色辐射与相同温度绝对黑体在相同波长发射单色辐射能量的比值,即:

$$\varepsilon_\lambda = \frac{I_\lambda}{B_\lambda} \tag{3.31}$$

式中,I_λ 为物体实际发射的单色辐射强度,B_λ 为相同温度黑体发射的单色辐射强度。

所以,黑体的发射率为常数 1,而一般物体的发射率小于 1,且是波长的函数。同样,对一个特定光谱区间发射率的积分可以得到宽带发射率。所以,发射率可以将一般物体和绝对黑体的发射联系起来。

介质可以吸收特定波长的辐射能量,同时也能发射同样波长的辐射,关于吸收和发射的物理关系由基尔霍夫在 1860 年提出,并被称为基尔霍夫定律(Kirchhoff,1860)。基尔霍夫定律指出:在热力学平衡状态下,介质或物体的单色发射率 ϵ_λ 等于其单色吸收率 A_λ。这样,基尔霍夫定律将一般物体的吸收能力和辐射能力联系起来,只要知道了其吸收率,也就知道了它的发射率,从而可以利用普朗克定律获得其发射的单色辐射强度。

3.3 地球–大气系统的辐射平衡

全球、全年平均而言,地球系统的温度应该保持不变,即地球应该维持在一个辐射平衡的状态。这就意味着,地球吸收太阳辐射的速率和其发射红外辐射的速率是相同的。利用地球系统的辐射平衡状态和前面两小节介绍的知识,就可以建立地球辐射模型,从而估算地球系统全球全年平均温度。本小节利用最简单的辐射模型讨论全球辐射能量的收支。

3.3.1 无大气系统

如果将整个地球系统视为一个整体,它吸收和发射辐射的速率相等,即:

$$Q_{in} = Q_{out}$$

式中,Q_{in} 和 Q_{out} 分别表示地球吸收太阳辐射和自身发射辐射的通量(或全球平均通量密度)。

入射到地球的太阳辐射通常可以认为是平面波(图 3.7),而其强度常用太阳常数定义,它表示太阳和地球处于日地平均距离时,单位时间到达地球大气层顶的能量密度,即单位面积下的功率或辐射通量密度。通常用 Q_0 表示太阳常数,其值在 1360 W/m² 到 1370 W/m² 之间,注意该值表示垂直入射到单位面积上的功率。所以投影到地球的全部能量为 $\pi R^2 Q_0$。其中,R 为地球半径,πR^2 就是地球的投影面积,即在太阳辐射传播方向阻挡的面积。同时,地球不会吸收所有入射到其投影面的辐射,它会反射一部分入射辐射。假设被反射能量占入射到地球总辐射能量的比例为 α,即地球反照率,对于地球该值接近 0.3。所以,可以得到,地球吸收的入射辐射总能量为:

$$Q_{in} = (1-\alpha)\pi R^2 Q_0 \tag{3.32}$$

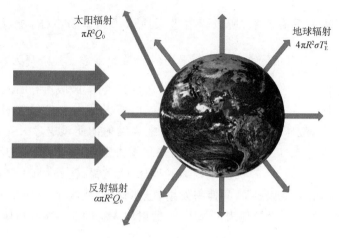

图 3.7　无大气地球辐射平衡

现在,考虑地球发射辐射的能量。假设地球发射辐射能量的速率等于对应温度黑体发射的速率,从而可以利用斯蒂芬-玻尔兹曼定律得到。所以,地球向外发射辐射的总能量为:$Q_{out} = 4\pi R^2 \sigma T_E^4$。利用辐射平衡关系,有:

$$4\pi R^2 \sigma T_E^4 = (1-\alpha)\pi R^2 Q_0 \tag{3.33}$$

从而得到地球辐射平衡温度的表达为:

$$T_E = \left[\frac{(1-\alpha)Q_0}{4\sigma}\right]^{1/4} = \left[\frac{(1-0.3)\times 1360(\mathrm{W \cdot m^{-2}})}{4\times 5.67\times 10^{-8}(\mathrm{W \cdot m^{-2} \cdot K^{-4}})}\right]^{1/4} = 255(\mathrm{K})$$
$$\tag{3.34}$$

该温度约为地球表面以上 5 km 高度的大气温度,是地球-大气系统的辐射平衡等效温度。

3.3.2　单层大气系统

地球大气的温室效应就是导致地球辐射平衡温度和地表温度差异的原因。入射的太阳辐射大部分透过大气到达地表,从而加热地表;同时,地球大气会吸收大部分地表向外发射的红外辐射。这里,建立一个具有单层等温大气的简单地球-大气辐射平衡模型,用于估算地表和大气的等效辐射平衡温度。

在这个简单的模型中,假设地球和大气分别达到辐射平衡的状态。大气对太阳辐射的吸收率为 0,地表具有和地球一样的反照率。对于红外辐射,等温大气在红外波段的吸收率 A 等于发射率 ε,即 $A = \varepsilon$。地球表面会吸收所有的入射红外辐射,且以对应温度的黑体向外发射辐射。按照这些近似,图 3.8 给出了这里地球-大气辐射系统中各辐射项,下面就其中的各项分别予以详细讨论。首先,由于假设地球大气对入射的太阳辐射没有影响,所以辐射进入地球的速率为 $\dfrac{1}{4}Q_0$,被反射的部分为 $\dfrac{1}{4}\alpha Q_0$。这里系数 $\dfrac{1}{4}$ 表示计算全球全年平均值所需的系数。其余都为发射红外辐射部分对应的能量传输。这里假设地球在红外区域为黑体,吸收所有的入射能量,并以对应温度按照斯蒂芬-玻尔兹曼定律发射辐射,所以地表的发射能量可以表示为 σT_S^4,其中 T_S 表示地球的辐射平衡温度。由地表发射的能量透过大气,被大气吸收的部分可以表示为 $A\sigma T_S^4 = \varepsilon\sigma T_S^4$,因为根据基尔霍夫定律,发射率等于吸收率。剩余部分的能量 $(1-A)\sigma T_S^4 = (1-\varepsilon)\sigma T_S^4$ 则离开地球-大气系统。对于大气,将分别向下面的地表和上面的太空以 $\varepsilon\sigma T_A^4$ 的速率发射辐射,这里 T_A 表示等温大气的辐射平衡温度。射向地表的辐射会被地表全部吸收,而射向太空的能量离开地球-大气系统。

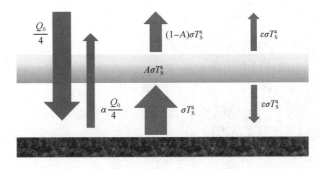

图 3.8　假设单层等温大气情况地球-大气系统辐射平衡(其中 $\varepsilon = A$)

　　根据以上介绍,如果地球-大气系统、大气和地表分别达到辐射平衡,即吸收辐射和发射辐射的数量相等,可以分别表示为:

$$\frac{1}{4}(1-\alpha)Q_0 = \varepsilon\sigma T_A^4 + (1-\varepsilon)\sigma T_S^4 \tag{3.35}$$

$$\varepsilon\sigma T_S^4 = 2\varepsilon\sigma T_A^4 \tag{3.36}$$

以及

$$\frac{1}{4}(1-\alpha)Q_0 + \varepsilon\sigma T_A^4 = \sigma T_S^4 \tag{3.37}$$

以上的三个方程只有两个是独立的,由于只有地表等效温度和大气等效温度两个变量,所以可以轻松地得到对应温度的表达式,有:

$$T_S = \left[\frac{(1-\alpha)Q_0}{4\sigma(1-\varepsilon/2)}\right]^{1/4} \tag{3.38}$$

及

$$T_A = \left(\frac{1}{2}\right)^{1/4} T_S = \left[\frac{(1-\alpha)Q_0}{8\sigma(1-\varepsilon/2)}\right]^{1/4} \tag{3.39}$$

对于地球-大气系统,有:$Q_0=1360$ W/m^2,$\alpha=0.3$ 以及 $\varepsilon=0.78$。从而可以得到$T_S=$ 288 K 和 $T_A=242$ K。

公式(3.38)和(3.39)就可以清楚地说明地球反照率和大气吸收率对地表和大气辐射平衡温度的影响。很明显,地表反照率的增大将导致地表和大气温度的降低,因为吸收能量的速率降低了。如果大气吸收率增加,则将导致地表和大气温度升高,而温室气体(二氧化碳,水汽等)的增加,就会导致大气吸收率的增加,从而使地球变得更热。

以上利用最基本的辐射定律讨论了地球系统的辐射传输和平衡状态,虽然使用了大量假设,但是仍然可以利用这样简单的推导对地球-大气系统的辐射有一些基本的认识和理解。首先,大气是由地表加热的,本小节中,大气的能量源是地表发射的红外辐射,通过对该辐射的吸收及以较低温度的向外发射,大气得以维持辐射平衡。同时,大气也起到了对地表的保温作用,由于大气的存在,由地表发射的红外辐射不会直接离开地球,一部分被大气吸收后以发射辐射的形式被"反射"回地表,从而起到了加热地表的作用。所以假设有大气情况得到的地表辐射平衡温度(288 K)会远高于没有大气时的平衡温度(255 K),这里的 33 K 的温度差就是所谓的温室效应。

3.3.3　真实地球能量收支

辐射在实际大气中经历着更加复杂的传输过程,同时,在辐射平衡状态下,地球大气会形成不稳定的垂直温度廓线,不同层间的温度就需要借助对流等作用调节,形成一个更加复杂的平衡状态。如图 3.9 给出了地球系统完整的能量平衡示意图。图

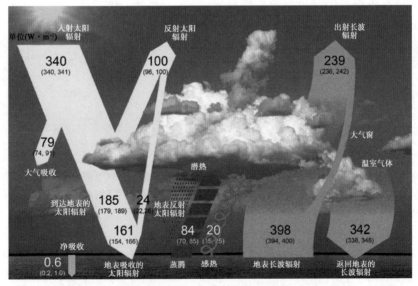

图 3.9　地球辐射收支示意图(引自 Wild et al.,2013)

中数字给出的是各部分辐射的全球平均辐射通量密度（括号内数字代表其估计范围），即单位面积吸收或发射能量的功率。例如，入射太阳辐射的 340 W/m² 即为总入射功率 $\pi R^2 Q_0$ 除以地球表面积 $4\pi R^2$ 的结果，这里选择 $Q_0 \approx 1360$ W/m²。应该注意：除了辐射能量，还有地球表面向大气传输的感热（20 W/m²）以及大气中水蒸气凝结和凝华过程释放的潜热（84 W/m²）。图中系统并没有达到理想的平衡状态，有 0.6 W/m² 的多余能量加热着海洋，这是大气中温室气体积累导致的。图中其余的辐射量和讨论的类似，只是大气和云对入射太阳辐射不完全是透明的，由于散射的存在，红外波段大气的"等效"吸收率和发射率也不相等。

3.4　辐射传输基础

当沿某一方向传播的辐射在介质中传播时，会与其中的物体发生相互作用而减弱或加强。本小节简单介绍辐射在介质中传播的规律。

3.4.1　辐射传输方程

如图 3.10 所示，如果只考虑能量的减弱，假设辐射强度 I_λ 在其传播方向上通过距离微元 ds 后变为 $I_\lambda + \mathrm{d}I_\lambda$，有：

$$\mathrm{d}I_\lambda = -k_\lambda \rho I_\lambda \mathrm{d}s \tag{3.40}$$

不难理解，辐射强度的变化量 $\mathrm{d}I_\lambda$ 正比于以下四个量：介质内物体对相应波长辐射的减弱能力（吸收和散射，这里用质量消光截面 k_λ 表示）、空间内物质的质量密度 ρ、辐射强度本身 I_λ 以及通过的距离 ds。后面三个量都容易理解，这里主要介绍质量消光截面 k_λ。质量消光截面表示：单位质量的物体所吸收和散射的辐射能相当于对应面积内从入射辐射场中所截获的辐射能。

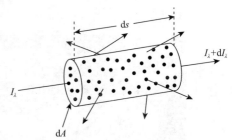

图 3.10　辐射传输示意图

沿某方向传播的辐射，其强度会因为介质中物质发射辐射或其他方向的辐射被散射到该方向而加强。定义辐射的源函数系数 j_λ，令由于发射和多次散射造成的辐射强度的增大为：

$$\mathrm{d}I_\lambda = j_\lambda \rho \mathrm{d}s \tag{3.41}$$

上式 j_λ 同质量消光截面和辐射强度的乘积 $k_\lambda I_\lambda$ 有类似的物理意义，只是表示辐射强度的增加。

同时考虑辐射强度的减弱和增加时，可以将公式（3.40）和（3.41）合并，从而得到：

$$dI_\lambda = -k_\lambda \rho I_\lambda ds + j_\lambda \rho ds \tag{3.42}$$

为了方便,有时将源函数表示为：

$$J_\lambda = \frac{j_\lambda}{k_\lambda} \tag{3.43}$$

这样,源函数的量纲和单色辐射强度一样,从而可以将公式(3.42)改写为：

$$\frac{dI_\lambda}{k_\lambda \rho ds} = -I_\lambda + J_\lambda \tag{3.44}$$

该式就是辐射传输的通用方程,是讨论任何辐射传输问题的基础。注意,这里没有涉及任何坐标系,只是在沿辐射传播的方向。

3.4.2　比尔定律

如果没有散射且物体的发射辐射在该波长可以忽略,单色辐射在介质中的传输就只会受到吸收影响而消减。这样的假设对在地球大气中传播的太阳短波辐射是成立的,因为地球和大气发射辐射的贡献在短波波段是可以忽略的,当大气绝对晴朗、没有颗粒物时,散射作用也可以忽略。这时,辐射传输方程就是公式(3.40)的形式,或者是将公式(3.44)简化($J_\lambda = 0$)为：

$$\frac{dI_\lambda}{k_\lambda \rho ds} = -I_\lambda \tag{3.45}$$

令 $s=0$ 处的单色辐射强度为 $I_\lambda(0)$,那么可以通过求解以上微分方程得到,任意位置 s 处的辐射强度为：

$$I_\lambda(s) = I_\lambda(0) e^{-\int_0^s k_\lambda \rho ds} \tag{3.46}$$

假设介质是均匀的,即 k_λ 不随 s 变化,可以定义 $u = \int_0^s \rho ds$ 为路径长度,从而上式可以简化为：

$$I_\lambda(s) = I_\lambda(0) e^{-k_\lambda u} \tag{3.47}$$

即通过均匀吸收介质传输的辐射强度以指数函数的形式衰减,这就是著名的比尔-布格-朗伯定律,也被称为比尔定律、布格定律或朗伯定律。该定律由于不涉及辐射传播的方向,所以也适用于辐射通量密度或辐射通量。作为研究太阳直接辐射强度衰减的基础,比尔定律有重要意义。

利用比尔定律,可以得到对应位置 s 处的单色透过率为：

$$T = \frac{I_\lambda(s)}{I_\lambda(0)} = e^{-k_\lambda u} \tag{3.48}$$

对散射的介质,反射率 $R=0$,从而介质的单色吸收率可以表示为：

$$A = 1 - T = 1 - e^{-k_\lambda u} \tag{3.49}$$

3.4.3 施瓦氏方程

比尔定律考虑了没有源函数情况的辐射传输,现在我们讨论处于区域热平衡介质中,当需要考虑物质发射辐射时的情况,同样,这里不涉及散射。当单色辐射 I_λ 沿某一方向传播时,会同时发生吸收和发射,类似无散射地球-大气系统长波辐射的传输。辐射传输方程(3.44)中的源函数由普朗克函数给出,即:

$$\frac{\mathrm{d}I_\lambda}{k_\lambda\rho\mathrm{d}s} = -I_\lambda + B_\lambda(T) \tag{3.50}$$

上式等号右边的第一项是由于辐射被吸收的衰减,第二项表示发射辐射的增加项。公式(3.50)由施瓦氏于 1914 年在讨论太阳和恒星光谱的吸收和发射谱线时首次提出,所以被称为施瓦氏方程(Schwarzschild,1914),下面讨论它的解。

为了简化表达,定义光学厚度 τ 为辐射传播路径上单位截面上所有物质产生的总消光,以公式表示为:

$$\tau(s) = \int_0^s k_\lambda\rho\mathrm{d}s' \tag{3.51}$$

从而有:

$$\mathrm{d}\tau(s) = k_\lambda\rho\mathrm{d}s \tag{3.52}$$

注意,这里从 0 位置开始积分,即 $\tau(0)=0$,也有部分教材中会令 $\tau(\infty)=0$(即 $\tau(s)=\int_s^\infty k_\lambda\rho\mathrm{d}s'$,这时 $\mathrm{d}\tau(s)=-k_\lambda\rho\mathrm{d}s$)。所以,公式(3.50)可以简化为:

$$I_\lambda(s) + \frac{\mathrm{d}I_\lambda(s)}{\mathrm{d}\tau(s)} = B_\lambda[T(s)] \tag{3.53}$$

上式两边同时乘以 $\mathrm{e}^{\tau(s)}\mathrm{d}\tau(s)$,得:

$$I_\lambda(s)\,\mathrm{e}^{\tau(s)}\mathrm{d}\tau(s) - \mathrm{e}^{\tau(s)}\mathrm{d}I_\lambda(s) = B_\lambda[T(s)]\,\mathrm{e}^{\tau(s)}\mathrm{d}\tau(s) \tag{3.54}$$

所以:

$$\mathrm{d}[I_\lambda(s)\,\mathrm{e}^{\tau(s)}] = B_\lambda[T(s)]\,\mathrm{e}^{\tau(s)}\mathrm{d}\tau(s) \tag{3.55}$$

从 0 到 s 积分可得:

$$\int_0^s \mathrm{d}[I_\lambda(s')\,\mathrm{e}^{\tau(s')}] = \int_0^s B_\lambda[T(s')]\,\mathrm{e}^{\tau(s')}\mathrm{d}\tau(s') \tag{3.56}$$

$$I_\lambda(s)\,\mathrm{e}^{\tau(s)} - I_\lambda(0) = \int_0^s B_\lambda[T(s)]\,\mathrm{e}^{\tau(s)}\mathrm{d}\tau(s) \tag{3.57}$$

$$I_\lambda(s) = I_\lambda(0)\,\mathrm{e}^{-\tau(s)} + \int_0^s B_\lambda[T(s')]\,\mathrm{e}^{-[\tau(s)-\tau(s')]}\mathrm{d}\tau(s') \tag{3.58}$$

显然,位置 s 处的辐射强度包括两部分:方程右边的第一项代表由 $s=0$ 处入射,经过介质吸收衰减后剩余的辐射强度;第二项从 0 到 s 的积分项表示该路径下,介质发射辐射 $B_\lambda[T(s')]$ 经过剩余路径衰减后($\mathrm{e}^{-[\tau(s)-\tau(s')]}$)到达 s 处的累加(积分)。如果辐射传播路径上的温度和光学厚度(即消光截面及密度)已知,就可以利用上式(3.58)进行数值积分,得到任意位置的辐射强度。该表达式对于无散射介质情况下的红外辐射传输以及气象卫星遥感探测大气温度廓线和成分都有重要意义。

3.4.4　含散射的辐射传输

在 3.4.2 和 3.4.3 部分中,介绍了辐射传输方程两种最简单的形式,由于没有涉及散射过程,辐射方程本身相对简单,也都很容易地得到了对应的解析解。但是,当涉及介质中有散射粒子时,辐射在介质中的传输将变得更加复杂,辐射传输方程将变得更加复杂,一般只能通过数值的方式求解。如图 3.10 所示,沿某一方向传播的辐射会被粒子散射后改变传播方向,使辐射强度减小,同时,沿特定方向传播的辐射也会因为其他方向的辐射经散射后进入该方向而增强。对沿某一方向传播的辐射,如果假设辐射传播方向由 Ω 表示,对应的辐射源 J_λ 可以表示为:

$$J_\lambda = \bar{\omega} \int_{4\pi} \frac{P(\Omega,\Omega')}{4\pi} I(\Omega') \mathrm{d}\Omega' + [1-\bar{\omega}]B(T) \tag{3.59}$$

式中,等式右边第一项的积分项表示沿不同方向传播的辐射经散射后变为沿 Ω 方向传播,从而引起的该方向的辐射的增强。所以,这一项涉及沿全部空间 4π 立体角的积分,积分号内的 $P(\Omega,\Omega')$ 被称为散射相函数,可以用来表示辐射从 Ω' 方向被散射到 Ω 方向的概率,将在第 3.6 节中详细介绍。等式右边的第二项表示发射辐射的贡献。$\bar{\omega}$ 和 $1-\bar{\omega}$ 分别表示介质中散射和吸收占总消光的比例。

所以,将公式(3.59)代入公式(3.44)就可以得到具有散射性质介质的辐射传输方程。这时,原来的微分方程就变成了一个更加复杂的积分微分方程,方程的未知量 I_λ 同时也在积分运算中,该方程的运算将变得极其复杂,通常只能数值求解,本书中将不再涉及。

3.5　气体的吸收

吸收是指当辐射入射到物体上时,一部分辐射能量会被转变成物体本身的内能或其他能量。所以,辐射在通过具有吸收性质的介质时,会被消耗而减弱,而介质由于吸收能量而被加热。大气中的气溶胶、云粒子、分子气体都可能吸收特定波长的辐射,这里讨论气体分子对辐射的吸收特性。

3.5.1　吸收光谱

大气中气体分子的能量 E_tot 是多种形式能量的总和,其中包括动能 E_kin、内能 E_int、电子轨道能 E_orb、分子振动能 E_vib 以及分子转动能 E_rot,即:

$$E_{tot} = E_{kin} + E_{int} + E_{orb} + E_{vib} + E_{rot} \qquad (3.60)$$

其中分子的动能和内能是连续的,可以取任意值,但是电子轨道能、振动能和转动能都是量子化的,只能有特定的离散值。电子轨道能量也被称为电子能量或电子势能,由电子绕原子核运动的轨道状态决定,振动能量是组成分子的原子相对于平衡位置振动对应的能量,转动能量是围绕通过分子重心的轴而旋转具有的能量。

电子轨道能量、振动能量和转动能量的每一种组合都对应于分子的特定能级。当入射到分子上的电磁辐射被吸收时,分子获得能量向较高的能级跃迁,同样,分子能级降低时,也伴随着辐射的发射。同时,在 3.1.1 节提到过,电磁辐射可以理解为量子化的光子,光子的能量由其波长或频率确定,$E_{photon} = hf$,这里 h 表示普朗克常数,f 表示辐射的频率。只有分子在两个允许的能级间发生跃迁对应的能量差等于光子能量时,吸收或发射才能产生,即:

$$E_{tot1} - E_{tot2} = |\Delta E_{tot}| = E_{photon} = hf \qquad (3.61)$$

式中,E_{tot1} 和 E_{tot2} 分别表示处于两个不同能级分子的能量。所以,分子只能在特定的、不连续的波长或频率吸收或发射辐射,对应的吸收光谱和发射光谱被称为吸收线和发射线,由若干不连续的波长或频率组成,他们的位置可能重叠或非常接近,需要很高的光谱分辨率才能识别。在某些光谱区间的大量吸收线和发射线的集合被称为光谱带。

对于气体分子,三种量子化的能量一般满足:

$$|E_{orb}| > E_{vib} > E_{rot} \qquad (3.62)$$

式中,电子轨道能量取了绝对值,因为它通常是相对于某一参考值定义的势能,为负数。不难理解,能级跃迁对应能量较大时,对应的吸收或发射光谱频率较大,波长较短。电子能级跃迁通常对应紫外、可见和近红外波段,振动能级跃迁与近红外及远红外辐射的吸收和发射相关,而纯转动能级的跃迁则对应于红外和微波波段的辐射。振动和转动能级的跃迁通常会同时发生,从而形成了振动-转动吸收带。同时,由于分子相互间碰撞交换的动能 E_{kin} 大于其转动能量而小于其振动能量,所以分子间的碰撞对转动吸收带影响很大,但是对振动吸收带影响较小,对电子轨道能级跃迁对应的光谱带影响可以忽略。

气体吸收强度有不同的表征方式,其中吸收截面和吸收系数是最常用的表征方式。通常,单个分子或粒子的吸收强度用吸收截面 σ_{abs} 表示,以 cm^2 为单位,表示气体分子吸收对应面积内从入射辐射场中所截获的辐射能。吸收系数 k_{abs} 用于表示单位体积内分子的总吸收,和吸收截面的关系为 $k_{abs} = N\sigma_{abs}$,其中 N 表示单位体积内的分子数,所以吸收系数的单位为距离的倒数。正如之前的讨论,气体具有选择性吸收,即对不同波长或波数辐射的吸收有很大的区别,所以吸收截面或吸收系数都具有光谱的概念,表示某一波长下或某一谱段的分子的吸收能力。

3.5.2　谱线增宽

观测证实,单一的吸收或发射线会被增宽为具有一定宽度的谱线,即吸收或发射不再发生在唯一的波长或频率,对该波长左右一定宽度内的辐射也有吸收或发射。增宽后的吸收谱可以表示为:

$$k(\nu) = Sf(\nu - \nu_0) \tag{3.63}$$

式中,$k(\nu)$为增宽后的气体光谱吸收系数,S为吸收线的强度,ν_0为吸收线的中心波数。$f(\nu - \nu_0)$被称为线型函数,描述了吸收光谱在不同波数的分布情况,满足:

$$\int_{-\infty}^{\infty} f(\nu' - \nu_0)\mathrm{d}\nu' = 1 \tag{3.64}$$

谱线增宽的因素有三个:自然增宽、碰撞增宽和多普勒增宽。其中,自然增宽是指没有任何外界因素影响时,吸收线自身有一定的宽度,但是在常温常压下,自然增宽非常微弱,可以忽略。这里主要介绍碰撞增宽和多普勒增宽。

当分子吸收或发射光子时,由于其他分子的碰撞会影响吸收或发射过程(改变发射或吸收的时间和能量),从而使谱线增宽。碰撞增宽谱线的增宽与分子密度和温度相关。因为大气压力的变化要远大于温度的变化,碰撞增宽随压力的变化是主要的,所以也被称为压力增宽。压力增宽的线型由洛伦兹线型(Lorentz,1906)表示为:

$$f_{\mathrm{L}}(\nu - \nu_0) = \frac{\alpha_{\mathrm{L}}}{\pi[\alpha_{\mathrm{L}}^2 + (\nu - \nu_0)^2]} \tag{3.65}$$

式中,α_{L}是谱线半宽,线型函数减小到最大值一半时的谱线的宽度,即 $f_{\mathrm{L}}(\alpha_{\mathrm{L}}) = \frac{1}{2} f_{\mathrm{L}}(0)$,其中$\nu = \nu_0$ 时 $f(\nu - \nu_0)$达到最大值。

任意温度和压强下的碰撞增宽谱线半宽可以表示为(Zdunkowski et al.,2007):

$$\alpha_{\mathrm{L}} = \alpha_{\mathrm{L}0} \frac{P}{P_0} \left(\frac{T_0}{T}\right)^n \tag{3.66}$$

式中,$\alpha_{\mathrm{L}0}$是参考压强 P_0 和温度 T_0 下的半宽,n 的值随分子类型在 0.5 到 1 之间变化,经典值为 0.5。

另外一种导致增宽的因素是多普勒效应,即分子随机运动时的多普勒频移也会引起吸收线的多普勒增宽。因为这一效应由分子的运动引起,所以只受温度的影响,和压强无关。多普勒增宽的线型因子可以表示为:

$$f_{\mathrm{D}}(\nu - \nu_0) = \sqrt{\frac{\ln 2}{\pi}} \frac{1}{\alpha_{\mathrm{D}}} \exp\left[-\frac{\ln 2}{\alpha_{\mathrm{D}}^2}(\nu - \nu_0)^2\right] \tag{3.67}$$

式中,α_{D} 表示多普勒增宽的谱线半宽,它和温度的关系为:

$$\alpha_D = \frac{\nu_0}{c} \sqrt{\frac{2kT}{m_{mol}}} \qquad (3.68)$$

式中，m_{mol} 是分子质量，k 是玻尔兹曼常数。

在实际大气中碰撞增宽和多普勒增宽会同时存在，在对流层和平流层底部的底层大气(20 千米到 30 千米以内)压强较大，碰撞增宽起主导作用，而在大气高层(50千米以上)，多普勒增宽变得更加重要。但是在平流层中层到上层的区域，碰撞增宽和多普勒增宽的重要性相当，需要同时考虑，这时对应的增宽线型被称为沃伊特线型，由洛伦兹线型和多普勒线型的卷积给出：

$$f_\nu(\nu - \nu_0) = \int_{-\infty}^{\infty} f_L(\nu - \nu') f_D(\nu' - \nu_0) \mathrm{d}\nu' \qquad (3.69)$$

图 3.11 给出了多普勒增宽和洛伦兹增宽的线型示意图，可以从中看出，多普勒线型在两翼衰减得比洛伦兹线型更快，所以在沃伊特线型中心附近两者的作用都比较显著，而在远离中心的两翼基本是洛伦兹线型。

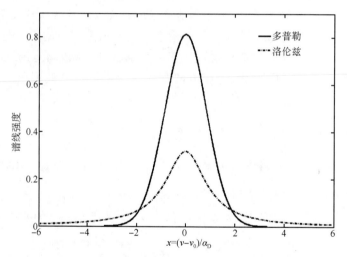

图 3.11　多普勒增宽和洛伦兹增宽的线型示意图(Liou，1980)

3.5.3　地球大气吸收带

大气气体吸收最显著的特点就是具有选择性，本小节简要说明地球大气中 4 种主要吸收气体的光谱。如表 3.1 给出这 4 种气体主要吸收带的中心波长，下面将逐一介绍氧气、水汽、臭氧和二氧化碳等气体在太阳辐射波段和地球红外辐射波段的主要吸收线。

表 3.1　四种大气气体(水汽、臭氧、氧气及二氧化碳)吸收带

大气气体	波谱	吸收带(μm)
H_2O	可见光	0.4~0.7,0.72
	近红外	0.82,0.94,1.1,1.38,1.87,2.7,3.2
	红外	6.25,>13
O_3	紫外线	0.26
	可见光	0.45~0.75
	近红外	3.3
	红外	4.74,9.01,9.6,14.1
O_2	可见光	0.63,0.69,0.76
	近红外	1.06,1.27,1.58
CO_2	近红外	1.4,1.6,2.0,2.7
	红外	4.3,5.0,9.4,10.4,15

　　水汽在可见光波段存在许多组合跃迁引起的吸收带,但是吸收强度较弱,引起的辐射加热率也很低。但是中心波长 0.72 和 0.82 μm 的吸收已经具有较为明显的吸收作用。水汽对太阳辐射吸收最强的吸收线位于近红外波段,会吸收约 20% 入射太阳辐射,中心波长为 0.94,1.1,1.38,1.87 和 2.7 μm。其中 2.7 μm 的吸收带是由两个彼此非常接近的振动吸收带组成的,其余为组合吸收带。水汽还有一个较强的振动吸收带,中心波长为 6.25 μm,在红外辐射传输和遥感中有着重要的作用,是卫星观测地球的重要通道。此外,水汽强烈的转动吸收带几乎吸收所有波长大于 13 μm 的红外辐射,所以,水汽本身就是一种重要的温室气体。

　　臭氧对太阳辐射中紫外线部分的能量有强烈的吸收作用,这部分吸收主要是电子能级的跃迁引起的。最强的吸收带吸收中心为 0.26 μm,从而在平流层上部或中层吸收几乎全部位于 0.2 到 0.3 μm 光谱区间的入射太阳能量。因为皮肤过多的暴露于紫外线的照射将提高皮肤癌的发病率,所以位于平流层的臭氧也被认为是地球生物的保护层,阻止紫外辐射到达地表。波长 0.3 到 0.36 μm 范围臭氧的吸收就会弱一些,但是吸收带具有很复杂的光谱。

　　氧气对太阳辐射的吸收主要集中在可见光和近红外区域,是由电子基态向两个不同的激发态跃迁时伴随振动—转动跃迁导致的,分别产生在可见光和近红外波段的吸收,被称为红带和红外带。主要的红带吸收带中心波长位于 0.63、0.69 和 0.76 μm,集中于太阳光谱的峰值附近,所以氧气在中层和高层大气对太阳辐射可见光区的吸收很重要,影响着地表和低层大气获得辐射的大小。红外带的主要吸收带中心波长为 1.06、1.27 和 1.58 μm。氧气对地球红外辐射吸收贡献很少,通常不予考虑。

　　二氧化碳分子具有对称的分子结构,没有恒定的偶极矩,也没有转动带。在太阳

辐射谱段,较弱的吸收带中心位于 1.4、1.6、2.0 和 2.7 μm。虽然二氧化碳 4.3 μm 吸收较强,但是由于处于太阳辐射频谱的尾部,所以吸收作用也很有限。二氧化碳是地球红外辐射的主要吸收气体,在 15 μm 中心的由振动跃迁引起的吸收带有很强的吸收作用。

大气中的甲烷、一氧化碳、一氧化二氮等微量气体也有几条较强的吸收线,但是由于气体浓度有限,其引起的辐射加热率也是很有限的,但是这些吸收线的存在可以用于这些微量气体的探测。

3.6 粒子的散射与吸收

除了气体分子,大气中还悬浮着大量的颗粒物,如云滴、雨滴、冰晶以及气溶胶等粒子,这些粒子都会和地球-大气系统的辐射发生相互作用。当辐射入射到单个粒子上时,部分能量会被吸收而转换为其他形式的能量,部分能量会改变传播方向,向空间的其他方向传播,这一过程被称为散射,同气体吸收一样,会使沿原方向传播的辐射强度减弱。本节讨论关于散射的相关物理量和计算方法。

3.6.1 散射的物理量

在介绍辐射传输方程时,引入了消光截面的概念,类似地,可以定义物体的散射截面和吸收截面的概念。单个粒子的消光截面表示其和辐射相互作用的强弱程度,即当辐射入射到该粒子上时,它所吸收和散射的总辐射相当于对应面积内从入射辐射场中所截获的辐射能,通常用 σ_{ext} 表示。所以不难理解吸收截面 σ_{abs} 和散射截面 σ_{sca} 的概念,对于散射截面,对应面积内的入射能量等于被散射到四面八方的整个 4π 球面度内所有能量的总和。注意,这里的消光截面、吸收截面和散射截面并不是粒子的几何截面,而表示粒子和辐射相互的强弱,是其在"辐射场中的截面"。

显然,消光截面、吸收截面和散射截面满足:

$$\sigma_{ext} = \sigma_{abs} + \sigma_{sca} \tag{3.70}$$

它们都具有面积的单位,为了方便表示,将消光、吸收和散射截面对粒子的几何截面进行归一化处理,得到对应的无量纲的效率因子,即:

$$Q_{ext} = \frac{\sigma_{ext}}{A} \tag{3.71}$$

$$Q_{abs} = \frac{\sigma_{abs}}{A} \tag{3.72}$$

和

$$Q_{sca} = \frac{\sigma_{sca}}{A} \tag{3.73}$$

式中，A 表示投影到与入射方向垂直平面上的粒子的几何截面。同时，定义单次散射反照率 $\bar{\omega}$ 为被散射的能量占总消光的比例，即：

$$\bar{\omega} = \frac{\sigma_{sca}}{\sigma_{ext}} = \frac{Q_{sca}}{Q_{ext}} \tag{3.74}$$

$\bar{\omega}=1$ 时，粒子只散射，无吸收，成为守恒散射；$\bar{\omega}=0$ 时，散射为零。

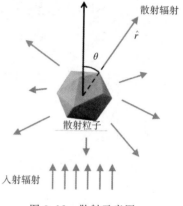

另一个描述散射特性的物理量被称为"相函数"，它描述了散射能量在不同传播方向上的分布。这里为了简化表达，考虑具有旋转对称性的球形散射体，对于球体，它的散射相函数可以表示为散射角的函数。如图 3.12 所示，入射光线和散射光线所在的平面被称为"散射平面"，而散射角为入射方向和散射方向的夹角。对于球形的散射具有沿入射方向的轴对称性，所以被散射到不同方向的辐射强度与散射平面无关。当然，大气中的沙尘、冰晶等粒子并不是球形的，但是这些粒子在大气中的取向随机，其平均散射效果也会表现出类似的旋转对称性。所以，这里只讨论这一具有旋转对称性的简单情况。

图 3.12　散射示意图

散射强度在不同方向的分布可以表示为：

$$d\sigma_{sca}(\theta) = \sigma_{sca} P(\theta) \frac{d\Omega}{4\pi} \tag{3.75}$$

式中，θ 为散射角，$d\sigma_{sca}(\theta)$ 表示沿 θ 方向传播的立体角微元 $d\Omega$ 内辐射强度对应的散射截面。$P(\theta)$ 就是散射相函数，为了使 $\int_{4\pi} d\sigma_{sca}(\theta) = \sigma_{sca}$，相函数满足归一化条件：

$$\int_{4\pi} P(\theta) \frac{d\Omega}{4\pi} = 1 \tag{3.76}$$

所以，散射相函数可以理解为在整个球面 4π 球面度内，入射辐射被散射到 θ 方向单位立体角内的概率分布函数。

为了描述散射后能量向前 $\theta \leqslant 90°$ 和向后 $\theta > 90°$ 传播的情况，通过对散射相函数和散射角余弦乘积的积分可以得到不对称因子 g，它表示为：

$$g = \int_{4\pi} P(\theta) \cos\theta d\Omega = \frac{1}{2} \int_{0°}^{180°} P(\theta) \cos\theta \sin\theta d\theta \tag{3.77}$$

对于只有前向散射 $\theta=0°$ 的情况，$g=1$；对于只有后向 $\theta=180°$ 散射的情况，$g=-1$。当向前半球和向后半球的散射通量密度相等时，$g=0$。

图 3.13 给出了几个不同尺度参数下的球形粒子的散射相函数，用两种不同的形式进行了表达。上面部分显示的是入射辐射被位于中心的粒子散射后，散射辐射向

散射平面内不同方向传播的情形,任意散射角下曲线到原点的距离正比于该方向的散射能量。很容易看到,随着粒子大小的变化,散射能量在不同角度的分布有着很大的不同。图 3.13 的下半部分表示了对应粒子的散射相函数随散射角的函数关系。

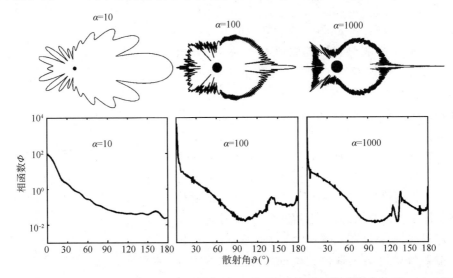

图 3.13   不同半径球形粒子散射相函数(图中 α 表示粒子尺度参数,详细定义见 3.6.3 节)

3.6.2   体散射特性

前面介绍的散射物理量都是针对单个粒子的,而大气中的大量粒子通常具有不同大小、化学成分和形状,所以定义包括特定体积内,多个粒子的平均光学特性为其"体散射特性"。如果只考虑同种粒子随不同粒径的平均,体散射特性可以通过单个粒子光学特性对粒子尺度分布求平均得到,从而表征整个粒子群的平均光学特性,是辐射传输计算的基础。同样,这样的积分也适用于不同种类和不同形状的粒子。

假设粒子数的粒径分布为 $n(D)$,表示直径处于区间 $(D-\mathrm{d}D/2, D+\mathrm{d}D/2)$ 内的粒子数 $\mathrm{d}N$。那么体消光截面就可以表示为:

$$\sigma_{\mathrm{ext}} = \frac{1}{N_{\mathrm{tot}}} \int_{D_{\min}}^{D_{\max}} \sigma_{\mathrm{ext}}(D) n(D) \mathrm{d}D \tag{3.78}$$

式中,$\sigma_{\mathrm{ext}}(D)$ 表示直径为 D 的粒子的消光截面,$N_{\mathrm{tot}} = \int_{D_{\min}}^{D_{\max}} n(D) \mathrm{d}D$ 为对应体积内粒子总数。类似地,可以得到体吸收截面和体散射截面为:

$$\sigma_{\mathrm{abs}} = \frac{1}{N_{\mathrm{tot}}} \int_{D_{\min}}^{D_{\max}} \sigma_{\mathrm{abs}}(D) n(D) \mathrm{d}D \tag{3.79}$$

$$\sigma_{\mathrm{sca}} = \frac{1}{N_{\mathrm{tot}}} \int_{D_{\min}}^{D_{\max}} \sigma_{\mathrm{sca}}(D) n(D) \mathrm{d}D \tag{3.80}$$

但是,体消光系数并不能按照单个粒子消光系数的直接积分得到,它可以表示为:

$$Q_{\text{ext}} = \frac{\displaystyle\int_{D_{\min}}^{D_{\max}} \sigma_{\text{ext}}(D) n(D) \mathrm{d}D}{\displaystyle\int_{D_{\min}}^{D_{\max}} A(D) n(D) \mathrm{d}D} \tag{3.81}$$

即体消光效率因子为总消光和总截面的比值。体吸收和散射效率因子、体单次散射反照率、体不对称因子和体相函数的表达留给读者自己推导。

3.6.3　散射的计算方法

　　粒子的散射作用就是其与入射电磁场的复杂相互作用,受粒子成分、大小和形状的影响,而具体散射特性的获得,往往需要利用数值计算实现。理论上,所有的散射计算都要以特定的粒子成分、大小和形状为基础,同时,不同的散射特性计算方法也有不同的适用范围。本小节介绍几种简单,但是常用的散射计算方法。

　　首先,介绍影响散射特性的三个物理量。第一个因素是"成分",不同种类粒子的散射特性可以有很大的区别,同种粒子在不同的波长的散射特性也千差万别,这是因为它们复折射率的不同。折射率作为物质的基本属性,是影响粒子光学特性的重要因素。第二个影响散射特性的参数是粒子的大小,在单次散射计算中,粒子的大小指其相对入射辐射波长的大小,一般用"尺度参数"表示。以球形粒子为例,它的尺度参数 x 通常定义为:

$$x = \frac{2\pi r}{\lambda} = \frac{\pi d}{\lambda} \tag{3.82}$$

式中,r 和 d 分别为球体的半径和直径,λ 为波长。对于非球形粒子,通常利用粒子的最大尺度代替上式的 d。第三个影响的因素就是粒子的形状,随着粒子尺度较入射波长变大,形状对其光学特性的影响也变得更加显著。其中,三维物体中最简单的形状,球体(如云滴、雨滴),它们的散射特性具有解析的表达,可以准确地通过数值计算获得;但是,非球形粒子(如气溶胶、云中的冰晶粒子等)光学特性的计算就要复杂得多,一直是过去半个世纪国际大气辐射领域研究的前沿。

　　不同的粒子散射算法有着不同的适用范围。这里仅介绍几种应用较为广泛的粒子散射算法,并就其适用范围加以说明。

　　(1)当粒子尺度远小于入射波长时,粒子形状的影响可以忽略,可以近似认为粒子内的电场为定值,适用瑞利近似(Rayleigh,1871)。瑞利近似可以快速给出粒子的散射特性,但是当粒子尺度增大到与波长接近时,该近似不再适用;

　　(2)对于球形粒子,其散射特性可以利用对电磁场的矢量波动方程的球谐展开获得解析解,该算法由洛伦兹(L. V. Lorenz,1890)和米(G. Mie,1908)分别独立提出,故该算法通常被称为洛伦兹-米算法,适用于均匀球形粒子;

(3)当粒子具有非球形结构时,其光学特性的计算就变得复杂得多,通常需要利用数值算法求解麦克斯韦方程组才能获得粒子的散射特性,20世纪发展了多种用于散射计算的计算方法,如T-矩阵法(Mishchenko and Travis,1994)、时域有限差分法(Yee,1966)、时域伪谱法(Chen et al.,2008)、离散偶极子法(Draine,1988)等。这些方法都是通过对麦克斯韦方程组的数值求解获得粒子散射特性的,对计算资源要求较高,当粒子尺度远大于入射波波长时,由于计算效率和算法稳定性的局限,它们的大多变得不再适用。

(4)对于尺度远大于入射光波长的粒子,精确求解麦克斯韦方程变得不再现实,而这时电磁场可以近似的处理为光线,利用斯涅尔定律和菲涅耳公式(Fresnel,1868)追踪光线在粒子表面的反射和透射,结合粒子的衍射,得到粒子对入射光线的影响,即粒子散射特性,这样的算法通常被称为几何光学算法,适用于尺度远大于入射光波长的粒子。

思考题与习题

3.1 波长为 10 μm 的电磁波对应的频率和波数分别是多少,当波长变为 10.1 μm 呢?

3.2 当一个平面发射辐射的强度为 $I(\theta,\varphi)=I_0+I_1\theta$ 时(其中 I_0 和 I_1 为常数),计算该平面发射辐射的通量密度。

3.3 计算吸收率为 0.9,温度为 300 K 的灰体发射辐射通量密度,同时,该灰体的色温和有效黑体温度分别为多少?

3.4 根据维恩位移定律计算温度为 $T=6000$ K 的黑体辐射光谱强度最大值对应的波长,该波长对应的波数是多少,该黑体辐射光谱强度最大值对应的波数是多少,这里得到的两个波数一致吗?为什么?对 $T=288$ K 的黑体进行类似的计算。

3.5 如果臭氧在波长 0.305 μm 处的吸收截面为 $\sigma_{abs}=1.9\times10^{-19}$ cm^2,臭氧柱浓度等效为标准温度压强下 0.3 cm-STP,计算该波长下太阳辐射可以到达地表的辐射比例。

3.6 利用散射相函数的归一化关系式(3.76),推导各向同性散射(即所有方向上散射强度相同)情况的散射相函数,并计算其不对称因子。

3.7 结合 3.6.2 节的内容,给出体吸收和散射效率因子、体单次散射反照率、体不对称因子和体相函数的表达式。

3.8 假设地球表面有 2 层温度不同的等温大气,两层大气在地球辐射波段的发射率分别为 ε_1 和 ε_2(其中 ε_1 对应下层大气,ε_2 对应上层大气),利用 3.3.2 节中单层大气的假设和推导过程,推导两层大气的平衡温度表达式。

参考文献

Bronstein I N, Semendjajew K A, 1985. Taschenbuch der Mathematik[M]. Thun, Frankfurt am Main : Verlag Harri Deutsch.

Chen G, Yang P, Kattawar G W, 2008. Application of the pseudospectral time-domain method to the scattering of light by nonspherical particles [J]. J Opt Soc Am A, 25:785-790.

Draine B T, 1988. The discrete-dipole approximation and its application to interstellar graphite grains [J]. Astrophys J, 333: 848-872.

Fresnel A, 1868. Oeuvres Complètes D'augustin Fresnel [M]. Paris: Imprimerie impériale.

Kirchhoff G, 1860. Über das Verhältnis zwishcen dem Emissionsvermögen und dem Absorptions vermögen der Körper für Wärme und Licht[J]. Ann Phys Chem, 109: 275-301.

Liou K N, 1980. An Introduction to Atmospheric Radiation[M]. New York: Academic Press.

Lorentz H A, 1906. The absorption and emission of lines of gaseous bodies[J]. H Lorentz Collected Papers , 3: 215-238.

Lorenz L V, 1890. Lybevaegelsen i og uder en plane lysbolger belyst kluge[J]. Vidensk Selk Skr, 6: 1-62.

Mie G, 1908. Beigrade zur Optick trüber Medien, speziell kolloidaler Metallösungen[J]. Ann Physik, 25: 377-445.

Mishchenko M, Travis L, 1994. Light scattering by polydispersions of randomly oriented spheroids with sizes comparable to wavelengths of observations[J]. Appl Opt, 33: 7206-7225.

Rayleigh L, 1871. On the light from the sky, its polarization and colour[J]. Phil Mag, 41: 107-120, 274-279.

Schwarzschild K, 1914. Diffusion and absorption in the sun's atmosphere[J]. Sitz K Preuss Akad Wiss, 1186-1200.

Wild M, Folini D, Schar C, et al, 2013. The global energy balance from a surface perspective[J]. Clim Dyn, 40: 3107-3134.

Yee S K, 1966. Numerical solution of initial boundary value problems involving Maxwell's equations in isotropic media[J]. IEEE Trans Antennas Propag, 14: 302-307.

Zdunkowski W, Trautmann T, Bott A, 2007. Radiation in the Atmosphere-A course in Theoretical Meteorology[M]. New York: Cambrigde University Press.

第4章　云雾降水物理基础

4.1　云雾形成机制和宏观特征

4.1.1　云和降水的分类

按照世界气象组织定义的云的分类标准,根据云的高度不同分成高云、中云、低云和直展云4族,这4族又可分为10属。高云包括卷云、卷积云和卷层云;中云包括高积云、高层云;低云可分为层积云、雨层云和层云;直展云则为积云和积雨云。按照云内温度可分为暖云和冷云。按照云粒子的相态则分为液相云、冰相云和混合云。按照云的外形,云常被分为积状云和层状云。

降水现象可分为雨、阵雨、毛毛雨、雪、阵雪、雨夹雪、阵性雨夹雪、霰、米雪、冰粒、冰雹。按照24小时降水量降雨可分成微量(<0.1 mm)、小雨($0.1\sim9.9$ mm)、中雨($10.0\sim24.9$ mm)、大雨($25.0\sim49.9$ mm)、暴雨($50.0\sim99.9$ mm)、大暴雨($100.0\sim249.9$ mm)、特大暴雨(>250.0 mm)。

4.1.2　云雾的形成机制

大气达到饱和有两个途径:一是增湿,二是降温,以降温为主。大气中有多种降温机制,如大尺度抬升运动、对流运动、波动、湍流混合作用、辐射冷却等,它们是形成不同类型云雾(积状云、层状云、雾等)的重要机制。下面将作详细说明。

(1)大尺度抬升运动

低压、冷涡、切变线活动的天气系统里常有大尺度的上升气流存在,且持续时间长。如果空气湿度较高,就会形成层状云,如高层云、雨层云、层积云等,在垂直方向往往存在多个层次。

(2)对流运动

对流运动可分成两类:热力对流和动力对流。热力对流是指由于某种热力因子导致的向上的对流运动,例如,夏季,由于强烈的太阳辐射的作用,温度垂直递减率大,甚至是超绝热,大气不稳定,产生热泡、发生对流。如图4.1所示,热泡形成的4个阶段是:①局地增温;②浮升热柱尺度与受热局地尺度相当,热柱推开上方空气,同时形成下沉补偿气流;③下沉气流将伸长的热柱切断(下部温度差异小),使上升热柱构成热力乱流泡;④地面持续加热,使热泡再次发生。如果对流是由气流的辐合、地形抬升等的作用导致的,则称为动力对流。

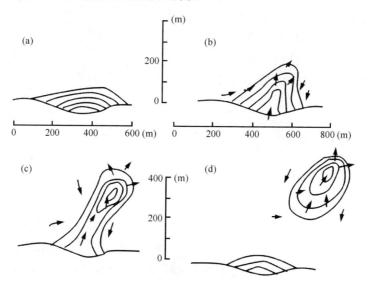

图 4.1 热力泡的产生过程(图中实线是等位温线,箭矢表示气流方向)(转引自许绍祖等, 1993)
(a—d 分别代表上文的四个阶段,横轴为水平距离,纵轴为高度)

(3)波动

当层结稳定时,如果气块偏离平衡位置,由于回复力(重力和浮力)的作用,气块会向平衡位置运动。气流过山时会在山上空和下风方形成波状运动,只要水汽满足条件,波峰处会形成波状云,波谷则对应云的间隙(图 4.2)。

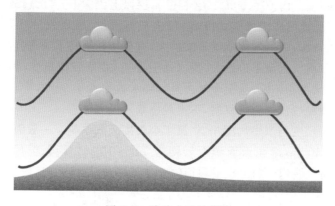

图 4.2 波动成云示意图

（4）湍流混合作用

湍流运动对大气有着强烈的搅混作用，使得大气的温度和湿度重新分布。如图 4.3 所示，原层结的气温递减率小于干绝热递减率，湍流混合的结果使气温递减率接近干绝热递减率，即边界层内低层增温、高层降温。如果假定混合层以上的温度分布不变，则形成一个逆温层。由于湍流作用，水汽从近地层向上输送，中逆温层下累积，从而有利于云雾的形成。

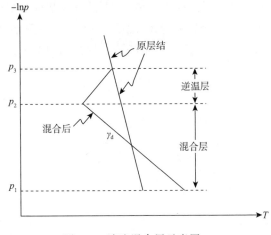

图 4.3　湍流混合层示意图

（5）辐射冷却

单纯由辐射冷却形成的云很少，但是在云层形成后，由于云体的长波辐射很强，云顶强烈冷却，可使云层加厚，并在地面长波辐射使云底增暖的联合作用下使云层内形成不稳定层结而使云变形，层状云系中夜间有时会激发对流云活动，一些强对流风暴系统夜间常常加强或猛烈发展与云顶辐射冷却效应有关。

（6）积状云

积云的生命史可分为三个阶段（图 4.4）。发展阶段：即从淡积云发展到浓积云的过程。云内均为上升气流，一般在该阶段没有降水。成熟阶段：从浓积云发展到积雨云，云顶一般直抵对流层顶，并产生冻结，形成冰晶化丝缕结构，在对流层顶的阻挡下和高空风切变作用下，云顶呈砧状，通过冷云降水机制形成降水，降水物下落拖曳和蒸发冷却作用使云内产生下沉气流，但冻结层以上仍为上升气流，故云内同时存在上升和下沉气流，此时积云发展最旺盛，可出现雷雨、大风现象，持续 15～30 分钟。消散阶段：降水持续，下沉气流范围不断扩大，直至切断维持上升气流的暖湿空气源，造成云体整个下沉。云滴不再增大，降水逐渐停止，残留云体蜕变，蒸发消散。气团雷暴生命期短、尺度小（几公里至十几公里），降水效率低于 20%，雷暴内部存在下沉气流对冲上升暖湿气流的自毁机制，不出现持续强风和冰雹。

积云的垂直尺度与水平尺度相当，属于小尺度天气系统。一般而言，淡积云的水平尺度为 $10^2 \sim 10^3$ m，浓积云或积雨云则为 $10^3 \sim 10^4$ m。淡积云的垂直厚度常在 1000 m 以下，随着淡积云向浓积云和积雨云过渡，云的厚度增大，积雨云顶部可伸展到平流层内。

积云的生成和发展与浮力紧密相关，而浮力又由云内外的温度差决定。一般而言，云内温度较云外高时，浮力为正，也往往对应云中的上升气流区；云内温度较云外

低的区域往往为云中的下沉气流区。由于夹卷的作用,积云云内的温度垂直递减率
比湿绝热递减率要大。

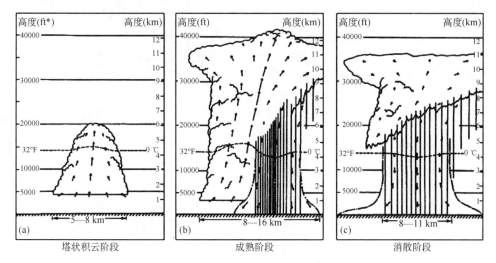

图 4.4　积云生命史及各发展阶段的特征(Doswell,1984)

积云中含水量时空变化大,且不同阶段云中含水量差异大。淡积云中的含水量
很少超过 $0.5\ \mathrm{g\cdot m^{-3}}$,浓积云在 $0.5\sim2.5\ \mathrm{g\cdot m^{-3}}$,积雨云中典型的含水量在 $1.5\sim$
$4.5\ \mathrm{g\cdot m^{-3}}$。

(7)层状云

层状云的形成途径主要有:暖锋及缓行冷锋上的斜升运动、槽前脊后的抬升运
动、地形的抬升作用、湍流的作用和积云的衍生。在水平方向层状云可以伸展数百千
米,垂直尺度比水平尺度小几个量级。与积状云不同,云内的温度接近湿绝热递减
率,云顶附近常伴有逆温。层状云中的上升气流比积云中弱得多,因而降水强度较
小,但由于其能持续很长时间,因此可以产生较大的累积降水量。云中的含水量较
小,量级为 $10^{-2}\sim10^{-1}\ \mathrm{g\cdot m^{-3}}$。

(8)雾

雾是水汽凝结(华)物悬浮于大气边界层内,使水平能见度降至 1 km 以下时的
天气现象。雾有多种分类方法,如天气学(气团雾和锋面雾)、发生学(辐射雾、平流雾
和蒸发雾)、温度(暖雾和冷雾)和相态(水雾、冰雾和混合雾)等。雾滴数浓度以城市
雾最大,其量级为 $10^2\sim10^3\ \mathrm{cm^{-3}}$;山区雾次之,一般为 $10^2\ \mathrm{cm^{-3}}$;就雾滴尺度而言,大
城市雾最小,其平均直径多在 10 $\mu\mathrm{m}$ 以下,中小城市及山区雾次之。含水量以内陆
大城市为最小,平均值小于 $0.1\ \mathrm{g\cdot m^{-3}}$,其他各地雾多在 $0.1\sim0.5\ \mathrm{g\cdot m^{-3}}$ 之间。
湍流是影响雾过程的重要因素,在不同条件下湍流运动可能促进雾的发展,也可能导

致雾的消散。较强的湍流运动会加强空气垂直混合并导致雾滴蒸发,抑制辐射雾的形成;在雾形成后湍流运动又会促使雾层垂直向上发展,特别是日出后随着太阳短波辐射对地表加热,露蒸发产生的水汽通过湍流运动向上输送,可以促进雾的发展。雾发生时的稳定大气层结会抑制垂直湍流运动发展,而雾滴凝结增长会释放凝结潜热,可以增强大气中的湍流运动。强烈的湍流运动会导致强烈的湍流混合,并会对辐射雾及其强度产生决定性的影响。

4.2　云降水微观特征

4.2.1　云中水凝物粒子的相态分布和微观特征

　　水汽作为组成地球大气的一种痕量气体,它有别于其他气体(N_2、O_2、CO_2)的特性在于,①它是唯一一种能够以气相、液相和固相三种相态同时存在于地球大气对流层中的气体;②组成云的重要物质。液相水滴和固相冰粒子由水汽凝结或凝华形成。液相水滴包括云滴和雨滴,固相冰粒子包括冰晶、雪花、霰和雹。云可以全部由液相水滴组成,也可以全部由固相冰粒子组成,或者由液相和固相粒子混合组成。

　　根据组成云的水成物粒子相态的不同,可以将云分为水云、冰云和混合相云。水云主要由云滴和雨滴组成,中云和低云主要为水云,如海洋性积云。冰云由冰晶或其他类型的冰粒子组成,高云都为冰云,如卷云和卷积云。混合相云由液相以及固相云粒子组成,例如夏季常常出现的积雨云,云底温度高于 0 ℃,因而云底由云滴和雨滴组成。然而对于这样垂直伸展很高的深对流云,云顶温度往往低于 0 ℃。温度低于 0 ℃时水汽凝华形成固相冰粒子,因而冰粒子分布于积雨云的中上层。需要注意的是,在低于 0 ℃的温度条件下,液相粒子并不会立刻冻结,只有在低于 −40 ℃的环境下,所有的液相粒子才会全部冻结,这一温度称为同质冻结温度。在 −40 ℃～0 ℃环境中存在液相水滴,称之为过冷却水滴。由过冷却水滴组成的云(雾)称为过冷云(雾)。据 Hogan 等(2004)的观测资料统计,南北纬 60 ℃之间过冷云出现的频率为20%。过冷却云常发生于南半球中尺度天气系统以及热带云系统中。过冷云对飞机积冰具有重要影响。

　　通常将大气中水汽凝结或凝华的产物称为水成物粒子,云中的水成物粒子一般分为以下六类:

　　云滴:下落末速度可忽略,在上升气流作用下悬浮于云中的小水滴,由水汽凝结形成。尺度变化范围为几微米到 400 μm,典型尺度 10 μm。

　　雨滴:具有一定的下落末速度并且随尺度的增加而增大,由云滴碰并增长形成。当上升气流速度小于其自身下落末速度时雨滴逐渐降落到地面。其尺度可从几百微米变化到 3 mm,典型尺度 1 mm。

冰晶:下落末速度可忽略,可悬浮于云中,由水汽凝华形成。尺度变化范围几十到几百微米。

雪花:具有一定的下落末速度,由冰晶凝华或攀附增长形成。尺度变化范围几百微米到几厘米。大多数雪花的直径为 2~3 mm。

霰:具有一定的下落末速度,由冰晶或雪与过冷却水滴碰冻(凇附)形成,充分的凇附过程会使得冰晶或雪花失去原来的形状,形成椎体结构。一般而言,霰的尺度小于 5 mm。

雹:具有一定的下落末速度,云中可能存在的最大水成物粒子,由霰继续凇附或碰并增长形成。尺度大于 5 mm。

水成物粒子的下落末速度是其自身尺度的函数,随着粒子尺度的增加而增加(图4.5)。根据水成物粒子下落末速度的大小,可以将其分成云粒子和降水粒子。当水成物粒子的下落末速度可以忽略,并随云内气流进行上升或下沉运动时,称之为云粒子,相反,当水成物自身具有下落末速度并且不随云内气流自由移动时,称之为降水粒子。

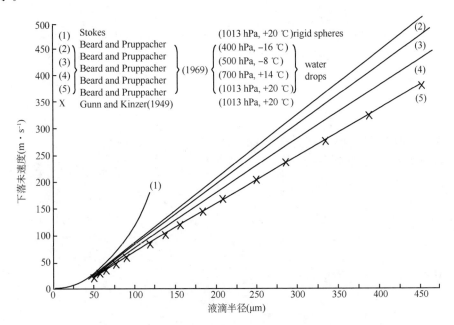

图 4.5　不同大气条件下,小于 500 μm 的水滴下落末速度随尺度的变化(引自 Pruppacher and Klett, 1997)。线条(1)代表 Stokes 发展的层状黏性流体中小雷诺数条件下球形水滴下落末速度;(2)~(5)代表 Beard and Pruppacher(1969)不同大气条件下的观测值;乘号(×)代表 Gunn and Kinzer (1949)观测值

　　如上所述,云滴和冰晶因其下落末速度可以忽略称为云粒子,而雨滴、冰晶、雪花和霰具有与其尺度相关的下落末速度称为降水粒子。描述云微物理特性的一个重要参数是尺度谱分布,它是描述单位体积空气单位尺度间隔水成物粒子数浓度的函数。如图 4.6,x 轴表示粒子尺度,单位 μm,y 轴表示数浓度,单位 $cm^{-3} \cdot \mu m^{-1}$。云粒子和降水粒子具有不同的尺度谱分布,由于尺度的差异,二者分别集中于谱分布的较小和较大粒径端。

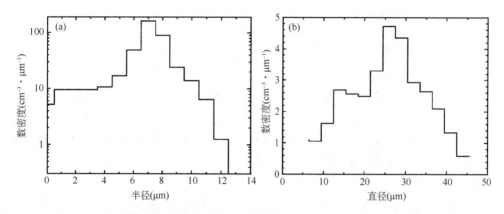

图 4.6　FSSP 观测到的大陆性积云(a)(Paluch and Charles,1984)和海洋性积云(b)(Twohy and Hudson,1995)云滴尺度分布

　　根据水成物粒子的尺度分布函数,可以得到常用的表征云微物理结构的参量,例如,总数浓度、平均半径、有效半径、液水含量(或冰水含量)以及液水路径(或冰水路径)。

　　定义尺度分布函数 $f(r)$ 为单位体积内半径在 r 和 $r+\mathrm{d}r$ 范围内的粒子数,则单位体积总数浓度 N 定义为

$$N = \int_0^\infty f(r)\mathrm{d}r = M^{(0)} \tag{4.1}$$

式中,$M^{(0)}$ 称为尺度谱的零阶矩。平均半径 $\bar{r}$(一阶矩)

$$\bar{r} = \frac{1}{N}\int_0^\infty rf(r)\mathrm{d}r = \frac{M^{(1)}}{N} \tag{4.2}$$

有效半径 r_{eff} 定义为谱分布 3 阶矩与 2 阶矩之比

$$r_{\mathrm{eff}} = \frac{\int_0^\infty r^3 f(r)\mathrm{d}r}{\int_0^\infty r^2 f(r)\mathrm{d}r} = \frac{M^{(3)}}{M^{(2)}} \tag{4.3}$$

液水(冰水)含量定义为单位体积液滴(冰粒子)的质量

$$q_{l(i)} = \frac{4\pi}{3}\rho_{l(i)}\int_0^\infty r^3 f(r)\mathrm{d}r = \frac{4\pi}{3}\rho_{l(i)}M^{(3)} \tag{4.4}$$

将液水（冰水）含量从云底（z_b）积分到云顶高度（z_t），称为液水（冰水）路径（LWP/IWP）

$$LWP(IWP) = \int_{z_b}^{z_t} q_{l(i)} \, dz \tag{4.5}$$

雷达反射率因子 Z_R

$$Z_R = \int_0^\infty r^6 f(r) \, dr = M^{(6)} \tag{4.6}$$

4.2.2　云滴尺度分布特征

云滴尺度较小时其形状接近为球形。本节主要介绍小积云的云滴尺度分布特征，如图 4.6 所示，大陆性积云和海洋性积云的云滴尺度谱特征差异很大。海洋性积云云滴谱同时出现小滴（6 μm）和大滴（46 μm），因而具有较宽的尺度分布（40 μm）但数浓度较小（4.8 $cm^{-3} \cdot \mu m^{-1}$），相反，大陆性积云尺度谱云滴最大尺度仅为 13 μm，大多数云滴集中于 8 μm 左右，相比于海洋性积云，具有较窄的尺度谱（13 μm），但数浓度远远高于海洋性积云，峰值数浓度大于 100 $cm^{-3} \cdot \mu m^{-1}$。海洋性积云与大陆性积云云滴尺度谱之间的差异主要由于各自背景气溶胶浓度尺度分布的差异引起的，在 4.3 节云滴核化部分将详细讲解。滴谱宽窄的主要差异是大滴的浓度的多少。

Wang（2013）认为可以将云体看作一种胶体系统，云滴尺度谱可以反映出这一胶体的稳定性。如果云体是稳定的，那么它将以云体的形式继续存在，云粒子也继续保持原来的分布特性，云滴不易发生相互碰并产生降水粒子。在这一胶体系统中，较窄的滴谱往往保持高度的稳定性，因而很少产生降水尺度的大滴。事实上也发现大陆性积云的降水效率往往低于海洋性积云。Hudson 和 Yum（2001）发现海洋性积云比大陆性积云含有更多的毛毛雨滴（drizzle，>50 μm），这些毛毛雨滴通常与较大的平均云滴尺度、较高的大云滴数浓度以及较高云液水含量有关。大陆性积云云滴平均直径很难达到毛毛雨滴大小，因而相比于海洋性云很难产生降水。他们认为，云滴尺度的减小与较高的云凝结核（CCN）浓度有关。

尽管雾和低云在卫星遥感观测中不易区分，但可以通过微物理特性将二者区别开来。雾和云的最大差异是较低的含水量（<0.5 $g \cdot m^{-3}$），较小的平均液滴尺度（几微米）（Egli et al.，2015；Degefie et al.，2015）。虽然不同类型的云含水量不同，但一般高于雾的含水量，如积云最大含水量为 0.5～1.0 $g \cdot m^{-3}$，浓积云和积雨云含水量在 0.5～3 $g \cdot m^{-3}$。图 4.7 给出 2007 年冬季在南京观测到的多次辐射雾过程平均谱分布（李子华等，2011），根据雾发展阶段的不同，辐射雾滴谱呈现宽谱和窄谱两种类型，但液水含量最大值仅为 0.48 $g \cdot m^{-3}$，平均尺度小于 8.6 μm。

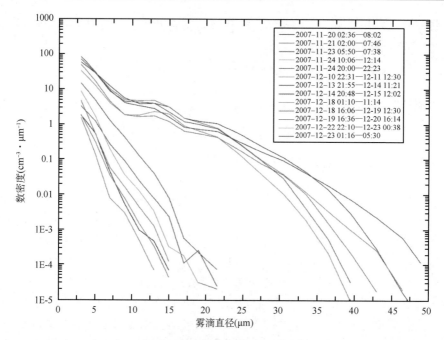

图 4.7　南京多次辐射雾过程的平均谱分布特征时间(李子华等,2011)

4.2.3　雨滴形状及尺度分布特征

雨滴的形状不再如云滴一样像球形,图 4.8 描述了不同尺度雨滴的摄影照片,随着尺度变大,雨滴底部逐渐变成扁平状。图 4.9 描述了一个自由下落的大水滴的高速摄影照片,水滴从原来的球形逐渐变为扁球形并渐渐接近降落伞形,而且在其下部边缘有一个超环面水圈。超环面水圈变形并发展出一些由水珠分开的尖角。这些尖角最终破裂形成大水滴,而形成降落伞上部的薄水膜破裂后产生一系列的小水滴。

雨滴谱分布是衡量降水过程的一个重要参数,例如,雷达定量测量降水的误差依赖于对雨滴浓度和尺度的准确估计程度。由于雨滴的水平尺度和垂直尺度不同,因此使用"相当尺度"来描述雨滴的大小,即"相当尺度"大小的球形水滴具有与雨滴相同的体积。到达地面的雨滴尺度分布观测值,通常可以马歇尔-帕尔默(Marshall-Palmer)分布(简称 M-P 分布)的表达式描述:

$$n(D_0) = n_0 \exp(-\Lambda D_0) \tag{4.7}$$

式中,D_0 为雨滴的相当直径,$n(D_0)$ 是相当直径为 D_0 时雨滴数浓度($\mathrm{m^{-3} \cdot mm^{-1}}$)。$n_0$ 和 Λ 为经验拟合参数,n_0 值趋近于常数,但参数 $\Lambda(\mathrm{mm^{-1}})$ 是雨强 $R(\mathrm{mm \cdot h^{-1}})$ 的函数。

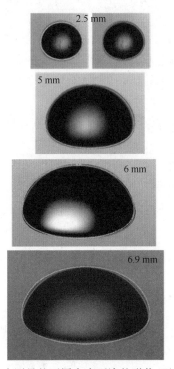

图 4.8 风洞试验中测量的不同大小雨滴的形状(Thurai et al.,2009)

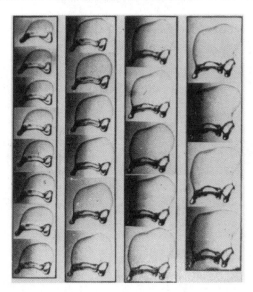

图 4.9 高速摄影相机展示的一个自由下落的大水滴如何形成降落伞形并且在其下部边缘有一个超环面水圈(Wallace and Hobbs,2006)

$$\Lambda = 4.1 R^{-0.21} \tag{4.8}$$

M-P 分布在半对数坐标系中表现为一条直线。对于一定大小的雨强，M-P 分布中雨滴的数浓度随尺度的增加而减小。另外，直线的斜率随雨强的增加而减小，对于一定尺度的雨滴，其数浓度随着雨强的增加而增加。D_0 为直线与坐标系 Y 轴的交点（截距）。

由于 M-P 分布原始谱中缺少 $D<1$ mm 的雨滴尺度数据（Marshall and Palmer，1948），而后来的观测发现在尺度谱的小粒子端存在一个峰值，使用指数形式的 M-P 分布无法描述这一峰值。Brandes 等（2006）对比基于 M-P 分布得到的雷达定量测量降水和雨滴谱仪测观测的滴谱，发现 M-P 分布假设低估风暴中心总液滴数浓度并高估层状云区域数浓度值。强对流区域雨水含量低估了 2～3 倍，但层状云降水的液滴中值体积直径低估了 0.5 mm。后来人们开始使用 Gamma 分布可以描述，

$$n(D) = n_0 D^\mu \exp(-\Lambda D) \tag{4.9}$$

式中，μ 是分布形状因子。可以发现，当 $\mu=0$ 时，其特殊形式即为 M-P 分布。

4.2.4　冰晶和雪花的形状及尺度分布特征

六边形冰晶有两个主轴，长轴和短轴。当晶体沿长轴生长时，则形成柱状和针状冰晶，而当晶体沿短轴生长时，则形成二维结构的冰晶，如片状和树枝状冰晶。冰粒子可以基于以上两种形状生长为各式各样的冰晶，例如空心柱状、帽柱状、星状、扇状、枝状等。另外也有一些复杂的结合体，例如空间辐枝状、子弹状等（图 4.10）。Magono 和 Lee（1966）对不同温度和水汽条件下产生的冰晶和雪花进行了详细的分类，如图 4.11 所示。

卷云中冰晶的典型浓度在 $5\times10^4\sim5\times10^5$ m^{-3}，其尺度分布可用一幂指数函数来表示

$$N = A w_i d^B \tag{4.10}$$

式中，N 为总数浓度，A 和 B 为拟合参数，d 为冰晶最大维度，w_i 是冰水含量。

雪花的大小有时用它融化后的水滴直径来表示。对于雪花，常用的尺度分布函数是冈恩-马歇尔分布（G-M 分布）

$$n(D_0) = n_0 \exp(-\Lambda D_0) \tag{4.11}$$

与雨滴 M-P 分布类似。D_0 为雪晶融化后形成水滴的直径。

$$n_0 = 3.8\times10^3 R^{-0.87} (\text{m}^{-3} \cdot \text{mm}^{-1}) \tag{4.12}$$

$$\Lambda = 25.5 R^{-0.48} (\text{cm}^{-1}) \tag{4.13}$$

式中，R 为雨强（mm·h^{-1}）。对比 4.2.3 节方程（4.9），与 M-P 分布一样，G-M 分布也是 Gamma 分布的一种特殊形式（$\mu=0$）。

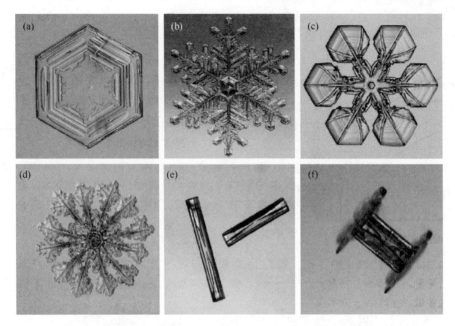

图 4.10　冰雪晶形状示例：(a)六角片状；(b)枝状；(c)宽枝状；(d)12 枝状；(e)鞘状；(f)盖帽柱状(Wang, 2013)

名称	名称	名称	名称	名称	名称
针状	空心柱状	扇形末梢星状	立体枝形片状	卷轴形末端片状	非凇附伸展霰状雪
针束状	实心厚片状	片形末梢枝状	立体片形星状	侧边片状	六边形霰
鞘状	冰橇式厚片状	扇形末梢枝状	立体枝形星状	鳞状侧边片状	块状霰
鞘束状	卷轴状	简单伸展片状	片形辐射聚合体	侧边片状、子弹状和柱状组合	锥形霰
长实心柱状	子弹状聚合体	扇形伸展片状	枝形辐射聚合体	凇附针状	冰粒子
针状聚合体	柱状聚合体	枝形伸展片状	片形柱状	凇附柱状	凇附粒子
鞘状聚合体	六角片状	双枝状	枝形柱状	凇附片状或扇状	断枝状
柱状聚合体	扇形枝状	三枝状	多重覆盖柱状	凇附片状或扇状	凇附断枝状
锥状	宽枝状	四枝状	片形子弹状	密实凇附片状或扇状	其他
杯状	星状	12个分枝宽枝状	枝形子弹状	密实凇附星状	微柱状
实心子弹状	普通枝状	12个分枝枝状	针形星状	凇附立体枝形星状	初级冰橇状
空心子弹状	蕨状	畸状	柱形星状	六边形凇状雪	微六边片状
实心柱状	片形末梢星状	立体片状	卷轴形末端星状	小块凇状雪	微星状
					微聚合体
					初级不规则状

图 4.11　Magono-Lee 关于冰粒子的分类(Magono and Lee,1966)

4.2.5　霰和雹的形状、结构与尺度分布特征

在 4.2.1 中定义了霰是直径小于 5 mm 的淞附粒子,大多数研究认为霰主要以球形或锥体的形式存在。霰粒表面通常不平滑呈颗粒状,这是由于碰冻过冷却水滴而结成的厚淞层。霰和雹都是冰粒子,但由于其内部伴随着淞附而存在的气泡,它们的体密度往往小于同样体积的实心冰质粒。根据生长阶段的差异,霰的密度在 $0.05 \sim 0.89$ g·cm^{-3} 之间变化。

雹块定义为直径大于 5 mm 的淞附冰质粒。和雨滴一样,雹块也并非全部是球形的,有圆球、椭球、圆锥形和不规则形。它们通常是准球形或锥形,表面上有瘤状突起物。雹块由透明与不透明交替的冰层所组成。由于其非球形不规则结构,很难使用单个参数来描述他们的大小。通常采取最大直径作为他们的尺度。雹块具有较大的尺度变化范围,从 5 mm 到几厘米。目前观测到最大的雹块直径约 20 cm(7.9 英寸),重量接近 0.88 kg (图 4.12),2010 年 7 月 23 日降落在美国南达科他州维维安(Vivian)市。雹块的密度变化范围为 $0.7 \sim 0.9$ g·cm^{-3}。

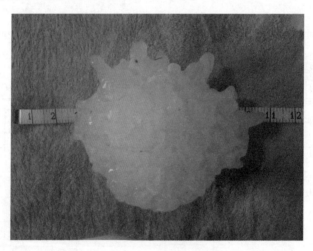

图 4.12　2010 年 7 月 23 日美国南达科他州 Vivian 市观测到的冰雹(单位:英寸(1 英寸 = 2.54 cm),来源:http://www.crh.noaa.gov/images/abr/Vivian/Diameter.jpg)

冰雹的分层结构:冰雹各层由于所含气泡量的不同,其外观透明度是不同的。可分为以下几类:明净冰,基本不含气泡,最透明,密度也最大(0.9 g·cm^{-3}),形成于温度为 $0 \sim 5$ ℃ 时;透明冰,含少量气泡,透明度稍差,密度为 0.85 g·cm^{-3} 左右,在 $0 \sim -15$ ℃ 间形成;乳白色冰,含大量小气泡,呈乳白色,密度约 0.65 g·cm^{-3},在 -10 ℃ 以下形成;粒状冰,由颗粒状冰晶构成,颗粒之间含有更多的空气,结构松散,

密度小,仅 0.2~0.6 g·cm⁻³。如果通过冰雹中心作一剖面,就会看到明显的层状结构(图 4.13)。最中心的部分称为雹胚,环绕雹胚是一层又一层透明度及密度各不相同的冰层,每一层的厚度从几毫米到 1 cm 不等,视冰雹的大小而定,雹小层薄。层次的多少也因冰雹大小的不同而异。直径 1~3 cm 的冰雹一般是 2~5 层,直径为 3~5 cm 的大冰雹一般是 4~6 层,直径大于 5 cm 的特大冰雹有 30% 其层次多达 10~20 层。

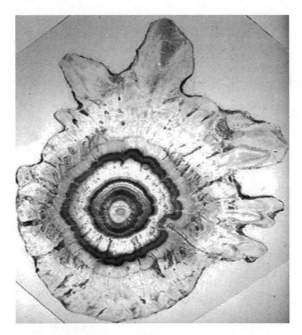

图 4.13　大冰雹的分层结构(Knight and Knight,2005)

在很多的研究中,霰和雹被考虑为一种相同的种类,因为它们都是凇附冰质粒。霰和冰雹的谱分布密度函数可用幂指数函数来表示:

$$n(d) = A d^B \tag{4.14}$$

式中,d 为粒子半径,A 和 B 为经验参数。

4.3　云粒子的核化理论

4.3.1　云滴的同质核化

假定过饱和的纯水汽中,存在一个水滴胚胎,它的体积为 V,表面积为 A。如果 μ_l 和 μ_v 分别为液体和气态中单个分子的吉布斯自由能。设 n 为单位体积液体中水分子的个数,凝结过程中吉布斯自由能的减少量为 $nV(\mu_v - \mu_l)$。液滴表面形成过程中需要做功,其大小为 $A\sigma$,其中 σ 为形成气液界面单位面积所需做的功。设 ΔE 为液滴形成过程中能量的净增量,则

$$\Delta E = A\sigma - nV(\mu_v - \mu_l) \tag{4.15}$$

根据吉布斯-杜亥姆关系,

$$\mu_v - \mu_l = kT\ln\frac{e_r}{e_s} \tag{4.16}$$

式中,e_r 和 T 分别为贴近液滴胚胎表面的水汽压和温度,e_s 为温度等于 T 时相对于平水面的饱和水汽压。因此,

$$\Delta E = A\sigma - nVkT\ln\frac{e_r}{e_s} \tag{4.17}$$

对于半径为 R 的液滴,上式则为

$$\Delta E = 4\pi R^2 \sigma - \frac{4}{3}\pi R^3 nkT\ln\frac{e_r}{e_s} \tag{4.18}$$

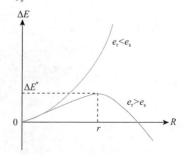

如图 4.14 所示,在不饱和条件下,$e_r < e_s$。ΔE 始终为正,且随着 R 的增大而增大,不利于云滴的形成和生长。在饱和条件下,$e_r > e_s$,ΔE 可为正,亦可为负,与 R 的大小有关。ΔE 一开始随着 R 的增大而增大,直到 $R = r$,ΔE 取得最大值,然后随着 R 的增大而 ΔE 减小。利用 $d(\Delta E)/dR = 0$,可以得到

$$r = \frac{2\sigma}{nkT\ln\dfrac{e_r}{e_s}} \quad \text{或者}$$

$$e_r = e_s\exp\left(\frac{2\sigma}{nkTr}\right) \approx e_s\left(1 + \frac{2\sigma}{nkTr}\right) \tag{4.19}$$

此即为开尔文方程,用于描述纯水滴表面的饱和水汽压。设 $C_r = \dfrac{2\sigma}{nkTr}$,则

图 4.14　在水汽压为 e_r 的空气中,由于形成了一个半径为 R 的小水滴,而使系统的能量增加 ΔE;e_s 为系统温度 T 时相对于平水面的饱和水汽压(Wallace and Hobbs,2006)

$$e_r = e_s\left(1 + \frac{C_r}{r}\right) \tag{4.20}$$

4.3.2　云滴的异质核化

(1)云凝结核

在过饱和空气中能够活化成云(雾)滴的气溶胶粒子称为云凝结核。气溶胶粒子的尺度越大,越容易吸湿增长;化学成分的可溶性成分越高,活化所需的过饱和度越低。根据大量的观测结果,云凝结核的浓度 N_{CCN} 可以用过饱和度 ΔS 的幂函数描

述,即

$$N_{\mathrm{CCN}} = c\Delta S^b \tag{4.21}$$

式中,c 和 b 为两个参数,与气溶胶粒子的尺度和化学成分有关。观测结果表明,云凝结核浓度无系统性的纬度和季节变化。但如图 4.15 所示,大陆气团中云凝结核浓度比海洋性气团中的高。

（2）溶液平面的饱和水汽压

拉乌尔定律用于描述溶液平面的饱和水汽压,即溶液表面的饱和水汽压正比于溶液中水的摩尔分数。对于理想溶液,Raoult 定律可表示为

$$\frac{e_{\mathrm{n}}}{e_{\mathrm{s}}} = \frac{n_{\mathrm{w}}}{n_{\mathrm{w}} + n_{\mathrm{s}}} \tag{4.22}$$

式中,n_{w} 和 n_{s} 分别为水和溶质的摩尔质量数。对于非理想溶液,Raoult 定律可表示为

$$\frac{e_{\mathrm{n}}}{e_{\mathrm{s}}} = \frac{n_{\mathrm{w}}}{n_{\mathrm{w}} + i n_{\mathrm{s}}} \tag{4.23}$$

式中,i 为范托夫因子,对于稀溶液,i 为一个溶质分子离解成离子的个数,如 NaCl 的 i 为 2。上式可进一步近似为

$$\frac{e_{\mathrm{n}}}{e_{\mathrm{s}}} = 1 - \frac{i n_{\mathrm{s}}}{n_{\mathrm{w}}} \tag{4.24}$$

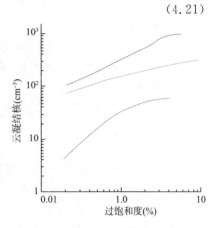

图 4.15　从亚速尔群岛附近污染大陆性气团（橙色）,佛罗里达地区的海洋性气团（绿色）,以及北极地区的清洁气团（蓝色）的边界层内测得的云凝结核谱。（引自 Hudson and Yun, 2001）

（3）溶液球面的饱和水汽压（异质凝结核化）

对于具有一定半径 r 的溶液滴,设其表面的饱和水汽压为 e_{rn},公式（4.24）改写为

$$\frac{e_{\mathrm{rn}}}{e_{\mathrm{s}}} = 1 - \frac{i n_{\mathrm{s}}}{n_{\mathrm{w}}} \tag{4.25}$$

设溶液滴所含溶质和水的质量分别为 m_1 和 m_2,摩尔质量为 M_1 和 M_{w},则 $n_{\mathrm{s}} = m_1/M_1$,$n_{\mathrm{w}} = m_2/M_{\mathrm{w}}$,$m_2 = 4/3\pi\rho_{\mathrm{w}}r^3$。考虑 $m_2 \gg m_1$ 的情形,则

$$\frac{e_{\mathrm{rn}}}{e_{\mathrm{s}}} = 1 - \frac{3 i m_1 M_{\mathrm{w}}}{4\pi \rho_{\mathrm{w}} M_1 r^3} = 1 - \frac{C_{\mathrm{n}}}{r^3} \tag{4.26}$$

式中,$C_{\mathrm{n}} = \dfrac{3 i m_1 M_{\mathrm{w}}}{4\pi \rho_{\mathrm{w}} M_1}$。

根据公式（4.19）和（4.26）,可以得到溶液滴表面的饱和水汽压的表达式:

$$e_{\mathrm{rn}} = e_{\mathrm{s}}\left(1 + \frac{C_{\mathrm{r}}}{r}\right)\left(1 - \frac{C_{\mathrm{n}}}{r^3}\right) \approx e_{\mathrm{s}}\left(1 + \frac{C_{\mathrm{r}}}{r} - \frac{C_{\mathrm{n}}}{r^3}\right) \tag{4.27}$$

此即寇拉方程。方程右边 e_s 与温度有关，称为温度效应；$\dfrac{C_r}{r}$ 和 $\dfrac{C_n}{r^3}$ 分别为曲率效应和溶质效应。根据方程(4.27)，可以画出不同化学成分不同大小的云凝结核的寇拉曲线，如图 4.16 所示。每一条平衡曲线，其相对湿度 f 都有一个极大值，称为"临界相对湿度 f_c"，其相应的溶液滴半径，称为"临界半径 r_c"。将方程(4.27)对 r 微分，令其等于 0，可得：

$$r_c = \sqrt{3\,C_n / C_r} \tag{4.28}$$

$$f_c = 100\left(1 + \frac{2}{3}\,\sqrt{C_r^3/3C_n}\right) \tag{4.29}$$

盐核质量愈大，起始的饱和溶液滴半径也愈大；盐核质量愈大，则临界相对湿度愈小，但临界半径却愈大；对任一条寇拉曲线，由纯盐粒吸收水分而增大的过程，是由当时的相对湿度大小决定的。环境相对湿度 f 低于 f_c 时，盐核吸湿增大有局限性，盐核可增长到与 f 相对应的平衡尺度，处于稳定态。环境相对湿度 $f = f_c$ 时，盐滴就会增大到 r_c。但 r_c 与前不同的是处于亚稳态。如水滴半径因偶然的原因增到大于 r_c，此时它所需的平衡相对湿度就小于环境相对湿度，于是就有水汽在它上面凝结，使它继续增大甚至成为云滴，而不会因蒸发恢复到原有半径。

当外界相对湿度 $f > f_c$ 时，盐核将由小而大地不断增大到超过 r_c，最后能继续增大成云滴。

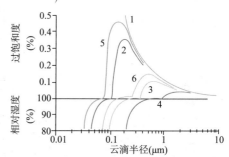

图 4.16　(1)纯水滴(蓝色)、(2)10^{-19} kg NaCl 溶液滴、(3)10^{-18} kg NaCl 溶液滴、(4)10^{-17} kg NaCl 溶液滴、(5)10^{-19} kg $(NH_4)_2SO_4$ 溶液滴和、(6)10^{-18} kg $(NH_4)_2SO_4$ 溶液滴附近相对湿度和过饱和度的变化。注意坐标轴上相对湿度为100%处的不连续现象(引自 Pruppacher and Klett, 1997)

因此，任一条寇拉曲线上相对湿度最大点左边的平衡曲线上点称为"霾点"。溶液滴处于霾点状态时，就称为"霾粒"或"霾滴"。如果相对湿度不变，处于霾点的水滴是不会增大或减小的。溶液滴半径由于相对湿度增大而一旦增大到临界点，即半径达到临界半径 r_c，就能被激活不断增大。因此 r_c 也称为"活化半径"，f_c 也称为"活化相对湿度"。在云雾形成过程中，可溶性凝结核作为水滴的核，只有在被激活以后，才能形成云滴，否则只能保持为霾滴。

(4)冰晶的异质凝华核化和异质冻结核化

异质凝华核化指的是水汽在凝华核上发生的凝华过程。异质冻结核化可分为三类：浸润冻结核化、接触冻结核化及凝结冻结核化(图 4.17)，其中浸润冻结核化过程中，不溶性核进入到水滴内部，水分子在不溶性核上聚集，形成冰晶。图 4.18 给出了水滴同质冻结和异质浸润冻结核化成冰的实验结果,可以看出,随着水滴尺度的增大,中值冻结温度升高,即大水滴更容易冻结。对于一定尺度的水滴,异质浸润冻结核化比同质冻结核化所需温度高得多。接触冻结核化指的是过冷却水滴与接触冻结核接触所发生的核化现象。实验室实验表明,某些冻结核可以使接触冻结核化所需温度比浸润核化冻结高几度。凝结冻结核化过程中,水汽先在凝结冻结核上发生异质凝结核化过程,再发生冻结成冰过程。

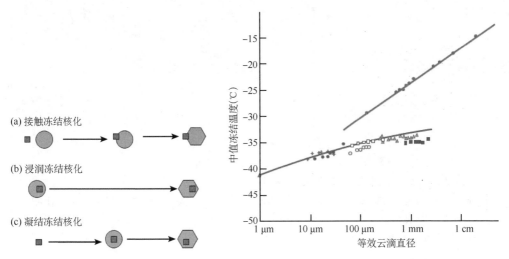

(a) 接触冻结核化

(b) 浸润冻结核化

(c) 凝结冻结核化

图 4.17 异质冻结核化的三种方式

图 4.18 中值冻结温度与水滴直径之间的关系。不同的符号表示不同学者的研究结果。红色的点和线表示异质冻结,蓝色的点和线表示均值冻结。(引自 Mason,1971)

（5）冰核

冰核是冻结核与凝华核的总称。冰核浓度有以下特点:①北半球浓度比南半球高(图 4.19);②冰核往往仅占气溶胶的很少一部分,-20 ℃时的冰核浓度量级为几个/升;③冰核浓度具有显著的日变化特征;④冰核浓度是温度的函数,具体可表示为:

$$\ln N_{IN} = a(T_1 - T) \qquad (4.30)$$

式中,N_{IN} 为冰核浓度,a 是一个参数,T_1 为每升有一个冰核活跃时的温度,T 为温度。气溶胶粒子能否成为冰核不仅与温度有关,还与环境空气的过饱和度有关。图 4.20 给出了冰面过饱和度对冰核浓度的影响,随着过饱和度的增大,冰核浓度增大,可用下式拟合:

$$N_{IN} = \exp\{a + b[100(S_i - 1)]\} \qquad (4.31)$$

式中,S_i为相对冰面的过饱和度,a和b为相关参数。

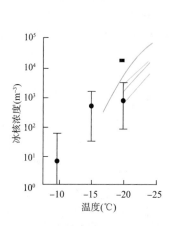

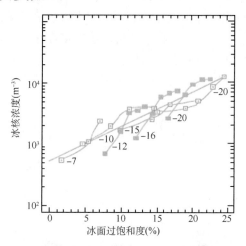

图 4.19　接近水面饱和的条件下,在南北半球测得的冰核平均数浓度(曲线从上向下依次为:南极-混合云室,北半球-膨胀云室,南半球-混合云室,南半球-膨胀云室;■北半球-混合云室;垂直线表示在全球若干地点用多孔过滤纸测得的冰核数浓度的范围,●点表示平均数浓度;引自 Wallace and Hobbs,2006)

图 4.20　冰核浓度观测值随冰面过饱和度的变化。在每条线的旁边注明了各自相对应的温度。其中的红色直线来自(4.31)式。(引自 Wallace and Hobbs,2006)

4.4　水滴与冰晶的扩散增长

在 4.3 节中了解到对于一个小液滴,只有其环境过饱和度和尺度超过一定临界值才能活化形成小云滴。在液滴到达临界尺度之后,水汽中的水分子向其表面扩散使其增长。本节首先分析单个小云滴的扩散增长率,稍后考虑多个云滴共存时云滴群的扩散增长以及竞争效应。

4.4.1　单个云滴的扩散增长

假设一个孤立云滴,在时间 t 时半径为 r 并处于饱和水汽场中,距离云滴很远的地方水汽密度为 $\rho_v(\infty)$,云滴附近空气中的水汽密度为 $\rho_v(r)$。假定此系统处于平衡状态(即在水滴周围没有水汽聚集),则于时间 t,云滴质量 M 的增长率等于以此云滴为中心,半径为 x 的任一球面上通过的水汽通量。因此,如果把空气中水汽扩散系数 D 定义为在水汽密度梯度为 1 时,垂直于单位面积所通过的水汽质量通量,则云滴质量增长率可写为

$$\frac{\mathrm{d}M}{\mathrm{d}t} = 4\pi x^2 D \frac{\mathrm{d}\rho_v}{\mathrm{d}x} \tag{4.32}$$

式中，ρ_v 为距离云滴 $x(>r)$ 处的水汽密度。由于在稳定条件下，$\mathrm{d}M/\mathrm{d}t$ 与 x 无关，所以上述方程可做如下积分

$$\frac{\mathrm{d}M}{\mathrm{d}t}\int_{x=r}^{x=\infty} \frac{\mathrm{d}x}{x^2} = 4\pi D \int_{\rho_v(r)}^{\rho_v(\infty)} \mathrm{d}\rho_v \tag{4.33}$$

或者，

$$\frac{\mathrm{d}M}{\mathrm{d}t} = 4\pi r D \left[\rho_v(\infty) - \rho_v(r)\right] \tag{4.34}$$

把 $M = \frac{4}{3}\pi r^3 \rho_v$ 代入，其中 ρ_l 为液水密度。则得

$$\frac{\mathrm{d}r}{\mathrm{d}t} = \frac{D}{r\rho_l}\left[\rho_v(\infty) - \rho_v(r)\right] \tag{4.35}$$

最后，利用水汽的理想气体方程，并通过一些代数处理，可得

$$\frac{\mathrm{d}r}{\mathrm{d}t} = \frac{1}{r} \frac{D\rho_v(\infty)}{\rho_l e(\infty)}\left[e(\infty) - e(r)\right] \tag{4.36}$$

式中，$e(\infty)$ 为距云滴很远处的环境空气的水汽压，$e(r)$ 为贴近云滴处的水汽压。

　　严格来说，上式中 $e(r)$ 应当用饱和水汽压代替。但对于半径大于 $1\ \mu m$ 左右的云滴来说，溶质效应和开尔文曲率效应都已经不太重要。因此水汽压 $e(r)$ 十分接近于纯水平面的饱和水汽压 e_s（它仅是温度的函数）。此时，如果 $e(\infty)$ 和 e_s 相差不大，则有下列关系

$$\frac{e(\infty) - e(r)}{e(\infty)} \simeq \frac{e(\infty) - e_s}{e_s} = S \tag{4.37}$$

式中，S 为环境空气的过饱和度。因此，

$$r\frac{\mathrm{d}r}{\mathrm{d}t} = G_l S \tag{4.38}$$

式中，

$$G_l = \frac{D\rho_v(\infty)}{\rho_l} \tag{4.39}$$

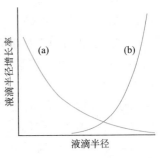

图 4.21　云滴增长曲线图。红线 (a)：凝结增长率随云滴尺度的增加而减小；蓝线 (b)：碰并增长率随云滴尺度的增大而增大，并当云滴半径超过一定大小后（约 20 μm）才变得明显

　　该参量在给定环境中为一常数。当 $e(\infty) > e_s$ 时表现为凝结过程，当 $e(\infty) < e_s$ 表现为蒸发过程。凝结增长条件下，对于给定的 G_l 值和过饱和度 S 来说，$\mathrm{d}r/\mathrm{d}t$ 与水滴半径 r 成反比。因此云滴最初因凝结而半径增长很快，但增长速率随时间而减小，如图 4.21 曲线 (a) 所示。云滴凝结增长率与半径的反比关系将导致云滴尺度谱变窄。假定有起始半径分别为 $1\ \mu m$ 和 $10\ \mu m$ 的两

个云滴,在同样的条件下增长,根据云滴凝结增长方程,在同样的时间里,小云滴可增长到 10 μm,而大云滴仅增长到 14 μm。

4.4.2 群滴的凝结增长

在自然云中许多云滴常一起增长,并争食云内可被利用的水汽。当云滴相当大或者数量足够多时,消耗水汽的速率可以超出产生的过饱和度的速率,这将阻碍或终止云滴的增长过程。

水分是通过饱和湿空气上升冷却而提供的。在给定时间内云滴增长所能利用的水汽决定于水汽的供给速率和凝结速率。通常,饱和比随时间的变化率可写成

$$\frac{\mathrm{d}S}{\mathrm{d}t} = P - C \tag{4.40}$$

式中,P 表示水汽产生项,C 表示凝结项。上式也可以写成

$$\frac{\mathrm{d}S}{\mathrm{d}t} = Q_1 \frac{\mathrm{d}z}{\mathrm{d}t} - Q_2 \frac{\mathrm{d}x}{\mathrm{d}t} \tag{4.41}$$

式中,$\mathrm{d}z/\mathrm{d}t$ 是指空气的垂直速度;$\mathrm{d}x/\mathrm{d}t$ 是凝结速率,是指单位质量空气在单位时间内凝结水汽的质量(g)。Q_1 和 Q_2 是热力学变量,由下式表示

$$Q_1 = \frac{1}{T}\left(\frac{\varepsilon L g}{R' c_p T} - \frac{g}{R'}\right) \tag{4.42}$$

$$Q_2 = \rho\left(\frac{R'T}{\varepsilon e_s} + \frac{\varepsilon L^2}{pT c_p}\right) \tag{4.43}$$

在过饱和度随时间变化的方程中,第一项是由于绝热上升冷却而引起的过饱和度的增加,第二项是由于水汽在水滴上凝结而造成的过饱和度的减少。

利用上式考虑云中上升气块内云滴群的凝结增长过程。当气块上升时,由于膨胀和绝热冷却,并最终达到水面饱和状态。再上升时,就会产生饱和。此时凝结过程尚未发生,根据方程(4.41),过饱和度最初以正比于空气垂直速度的速率增大。在过饱和度继续增大时,可溶性气溶胶将被活化产生云滴并进行凝结增长,此时方程(4.41)第二项开始作用并导致过饱和度增加率减小。当空气绝热冷却引起的过饱和度增加率等于水汽凝结在气溶胶和云滴上的速率时,云中的过饱和度达到最大值。此时云滴的数浓度就被确定了(通常出现在云滴以上约 100 m 之内的高度上),而且正等于所能得到的最大过饱和度活化的 CCN 浓度。气块继续上升,云滴增长消耗水汽的速率将大于气块绝热抬升冷却所增加的饱和水汽,因此过饱和度变化率变为负值,过饱和度开始减小。因此霾滴开始渐渐蒸发,而被活化形成的云滴继续凝结而增长。由于云滴凝结增长速率与其半径成反比,较小的云滴比较大的云滴增长得快。结果,在此简单模式中,云中水滴尺度愈来愈趋于单分散性分布,云滴尺度谱变窄。如图 4.22 所示。

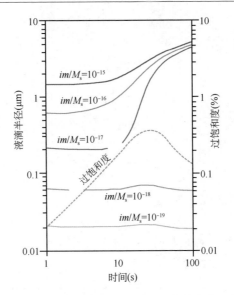

图 4.22　群滴凝结增长中过饱和度和粒子尺度随时间的变化。以 $60\ \mathrm{cm \cdot s^{-1}}$ 的速率上升的气块中，云滴因凝结而增大。假定凝结核总数为 $500\ \mathrm{cm^{-3}}$，im/M_s 值（有效摩尔数/1000）如图中所注。注意被活化的小滴（棕色、蓝色、和紫色曲线）在 100 秒之后趋于一个单分散分布。图中还表示出过饱和度随时间的变化（虚线）。（引自 Wallace and Hobbs,2006）

4.4.3　单个雪晶的扩散增长

　　冰胚一旦通过同质或异质核化过程（凝华、凝结冻结、浸润冻结和接触冻结）形成后，若环境仍处于相对于冰面饱和状态，与液滴的凝结增长类似，它们也会发生扩散增长，即水汽凝华在冰胚表面增长。但是和水滴的凝结增长过程相比，冰晶的凝华问题因冰晶形状的多样化而变得更为复杂。这是因为冰晶并不像水滴那样呈圆球形，需要根据冰晶的形状得到十分复杂的边界条件。

　　这里采用静电学和电位理论来求解冰晶的扩散增长问题。对于半径为 r 的球形冰质粒这种特殊情况，其凝华增长率可写为与水滴凝结增长率相似的公式

$$\frac{\mathrm{d}M}{\mathrm{d}t} = 4\pi r D \left[\rho_v(\infty) - \rho_{vc} \right] \tag{4.44}$$

式中，ρ_v 是贴近冰晶表面的水汽密度。冰晶表面以外的水汽通量与电通量类似。根据静电学中可知，包围带电导体曲面的电通量为 $4\pi C(V_0 - V_\infty)$，C 为导体的电容，电通量正比于电容 C。电容 C 仅决定于导体的几何形状，而与导体的其他物理属性无关，V_0 和 V_∞ 分别为导体表面和无限远处的电位。对于一个球形导体来说，则有

$$\frac{C}{\varepsilon_0} = 4\pi r \tag{4.45}$$

式中，ε_0 为自由空间的电容率(8.85×10^{-12} $C^2 \cdot N^{-1} \cdot m^{-2}$)。把上述两个表达式相结合，球形冰晶的质量增长率写为

$$\frac{dM}{dt} = \frac{DC}{\varepsilon_0}[\rho_v(\infty) - \rho_{vc}] \tag{4.46}$$

方程(4.46)具有普遍意义，可以适用于电容 C 的任何形状的冰晶。

假定与 $\rho_v(\infty)$ 相对应的水汽压接近平冰面的饱和水汽压 e_{si}，冰晶具有一定的大小，则方程(4.46)可写为

$$\frac{dM}{dt} = \frac{C}{\varepsilon_0}G_i S_i \tag{4.47}$$

式中，S_i 为冰面过饱和度，$(e(\infty) - e_{si})/e_{si}$。而

$$G_i = D\rho_v(\infty) \tag{4.48}$$

在水面饱和条件下，冰晶增长时，$G_i S_i$ 随温度变化的情况如图 4.23 所示，冰晶最大增长率出现在约 -15 ℃的温度条件下。

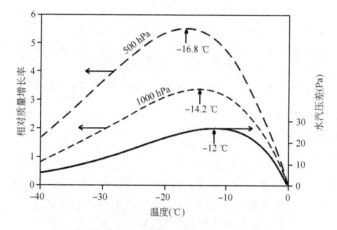

图 4.23　水面饱和条件下冰晶增长率和冰面/水面饱和水汽压差随温
度的变化(引自 Pruppacher and Klett，1997)

云中大多数冰质粒的形状是非规则的，实验室研究发现，在适当条件下，由气相凝华增长的冰晶，由于生长方式的不同，可具有各种规则的特征，例如片状或棱柱状。在实验室可控条件研究和自然云中的观测，都表明冰晶的基本特征形状决定于冰晶增长时的环境温度和过饱和条件，如图 4.24。对于一定的过饱和条件，例如 0.1%，发现冰晶的形状从六角片状－柱状－片状－柱状的变化。对于一定的温度条件，如 -15 ℃，过饱和度增加时冰晶形状从片状向辐枝状变化。在较冷的环境下，如 -30 ℃，冰晶形状从片状向柱状变化。子弹玫瑰状主要发生在温度低于 -40 ℃并且过饱和度高于 0.3%的环境条件下。

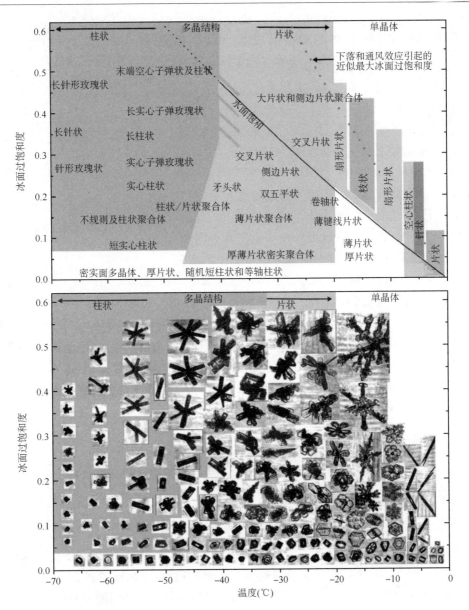

图 4.24　实验室研究获得的大气冰晶增长形状与冰面过饱和度和温度的关系
（上图，Bailey and Hallett，2004）；AIRS 和其他外场观测期间 CPI 收集的冰晶形状
（下图，Bailey and Hallett，2009）

4.4.4　冰水共存时冰晶的凝华生长——冰晶效应

根据 1.2.4 节中冰面和水面饱和水汽压的计算公式,可知温度低于 0 ℃时,相同温度下,冰面饱和水汽压小于水面饱和水汽压。如图 1.3,在温度为 −12 ℃时达到极大值 0.27 hPa。因此,当混合相云中冰晶、水滴和水汽三者共存时,冰晶将处于极为优越的凝华增长环境之中。如果环境水汽条件对于水面是接近饱和的,那么对于冰面则是过饱和的,在这种条件下,冰质粒的凝华过程优先发生。由于凝华过程降低了水汽密度,导致水汽相对于水面不饱和,因此水滴蒸发以达到接近饱和状态。这时水汽相对

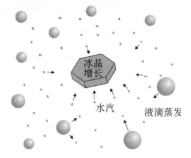

图 4.25　冰晶效应概念图
(引自 Lamb and Verlinde,2011)

于冰面又达到过饱和状态,凝华过程因而继续发生,因此水分不断地从水滴向冰面表面转移,直到水滴完全蒸发或冰晶长大到不能为上升气流支托而从云中降落下来成为降水(图 4.25)。这一过程称之为冰晶效应,由 Wegener 于 1911 年提出,并由 Bergeron 和 Findeisen 在 1933 年用以解释混合云内形成降水的机制,因而也称之为贝吉龙-芬德森(Bergeron-Findeisen)效应。冰面与水面的饱和水汽压差足以使冰晶在弱上升或下沉气流的混合相云中得到快速增长,−12 ℃时因饱和水汽压差最大,冰晶生长也就最迅速,长得也更大。

4.5　液相云降水形成理论

4.5.1　连续碰并增长

(1)碰撞系数

假定水滴自上而下运动,在不考虑湍流的情况下,大滴(半径 R)的下落末速度大于小滴(半径 r),因此有可能与小滴碰撞。为便于理解,把坐标系建立在大滴上,大滴静止,小滴则向上运动与大滴碰撞。如图 4.26 所示,当大小云滴相靠近时,由于绕流,小滴将偏离原来的轨迹。只有那些中心位于以 y 为半径的圆柱体内的小滴才能与大滴碰撞。碰撞效率(E_1)定义为半径为 y 的圆柱体内的小滴数(大滴实际碰撞到的小滴数)与大滴扫掠体积内总小滴数之间的比值,即

$$E_1 = \frac{y^2}{(R+r)^2} \tag{4.49}$$

因此计算 E 的关键是根据流体力学计算 y。图 4.27 给出了碰撞效率的理论值,它具

有如下特点：①小滴尺寸一定时，大滴越大，碰撞系数越大。②大滴尺寸一定时，碰撞系数随小滴增大而增大，但增大速率先大后小。③当大小滴尺寸相近时，碰撞系数可大于 1，这与尾涡的作用有关。

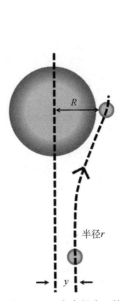

图 4.26　一个半径为 r 的小水滴与一个半径为 R 的收集滴的相对运动。y 为两个水滴之间的最大碰撞参数

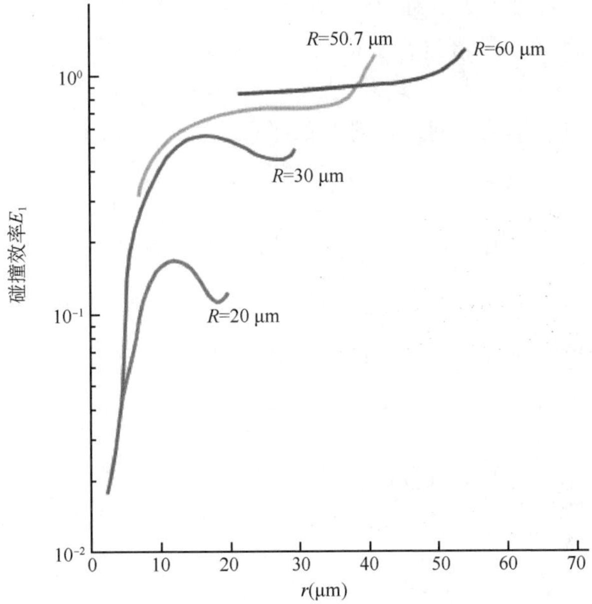

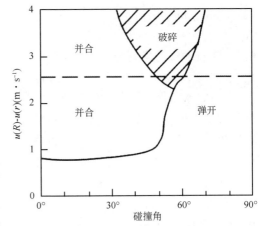

图 4.27　半径为 R 的收集滴与半径为 r 的云滴的碰撞效率 E 的计算值。（转引自 Pruppacher and Klett，1997）

（2）并合系数

水滴相碰后，有可能合并，也可能弹开或者破碎，这与大滴（$u(R)$）和小滴（$u(r)$）的相对速度（$u(R)-u(r)$）以及碰撞角（θ）有关。图 4.28 给出了一个实验例子，水滴大小分别为 0.45 mm 和 0.15 mm，水平短线为两个水滴分别以下落末速度下降时的相对速度。当 θ 大于 60°左右时，两水滴弹开，当 θ 小于 50°左右时，两水滴并合，当 θ 介于两个角度之间时，水滴破碎。并合效率（E_2）为并合的水滴个数与碰撞的水滴个数之比。如果两水滴碰撞后又发生了并合，则称

图 4.28　大滴 R(0.45 mm)和小滴 r(0.15 mm)之间的并合、破碎和弹开过程与相对速度 $u(R)-u(r)$ 和碰撞角的关系(引自王鹏飞和李子华,1989)

为碰并过程。根据乘法原理,碰并系数(E)为 E_1 和 E_2 的乘积。

(3)连续碰并增长方程

连续碰并增长指的是:假定小滴的尺度和浓度恒定,以均匀密度充满空间,当相同尺度的大滴通过此空间时其质量以相同速率增长。假定小滴的谱分布为 $n(r)$,大滴 R 在下落过程中单位时间内扫过的半径为 r 的小滴群的体积为

$$\pi(R+r)^2[u(R)-u(r)]$$

单位时间内被碰并的半径为 r 的小滴体积为

$$E(R,r)\pi(R+r)^2 n(r)[u(R)-u(r)]\frac{4}{3}\pi r^3 \tag{4.50}$$

对所有小滴尺度进行积分,可得到单位时间内大滴总体积(v)的增加量:

$$\frac{\mathrm{d}v}{\mathrm{d}t}=\int_0^R E(R,r)\pi(R+r)^2 n(r)[u(R)-u(r)]\frac{4}{3}\pi r^3 \mathrm{d}r \tag{4.51}$$

把上式改成大滴半径 R 的增加率,即

$$\frac{\mathrm{d}R}{\mathrm{d}t}=\frac{\pi}{3}\int_0^R\left(\frac{R+r}{R}\right)^2 E(R,r)n(r)[u(R)-u(r)]r^3 \mathrm{d}r \tag{4.52}$$

如果小滴与大滴相比,尺度小得多,则 R 的增长率方程可近似为

$$\frac{\mathrm{d}R}{\mathrm{d}t}=\frac{E\cdot\mathrm{LWC}}{4\rho_w}u(R) \tag{4.53}$$

式中,E 为碰并系数的平均值,LWC 为云的含水量。在连续碰并模式中,水滴的半径增长是加速进行的,这与凝结过程相反,如图 4.29 所示。值得指出的是,在半径 15～20 μm 范围内,水滴的增长处于低谷。如前所述,雾与低云本质上是相似的,在降温增湿的宏观条件下,凝结核活化、水汽凝结、碰并和沉降等微物理过程发生,但非冰晶化的云雾中降水的形成过程一直是个谜。首先,一个基本问题是云雾滴谱中半径 20 μm 左右的云雾滴是如何产生的。一方面,绝热凝结增长理论无法合理的解释这些云雾滴的产生,因为云滴半径的凝结增长速度和半径本身成反比;另一方面,在非湍流大气中,只有出现半径大于 20 μm 的云雾滴时,重力碰并才显著。因此在半径 20 μm 左右,存在着云雾滴谱的"生长沟"。其次,根据凝结理论

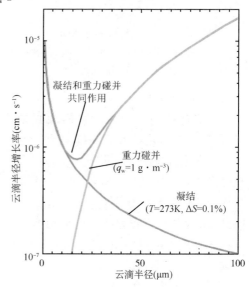

图 4.29　云滴半径增长率的影响因子
(引自盛裴轩等,2003)

计算得到的滴谱很窄,观测得到的滴谱则比理论谱宽得多。虽然观测仪器可能会导致部分虚假的增宽效应,但即使考虑这部分虚假增宽,低云中观测到的最窄的谱仍然比理论计算的要宽。再次,理论计算的降水形成时间比实际长。例如,Jonas (1996)计算了非湍流大气中云雾滴的凝结和碰并增长速率,发现在 0.2% 的过饱和度下,云雾滴从半径10 μm凝结生长成 20 μm 需要大约 20 min,而在含水量为 1 g·m^{-3}的云中,半径20 μm的云雾滴通过碰并长成毛毛雨滴(半径~100 μm)需要 60 min;总共所需时间为 80 min,比典型的积云降水时间(~30 min)长得多。最后,降水的形成不一定需要很厚的雾与低云。例如,Herckes 等 (2007)在加州的圣华金(San Joaquin)山谷中观测到一场浅薄的雾中(雾顶高度<100 m)出现了毛毛雨。

4.5.2　随机碰并增长

在连续碰并增长过程中,假定大滴与连续均匀分布的小滴群碰并,因此相同大小的大滴增长速率相同。随机碰并增长则认为碰并是时间上和空间上的个体行为,可分为准随机碰并和纯随机碰并。

准随机碰并过程如图 4.30 所示,假定存在 100 个具有相同体积的大滴同时下落(第一行),但由于不同大滴下落过程中的环境不同,不同大滴的碰并系数不同。第一次碰并过程中,有些大滴(例如 10 个)会与小滴碰并(第二行),使云滴谱增宽。第二次碰并过程中,这 10 个云滴中有 1 个参与了碰并,9 个云滴的大小不变;另外 90 个云滴中 9 个参与了碰并,81 个大小保持不变。因此,仅仅通过两次碰并过程,云滴谱中出现了三种大小的云滴,这对云滴谱增宽和降水形成有重要意义。

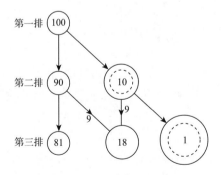

图 4.30　随机碰并增长使云滴谱拓宽的概念图(引自 Berry, 1967)

准随机碰并过程中,每次碰并总有一定比例的大滴参与碰并过程。在纯随机碰并过程中,大滴参与碰并的比例每次都不同,环境空气中的云滴浓度、含水量等都随机起伏。一般而言,碰并过程中各个物理量的随机性越强,则越容易生成大水滴,降水越容易形成。

4.6　冰相云降水理论

4.6.1　冷云中降水的形成

　　由于云滴的凝结增长率与半径呈反相关关系,因此凝结增长导致云滴谱变窄并且很难形成降水尺度的雨滴。而大云滴的存在触发碰并收集过程,在较短的时间内形成 2~3 mm 的雨滴。混合相云中由于存在冰晶与水滴共存的情况,因此冰晶很容易通过贝吉龙过程凝华增长。但是与液相过程类似,在冷云中单靠冰晶的凝华增长很难发展出相当大的雪花。假定有六角形片晶在 -5 ℃的水面饱和大气中由气相凝华而增长,根据 4.4.3 节的凝结增长方程,片状冰晶的质量在半小时内约可增加 7 μg(半径约为 0.5 mm)。此后,其质量增长率迅速减小。若冰晶下降末速度(0.3 m/s)大于空气垂直上升速度,则 7 μg 的冰晶下落至温度高于 0 ℃的暖区融化,形成 130 μm 的小毛毛雨滴。因此单靠水汽凝华过程,冰晶是难以增长成为大雨滴的。

　　为了发展出相当大的雪花或霰粒,冰晶必须进行凇附或聚并增长。凇附增长是指冰粒子收集过冷水滴的过程。在混合相对流云中,低于 0 ℃的云滴在接触冰粒子表面时易于冻结,因此通常假设与冰粒子碰撞的过冷水滴粘在其表面。凇附过程导致冰晶质量增加,但其表面积仅略有增加,因此在过冷水滴浓度较高的混合相云中凇附过程导致冰粒子下落速度迅速增加。过冷水滴与下落冰晶碰撞过程的理论处理与液滴之间的碰撞过程相似。主要区别在于下落速度和粒子形状对碰撞效率的影响不同。通过计算下落冰晶周围的流场可以获得冰粒子凇附临界大小和碰撞效率。对于柱状冰晶,凇附过程仅在其宽度超过 35 μm 以上发生;对于片状和宽枝状冰晶,凇附过程需要其直径超过 110 μm 和 200 μm 才能发生。经历凇附增长的冰晶会变成各种结构的结凇体或称霰。图 4.31 所示为经历结凇增长的扇形片状结凇体。另外,由于冰晶具有各种复杂的形状,两个或多个冰晶之间的互相粘连作用形成聚合体(雪花)。这一过程称为聚并增长。雪花通常在冬季降雪过程中观测到,但在许多夏季对流云上层以及卷状云中也经常存在。

　　与凝华增长不同,由凇附和聚并过程引起的冰晶增长率随着冰质粒的增大而增加,这在某种程度上与水滴的碰并增长过程有一定的相似性。假设一个直径为 1 mm 的片状冰晶,下落通过含水量为 0.5 $g \cdot m^{-3}$ 的混合相云,可在几分钟之内,形成一个半径约 0.5 mm 的球形霰粒。这样大的一个霰粒,假设密度为 0.1 $g \cdot m^{-3}$,下落末速度为 1 $m \cdot s^{-1}$,则融化后,可形成一个半径约 230 μm 的水滴。若云中冰晶含量为 1 $g \cdot m^{-3}$,假设冰晶通过聚并过程增长,一片雪花可以在约 30 min 内从半径 0.5 mm 增大到 0.5 cm,质量约为 3 mg,下落末速度约为 1 $m \cdot s^{-1}$。在融化后,这样尺度的雪花可形成半径约 1 mm 的水滴。因此,在混合云中冰晶的增长最初依靠水汽凝华过程,但是降水的启动机制需要凇附或聚并过程得到相当大尺度的霰或雪花。

图 4.31 凇附的扇形片状结凇体。凇附增长只发生在一侧,可能在下落片状冰晶的下侧面(Wang,2013)

聚合体形状多样,最常见的是枝状晶体,并且在 -15 ℃～-12 ℃温度范围内尺度较大。有时也观测到降雪主要由针状聚合体组成,形成于 -5 ℃。由于聚并过程中产生孔隙结构,聚合体为低密度冰粒子。因此,聚并过程导致的冰粒子下落速度的增加不如液滴碰并过程显著。聚并过程较为复杂,是一个仍待解决的科学问题。雪晶形状的多样性使得流场的计算极具挑战,如果数十甚至上百个晶体结合成一个几何结构复杂的多孔晶体将使问题变得更为复杂。

4.6.2 冰雹的形成

冰雹是冰质粒通过结凇增长而增大到极端的情况。它形成于含水量十分丰富的强对流云中,常出现在夏季中纬度内陆地区,特别是多山地区,例如我国的青藏高原中部、新疆天山一带和阿尔泰西南部、云贵高原以及阴山山脉、太行山背部、大兴安岭、长白山和东北地区(图 4.32)。

在 4.2.5 节中介绍了冰雹一般具有透明冰核不透明冰的分层结构,这是与冰雹的干湿增长过程有关的。Ludlam(1958)认为在含水量小而温度低的云区,因为冰雹碰并的水量少,因而冻结释放的潜热也少。再加上气温低,雹块散热快,因此碰撞雹块的过冷水滴未及从冰雹表面漫流开来就已冻结为冰,在一定的程度上保持其圆球形,冻滴之间留有许多空隙,于是形成不透明层次,这是冰雹的干增长。与此相反,如果云的含水量比较大,环境气温也不太低,则冰雹的散热不及冻结潜热释放得快,被碰撞水滴只有一部分冻结,过冷水在冰雹表面铺展成水膜,冻结过程在水与冰的交界面上进行。这一形成的冰层透明而密度大,这称为冰雹的湿增长。当冰雹成长过程中经过不同的云结构,而出现干、湿增长,就会形成分层结构。

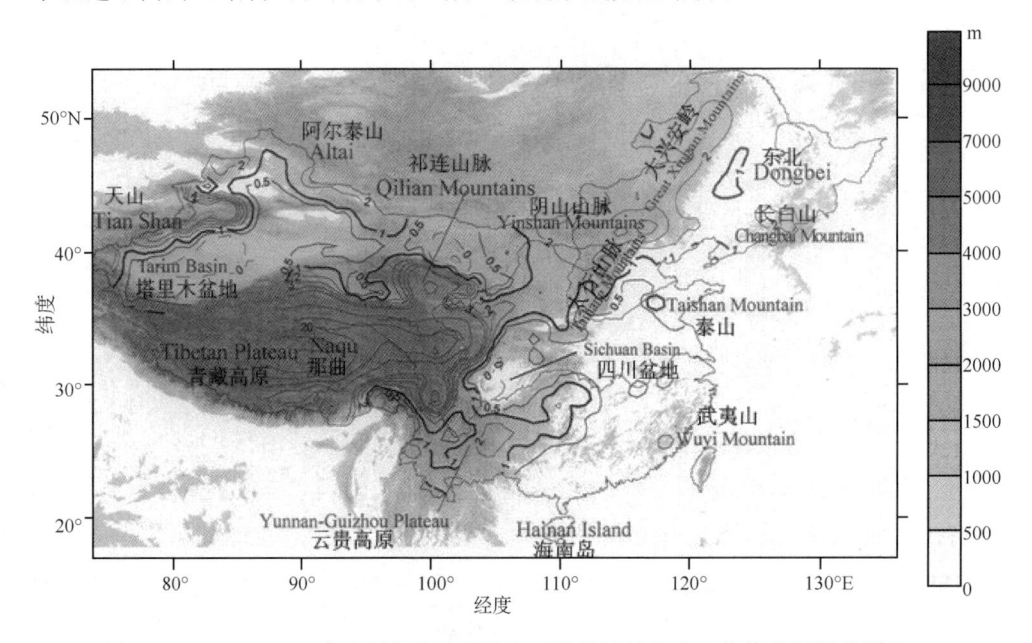

图 4.32　1961—2005 年中国年均冰雹发生日数的地域分布。等值线间隔分别是 0,0.5,1,2,3 天等。灰色阴影代表不同的地形高度。(引自 Zhang et al.,2008)

冰雹中心的雹胚有两类物质充当:霰和冻滴。霰形成于低温而含水量小的云中;冻滴则由大过冷滴冻结而成。另外,在雹块表面往往包含不少很大的瘤状凸起物,当参与碰冻的过冷却水滴很小,并且雹块处于接近湿增长的极限状态时,凸起物增长最为明显。在雹块上出现任何小的凸起都有利于该区的水滴碰并效率增大。这可能是瘤状凸起物发展的原因。

思考题与习题

4.1　形成一个半径为 1 毫米的雨滴,需要多少个半径为 5 微米的云滴?

4.2　从半径为 1 微米的云滴凝结增长成半径为 5 微米、10 微米、500 微米云滴需要多少时间? 假设云内的过饱和度为 0.1%,温度为 10 ℃。

4.3　设积状云内过饱和度为 2%,温度为 0 ℃上升速度为 10 米/秒,试求半径 5 微米云滴凝结增长到 50 微米,100 微米和 1000 微米所经路程为多少?

4.4   在液态水滴的层状云中,小水滴平均半径为 6 微米,平均含水量为 0.3 克/米^3,现有一个半径为 40 微米的大云滴,经碰并增长到 100 微米,求所需经过的路程为多少? 取 $\varepsilon=0.29$。

4.5   试求大云滴由于碰并增长,从 R_1 增长到 R_2 所需时间。

4.6   在 $-10\ ℃$ 的过冷却云中,初始半径为 1 微米的冰粒,经过凝华增长到半径为 5 微米,10 微米,1000 微米冰粒所需的时间?

4.7   有一块积状云,液水含量为 0.6 克/米^3,云滴的平均半径为 10 微米,有一个大水滴($r=50$ 微米)在此通过,试问经过 100 秒钟,它因碰并作用能增长到多大(微米)? 取 $\varepsilon=0.70$。

4.8   一个半径为 500 微米(或 1000 微米)的水滴(雨滴)云中下落,设云下气层的平均温度为 12 ℃,相对湿度为 50%,试求水滴完全蒸发掉所需的时间。

4.9   求半径 100 微米的雨滴能到达地面的极限高度,设云下气层的平均温度为 6.0 ℃,相对湿度 98%(不计垂直运动和风的影响)。如相对湿度为 80%,那高度又为多少?

4.10   一块云的厚度为 2 千米,液水含量由云底的 1 克/米^3 线性地变到云顶为 3 克/米^3,设直径为 100 微米的水滴开始由云顶下落,试求水滴掉离云底时的大小(取碰并系数 0.8,不考虑空气的垂直速度)。如果水滴下降末速度为 $v=CR$(R 为水滴半径),$C=8\times10^3$(秒),求水滴下降通过云体的时间。(取碰并系数 $\varepsilon=1$)

4.11   为了能使云中半径为 10^{-6} 厘米和 10^{-5} 厘米的纯水滴长大,云中的过饱和度应该多少? 平衡相对湿度为多少? 设 $T=0\ ℃$。

4.12   如果温度等于 0 ℃时,1000 克水中溶有 357 克的盐即达到饱和,试求溶液面上的饱和水汽压? 该饱和水汽压是纯水(平)面上饱和水汽压的百分之几?

4.13   试证明溶液滴表面的饱和水汽压 $E_{r,n}$ 为

$$E_{r,n} = E\left(1+\frac{c_r}{r}-\frac{c_n}{r^3}\right)$$

式中,$c_n=4.3\tau\dfrac{M}{\mu}$,$\tau$ 为范德荷夫因子,M 为溶质质量,μ 为溶质分子量。

4.14   寇拉曲线峰值对应的半径,称为临界半径 r_c,试证 $r_c=\sqrt{\dfrac{3c_n}{c_r}}$。

4.15   寇拉曲峰值对应的饱和比 $\left(\dfrac{E_{r,n}}{E}=S\right)$,称为临界饱和比 S_e 可表示为 $S_e=1+\sqrt{\dfrac{4c_r^2}{27c_n}}$,试证明之。

4.16   在层状云中,半径为 300 微米的水滴在下降途中与 1000 个半径为 10 微米的水滴相碰合并,试求合并后的半径及其末速度。

4.17　当气温为 10 ℃时，试问半径为 3 微米雾滴在静止空气中的末速度为多少（米/秒）？

4.18　试计算半径为 2 毫米霰的下降速度，并将它与相同尺寸的水滴末速度相比较。

4.19　从距地表 3.5 千米云底下降的枝状雪花，需多少时间才降至地面？设雪花融化为水滴时的直径为 0.287 厘米。

4.20　设大云滴半径 $R=40$ 微米，云厚 300 米，其中小云滴的半径为 6 微米，云内含水量为 0.2 克/米^3，若上升运动影响较小，试问大云滴经碰并作用，增大到多少微米？取 $\varepsilon=0.29$。

4.21　下表为不同半径范围内云滴的浓度，草绘谱分布曲线（纵坐标单位为 $cm^{-3} \cdot \mu m^{-1}$），计算云滴的数浓度、平均半径和含水量（只需写出计算公式）。

半径(μm)	2～10	10～15	15～25
数浓度(cm^{-3})	80	100	50

4.22　简述积云形成的热泡理论。

4.23　简答中值冻结温度。

4.24　简答影响冰晶形状的因子有哪些。

4.25　简答冰晶效应。

参考文献

李子华，刘端阳，杨军，2011. 辐射雾雾滴谱拓宽的微物理过程和宏观条件[J]. 大气科学，35(1)：41-54.

盛裴轩，毛节泰，李建国，等，2003. 大气物理学 [M]. 北京：北京大学出版社.

王鹏飞，李子华，1989. 微观云物理学 [M]. 北京：气象出版社.

许绍祖，等，1993. 大气物理学基础[M]. 北京：气象出版社.

Bailey M，Hallett J，2004. Growth rates and habits of ice crystals between $-20°$ and -70 ℃[J]. J Atmos Sci，61：514-544.

Bailey M，Hallett J，2009. A comprehensive habit diagram for atmospheric ice crystals：Confirmation from the laboratory，AIRS II，and other field studies[J]. J Atmos Sci，66：2888-2899.

Berry E X，1967. Cloud droplet growth by collection[J]. J Atmos Sci，24(3)：688-701.

Brandes E A，Zhang G，Sun J，2006. On the influence of assumed drop size distribution form on radar-retrieved thunderstorm microphysics[J]. J Appl Meteor Climatol，45：259-268.

Degefie D T，et al，2015. Microphysics and energy and water fluxes of various fog types at SIRTA，France [J]. Atmos Res，151：162-175.

Doswell C A, 1984. Mesoscale aspects of a marginal severe weather event[R]. 10 th Conference on Weather Forecasting and Analysis, Clearwater Beach, FL, USA, Amer Meteor Soc, 131-137.

Egli S, Maier F, Bendix J, et al, 2015. Vertical distribution of microphysical properties in radiation fogs-A case study [J]. Atmos Res, 151: 130-145.

Herckes P, Chang H, Lee T, et al, 2007. Air pollution processing by radiation fogs [J]. Water Air Soil Poll, 181(1): 65-75.

Hogan R J, Behera M D, O'Connor E J, et al, 2004. Estimate of the global distribution of stratiform supercooled liquid water clouds using the LITE lidar [J]. Geophys Res Lett, 31: L05106.

Hudson J G, Yum S S, 2001. Maritime-continental drizzle contrasts in small cumuli[J]. J. Atmos. Sci. , 58: 915-926.

Jonas P R, 1996. Turbulence and cloud microphysics[J]. Atmos Res, 40: 283-306.

Knight C A, Knight N C, 2005. Very large hailstones from Aurora, Nebraska[J]. Bulletin of the American Meteorological Society,86(12): 1773-1781.

Ludlam F H,1958. The hail problem[J]. Nubila,1:12-99.

Magono C, Lee C W, 1966. Meteorological classification of natural snow crystals [J]. J Fac Sci, 7 (2): 321-335.

Marshall J S, Palmer W M K, 1948. The distribution of raindrops with size[J]. J Meteor,5(4): 165-166.

Mason B J,1971. The Physics of Clouds[M]. Oxford: Oxford University Press.

Paluch I R, Knight C A, 1984. Mixing and the evolution of cloud droplet size spectra in a vigorous continental cumulus [J]. J Atmos Sci, 41: 1801-1815.

Pruppacher H R, Klett J D, 1997. Microphysics of Clouds and Precipitation [M]. Amsterdam: Kluwer Academic.

Thurai M, Bringi V N, Szakáll M, et al, 2009. Drop shapes and axis ratio distributions: Comparison between 2D video disdrometer and wind-tunnel measurements [J]. J Atmos, Oceanic Technol, 26: 1427-1432.

Twohy C H,Hudson J G, 1995. Measurements of cloud condensation nuclei spectra within maritime cumulus cloud droplets: Implications for mixing processes [J]. J Appl Meteor, 34: 815-833.

Wallace J M, Hobbs P V, 2006. Atmospheric Science: An Introductory Survey[M]. New York: Academic press.

Wang P K, 2013. Physics and Dynamics of Clouds and Precipitation [M]. Cambridge: Cambridge University Press.

Zhang C, Zhang Q, Wang Y, 2008. Climatology of hail in China: 1961—2005[J]. J Appl Meteorol. Clim, 47: 795-804.

第 5 章   大气气溶胶

5.1   大气气溶胶的基本特征

气溶胶是指悬浮在气体中的固体和(或)液体微粒与气体载体共同组成的多相体系。大气气溶胶是指大气与悬浮在其中的固体和液体微粒共同组成的多相体系。但是,在实际大气中,体系中的固体和液体微粒的浓度通常很低,以至于这一多相体系的流体动力学特征基本上不因微粒的存在而改变。另外,微粒本身也显示出它们独立于气相载体的独特的物理化学特性。所以,经常把"大气气溶胶"和"大气气溶胶粒子"这两个不同的概念等同起来。除非特别说明,"大气气溶胶"一词习惯上指的是大气中悬浮的固体和液体微粒。这些固体或液体微粒,也称为颗粒物或粒子。关于"悬浮"一词,也没有严格的科学定义。大气中所有的粒子都会因重力作用而向地面沉降,"悬浮"也不是永久的。因此,把大气中出现的所有粒子,不管其存在时间的长短,一律称为大气气溶胶粒子。

尽管气溶胶在大气成分中的占比相对较低,但气溶胶对气候、环境和健康有着重要影响。气溶胶粒子能够吸收和散射太阳辐射,从而直接改变地气系统的能量收支,影响气候变化;气溶胶粒子还可以作为云的凝结核(CCN)改变云的光学特性和生命期,从而间接地影响气候。由于气溶胶粒径小(尤其细粒子),表面积大,为大气中的化学反应提供了良好的反应床,气溶胶中的某些化学成分对大气中许多化学反应还起到催化作用。另外,当气溶胶粒子通过呼吸道进入人体时,部分粒子可以附着在呼吸道上,甚至进入肺部沉积下来,直接影响人的呼吸,危害人体健康。

由于气溶胶对人体健康、能见度、空气质量以及气候变化的影响而受到人们的广泛关注,对它的研究也越来越受重视。本章将重点讨论气溶胶的主要物理化学特征及其测量仪器。

5.1.1   气溶胶粒子的尺度

到目前为止,对已知直径 D_p 和密度 ρ_p 的球形粒子有较深入的了解。但大气气溶胶粒子多数是非球形的,并且很少有它们的密度信息。实际上用来描述气溶胶尺度的测量技术主要是测量粒子的下落末速度或电迁移率。因此,需要对非球形粒子或者未知密度或未知电荷的球形粒子来定义其等效直径。用球形粒子的直径来描述非球形粒子的尺度特征,可以采用等效直径方法。这些等效直径被定义为球体的直径。

(1)体积等效直径 D_{ve}:指研究的非球形粒子的体积与一个球形粒子的体积相同,则此球形粒子的直径定义为该粒子的体积等效直径。如果非球形粒子的体积 V_p 已知,则

$$D_{ve} = \frac{6}{\pi} V_p^{1/3} \tag{5.1}$$

对于球形粒子的体积等效直径与其物理直径相等,即 $D_{ve} = D_p$。

为了考虑非球形粒子运动中的形状效应,Fuchs(1964)定义了形状因子 χ,是指非球形粒子实际阻力 F_D 与具有相同速度的等体积球形粒子的阻力 F_D^{ve} 之比,即

$$\chi = \frac{F_D}{F_D^{ve}} \tag{5.2}$$

对于不规则粒子和低雷诺数流场条件下的动力形状因子几乎总是大于 1.0,对于球体来讲 $\chi = 1.0$。非球形粒子的形状因子 χ 不是一个常数,它会因压力、粒子尺度等因素发生改变。如在连续区的立方体动力形状因子 $\chi = 1.08$,2 球簇的 $\chi = 1.12$,紧密的 3 球簇 $\chi = 1.15$,紧密的 4 球簇 $\chi = 1.17$(Hinds,1999)。

非球形粒子与其体积等效的球形粒子相比受到更大的阻力,由于 $\chi > 1$,故比球形粒子沉降更慢。非球形粒子的沉降末速 v_t 为

$$v_t = \frac{1}{18} \frac{D_{ve}^2 \rho_p g C_c(D_{ve})}{\chi \mu} \tag{5.3}$$

式中,g 为重力加速度,μ 为空气黏滞系数,ρ_p 为粒子密度,C_c 为滑动订正因子。

(2)斯托克斯(Stokes)直径 D_{St}:指与所表征粒子具有相同密度和沉降末速的球形粒子的直径。对于雷诺数 $Re < 0.1$ 的斯托克斯直径可以用下式计算:

$$D_{St} = \left(\frac{18 \, v_t \mu}{\rho_p g C_c(D_{St})} \right)^{1/2} \tag{5.4}$$

对于球形粒子的斯托克斯直径等于其物理直径,即 $D_{St} = D_p$。

(3)空气动力学直径 D_a:所研究粒子与有单位密度 ρ_p° 的球形粒子具有相同的沉降末速度,则球形粒子的直径定义为所研究粒子的空气动力学直径,公式如下:

$$D_a = \left(\frac{18 \, v_t \mu}{\rho_p^\circ g C_c(D_a)} \right)^{1/2} \tag{5.5}$$

由式(5.5)与式(5.4)相除,可以得到空气动力学直径与斯托克斯直径的关系:

$$D_a = D_{St} (\rho_p/\rho_p^\circ)^{1/2} \left[C_c(D_{St})/C_c(D_a) \right]^{1/2} \tag{5.6}$$

对于球形粒子,可以将 D_{St} 替换成 D_p,即得到:

$$D_a = D_p \left(\frac{\rho_p}{\rho_p^\circ} \right)^{1/2} \left(\frac{C_c(D_p)}{C_c(D_a)} \right)^{1/2} \tag{5.7}$$

对于非单位密度的球形粒子来说,空气动力学直径与其物理直径不同且依赖于其密度。气溶胶仪器如撞击式采样器、空气动力学粒径谱仪均测量的是空气动力学直径,尽管是球形粒子,通常与其物理直径 D_p 也不相等。

(4)电迁移等效直径 D_{em}:与所表征粒子具有相同电迁移率的单位密度球形粒子的直径。在一定电场下,具有相同 D_{em} 的粒子有着相同的电迁移速率。带有相同电荷且等斯托克斯直径 D_{st} 的粒子电迁移率相等。

假定球形粒子与其迁移等效球体具有相同的电荷,则 $D_{em}=D_p=D_{ve}$;非球形粒子的电迁移等效直径可以用下式表示:

$$D_{em}=D_{ve}\chi\frac{C_c(D_{em})}{C_c(D_{ve})} \tag{5.8}$$

测量粒子的电迁移率等效直径的常用仪器有差分迁移率分析仪(differential mobility analyzer,DMA)。

大气气溶胶粒子的尺度范围很广,大体在 $0.001\sim100~\mu m$。其中直径小于 $2.5~\mu m$ 的粒子通常称为细粒子,直径大于 $2.5~\mu m$ 的粒子称为粗粒子。粗粒子和细粒子存在一些根本的差别,它们有着不同的来源,其转化和清除机制、化学组分、光学特性及其在呼吸道中沉积方式也不同(表5.1)。因此,在任何关于气溶胶物理、化学或健康影响讨论中,粗、细粒子的区分都是一个最基本问题。大气气溶胶尺度分布通常可以大致分为几个模态。图5.1描述了三个模态的源、形成过程和清除机制,图中的曲线为典型大气气溶胶的表面积分布。可以看出,核模态和积聚模态均由凝结、凝聚过程产生,且两种之间存在着明显的质量转移,而粗模态主要通过机械过程产生,同时它与前两个模态之间不存在转化关系。成核(或核)模态包括直径约 10 nm 的粒子;爱根核模态(Aitken mode)包含直径约 10 nm 到 100 nm(0.1 μm)范围的粒子。这两个模态粒子的粒径小、数量多,在数浓度谱中占有明显优势,而在颗粒物总质量中的占比却很低。核模态的粒子主要来源于燃烧过程产生的热蒸汽冷凝以及气体组分通过化学反应均相成核形成"新鲜"的气溶胶粒子;它们的去除主要是与较大粒子的碰并。直径在 $0.1\sim2.5~\mu m$ 范围内的粒子称为积聚模态(accumulation mode),通常在气溶胶表面积谱和气溶胶质量谱中占很大比例。积聚模态粒子的源主要由核模态粒子的碰并、凝聚和吸附等过程长大而成,但它几乎不可能继续长大成为粗粒子。积聚模态之所以如此命名是由于该粒径范围内的粒子清除效率最低,导致此范围内的粒子在大气中易出现积累,它们在大气中的停留时间最长,所以其输送距离最远、污染范围最广。积聚模态粒子对可见光的消光作用最强,是影响大气能见度的主要因素。粒径大于 $2.5~\mu m$ 的粒子称为粗模态(coarse mode),主要由机械过程产生,如风蚀扬尘、海水飞沫、火山灰等。这部分粒子有较大的沉降速率,在较短的时间内可以从大气中清除。由于在尺度谱中小粒子和大粒子的有效去除机制对积聚模态粒子清除效率很低,所以积聚模态的粒子往往比核模态或粗模态中的粒子具有更长的大气停留时间。

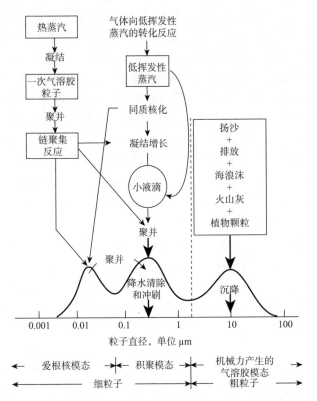

图 5.1 气溶胶谱分布及其来源和汇(引自 Whitby and Cantrell,1976)

表 5.1 大气中粗粒子与细粒子的比较(引自 Seinfeld and Pandis,2006)

项目	细粒子	粗粒子
形成途径	化学反应、核化、凝结、冷凝、云雾过程	机械破碎、扬尘
化学组成	硫酸盐、硝酸盐、铵盐、元素碳、有机化合物、金属元素(Pb、Cd、V、Ni、Cu、Zn、Mn、Fe 等)	浮尘、飞灰、地壳元素(Si,Al,Ti,Fe)的氧化物、$CaCO_3$、NaCl、花粉、孢子、动植物碎片
溶解性	大部分可溶、吸湿	大部分不溶、不吸湿
来源	燃烧(包括煤、油、汽油、柴油、木材)、气粒转化、冶炼、磨粉等	工业尘的再悬浮、浮尘(农耕/采矿/土路)、生物源、海浪飞沫、建筑、爆破
寿命	几天至几周	几分钟到几天
传输距离	几百千米至上千千米	数十千米以内

5.1.2　气溶胶粒子的浓度

气溶胶粒子浓度是描述大气气溶胶特性的一个重要物理量。表示粒子浓度的方法主要由数浓度、质量浓度、表面积浓度、体积浓度等。表面积浓度指单位体积空气中所含一定尺度范围内气溶胶粒子的总表面积，常用 $\mu m^2 \cdot cm^{-3}$ 表示。体积浓度指单位体积空气中所含一定尺度范围内气溶胶粒子的总体积，常用 $\mu m^3 \cdot cm^{-3}$ 表示。数浓度是指单位体积空气中所含一定尺度范围内气溶胶粒子的个数，常用 cm^{-3} 或 L^{-1} 表示。在实际大气中，气溶胶粒子数浓度变化范围很大。最低值出现在南极海洋大气中，很偏僻的清洁陆地大气粒子数浓度达 $10^2\ cm^{-3}$，城市污染大气和工业区下风向气溶胶粒子的数浓度可达 $10^5 \sim 10^6\ cm^{-3}$。

质量浓度：单位体积空气中所含一定尺度范围内气溶胶粒子的总质量，常用 $mg \cdot m^{-3}$ 或 $\mu g \cdot cm^{-3}$ 表示。在大气环境研究领域，常用总悬浮颗粒物、PM_{10} 和 $PM_{2.5}$ 来定量描述和评价大气环境质量。

总悬浮颗粒物（total suspended particulates，TSP）：用标准大容量采样器在滤膜上所收集到的颗粒物总质量。它是分散在大气中的各种粒子的总称，其粒径通常在 $100\ \mu m$ 以下。PM_{10}，又称为可吸入颗粒物（inhalable particles，IP），指粒径 $D_p \leqslant 10\ \mu m$ 的颗粒物质量浓度。我国在 1996 年颁布的《环境空气质量标准》（GB 3095—1996）中规定了 PM_{10} 的标准。$PM_{2.5}$，即细粒子，指粒径 $D_p \leqslant 2.5\ \mu m$ 的颗粒物质量浓度。美国最早将 $PM_{2.5}$ 作为大气环境质量中表征大气颗粒物污染的一个指标。美国环保局于 1997 年提出、2003 年通过了 $PM_{2.5}$ 国家环境空气质量标准，中国在 2012 年将 $PM_{2.5}$ 纳入《环境空气质量标准》（GB 3095—2012），并代替了（GB 3095—1996）。表 5.2 汇总了部分国家和组织的颗粒物空气质量标准。

表 5.2　世界卫生组织（WHO）、欧美以及中国的大气颗粒物空气质量标准

国家/组织	污染项目	平均时间	浓度限值（$\mu g \cdot m^{-3}$）	
			一级	二级
WHO[1]	$PM_{2.5}$	年平均	10	
		24 小时平均	25	
	PM_{10}	年平均	20	
		24 小时平均	50	
美国[2]	$PM_{2.5}$	年平均	15	
		24 小时平均	35	
	PM_{10}	24 小时平均	150	

续表

国家/组织	污染项目	平均时间	浓度限值($\mu g \cdot m^{-3}$)	
			一级	二级
欧盟[3]	PM$_{2.5}$	年平均	25	
	PM$_{10}$	年平均	50	
		24 小时平均	40	
中国[4]	PM$_{2.5}$	年平均	15	35
		24 小时平均	35	75
	PM$_{10}$	年平均	40	70
		24 小时平均	50	150

注:(1):World Health Organization,2006;(2):Environmental Protection Agency,2013;(3):EU Ambient Air Quality Directive,2008;(4):国家环境保护总局,2012。

气溶胶粒子的浓度受地理、气象和地域经济结构影响有很大的变化范围。对地理分布而言,一般城市地区的气溶胶粒子浓度高于农村,大陆高于海洋,北半球高于南半球。气溶胶粒子浓度还具有明显的季节变化和日变化。例如南京地区冬春季节气溶胶浓度高于夏秋季,这是由于夏季太阳辐射强,大气对流活动强烈,且夏季受东亚季风影响和副高控制,有利于污染物扩散;冬季则相反,稳定的边界层特征使得污染物容易堆积;而春季气温回暖、土壤松动,使得更多的土壤粒子被夹带混入大气(薛国强,2014)。气溶胶浓度日变化特征的主要影响因素是人类生产活动和大气结构共同作用的结果。日出后人为活动逐渐增多,加上交通繁忙以及逆温存在导致气溶胶粒子浓度升高,在清晨 07:00—08:00 出现颗粒物浓度峰值;而后随着大气边界层持续抬高,对流、湍流作用加强,污染物不断扩散,大气气溶胶粒子浓度降低,在中午或午后达到最低值。之后,随下班高峰期的交通排放影响,同时大气层结又趋于稳定,气溶胶粒子浓度处于较高水平(钱凌,2008)。

大气气溶胶粒子数浓度在正午时刻出现峰值,且夏季峰值最为明显,主要因为高温、强辐射天气下大气光化学反应异常活跃,生成大量的二次气溶胶粒子,对大气气溶胶数浓度的贡献较大(钱凌,2008;王红磊,2013)。

5.1.3　气溶胶的粒径谱分布

不论是城市还是偏远地区,大气中都含有大量的气溶胶粒子,有时浓度可高达 $10^7 \sim 10^8$ cm^{-3}。这些粒子的直径可以跨越几个数量级,大约从几个纳米到 100 μm。如化石燃料和生物质燃烧产生的粒子,粒径可以由几个 nm 到 1 μm;光化学过程产生的粒子其粒径也小于 1 μm;风蚀扬尘、花粉、植物碎片和海盐等粒径通常大于 1 μm。气溶胶粒子的粒径尺度不仅影响其在大气中的寿命,还会影响它们的物理化学特征。因此,有必要对气溶胶粒子的尺度分布特征进行定量描述。

采用粒子浓度随尺度的分布来定量描述气溶胶的物理特性,这种分布称为谱分布,通常有离散分布和连续分布两种形式。离散分布指粒子只具有某些特定的尺度,也就是说其尺度是不连续的;连续分布指粒子可以取任何连续变化的尺度。实际大气中测量的气溶胶数据往往是离散的,但为了数学处理和表述方便常转化成连续型,即实际大气气溶胶的粒子谱可以近似地看成是连续谱。例如:首先将粒径划分为一定区间的尺度间隔,并统计每个尺度间隔中的粒子数。如表 5.3 给出了 12 个尺度间隔的气溶胶数浓度,归纳这个谱分布只需要 25 个数字(即尺度的边界及相应的浓度)即可,而不是所有颗粒的尺度。另外,粒子群的尺度谱分布也可以用它的累积分布来描述。对一定尺度间隔的累积分布定义为小于或等于此粒径范围的所有气溶胶粒子浓度,如表 5.3 中尺度间隔为 $0.03\sim0.04$ μm 的累积浓度表示粒径小于 0.04 μm 的所有粒子个数,即 350 cm^{-3};那么,最后一个累积浓度值即为总粒子的数浓度。从表中看出,在 $0.01\sim0.02$ μm 和 $0.16\sim0.32$ μm 范围内气溶胶数浓度均为 200 cm^{-3}。但是,这两个区间段的粒径间隔分别是 10 nm 和 160 nm,为了避免这种偏差,可以使其标准化分布,即采用浓度除以相应的粒径间隔来表示,这种浓度表示单位为 $\mu m^{-1} \cdot cm^{-3}$。

描述大气气溶胶粒子谱分布的数学表达式称为粒子谱分布函数。下面介绍常见的气溶胶谱分布表示方法。

表 5.3　不同粒径间隔的气溶胶实例(引自 Seinfeld and Pandis,2006)

粒径范围(μm)	数浓度(cm^{-3})	累积浓度(cm^{-3})	浓度($\mu m^{-1} \cdot cm^{-3}$)
$0.001\sim0.01$	100	100	11111
$0.01\sim0.02$	200	300	20000
$0.02\sim0.03$	30	330	3000
$0.03\sim0.04$	20	350	2000
$0.04\sim0.08$	40	390	1000
$0.08\sim0.16$	60	450	750
$0.16\sim0.32$	200	650	1250
$0.32\sim0.64$	180	830	563
$0.64\sim1.25$	60	890	98
$1.25\sim2.5$	20	910	16
$2.5\sim5.0$	5	915	2
$5.0\sim10.0$	1	916	0.2

(1)气溶胶谱分布表示方法

①数浓度谱分布函数 $n_N(D_p)$

对一定尺度间隔 i 的气溶胶谱分布 n_i 表示为该区间的气溶胶浓度 N_i 与粒径范

围 ΔD_{p} 的比值。气溶胶数浓度由下式计算：

$$N_i = n_i \Delta D_{\mathrm{p}} \tag{5.9}$$

使用任意区间的 ΔD_{p} 易造成混淆，并使尺度分布的相互比较变得困难。为了避免这些问题，并保持相关气溶胶分布的所有信息，可以使用更小的粒径分档，即取极限 $\Delta D_{\mathrm{p}} \to 0$，此时 ΔD_{p} 变的无限小，等于 $\mathrm{d} D_{\mathrm{p}}$。故定义数浓度谱函数 $n_{\mathrm{N}}(D_{\mathrm{p}})$ 为直径由 D_{p} 到 $(D_{\mathrm{p}} + \mathrm{d} D_{\mathrm{p}})$ 区间内单位体积（$1 \mathrm{~cm}^3$）空气中气溶胶粒子个数，单位为 $\mu\mathrm{m}^{-1} \cdot \mathrm{cm}^{-3}$。通过使用 $n_{\mathrm{N}}(D_{\mathrm{p}})$ 函数，假定数谱分布不再是一个离散函数，而是直径为 D_{p} 的连续函数。

那么，$1 \mathrm{~cm}^3$ 空气中气溶胶粒子的总数浓度 N_t 为：

$$N_{\mathrm{t}} = \int_0^\infty n_{\mathrm{N}}(D_{\mathrm{p}}) \mathrm{d} D_{\mathrm{p}} \tag{5.10}$$

累积粒径谱分布函数 $N(D_{\mathrm{p}})$ 定义为单位体积（$1 \mathrm{~cm}^3$）空气中直径小于 D_{p} 的粒子个数。与 $n_{\mathrm{N}}(D_{\mathrm{p}})$ 相比，函数 $N(D_{\mathrm{p}})$ 代表的是粒径范围为 $0 \sim D_{\mathrm{p}}$ 间的实际粒子浓度，单位为 cm^{-3}。根据定义，它与 $n_{\mathrm{N}}(D_{\mathrm{p}})$ 的关系如下：

$$N(D_{\mathrm{p}}) = \int_0^{D_{\mathrm{p}}} n_{\mathrm{N}}(D_{\mathrm{p}}^*) \mathrm{d} D_{\mathrm{p}}^* \tag{5.11}$$

式中，D_{p}^* 为积分虚拟变量，以避免与积分上限 D_{p} 混淆。

与式（5.11）不同，数浓度谱函数可以写成

$$n_{\mathrm{N}}(D_{\mathrm{p}}) = \mathrm{d} N / \mathrm{d} D_{\mathrm{p}} \tag{5.12}$$

$n_{\mathrm{N}}(D_{\mathrm{p}})$ 也可以被看成累积气溶胶粒径分布函数 $N(D_{\mathrm{p}})$ 的导数。式（5.12）两侧均代表了相同尺度的气溶胶谱分布，故可以用 $\mathrm{d} N / \mathrm{d} D_{\mathrm{p}}$ 代替 $n_{\mathrm{N}}(D_{\mathrm{p}})$。

②表面积、体积和质量浓度谱分布函数

一些气溶胶性质取决于粒子的表面积和体积谱分布，这些谱分布均与粒子的尺度有关。气溶胶表面积谱分布 $n_{\mathrm{S}}(D_{\mathrm{p}})$ 定义为单位体积（$1 \mathrm{~cm}^3$）空气中，粒径在 $D_{\mathrm{p}} \sim (D_{\mathrm{p}} + \mathrm{d} D_{\mathrm{p}})$ 范围区间的粒子表面积，前提是假定所有粒子均为球形。所有粒子在无限小的粒径范围内粒径是相等的，对应的表面积为 πD_{p}^2。在此粒径范围内粒子的表面积为 $\pi D_{\mathrm{p}}^2 n_{\mathrm{N}}(D_{\mathrm{p}}) \mathrm{d} D_{\mathrm{p}}$。但由定义

$$n_{\mathrm{S}}(D_{\mathrm{p}}) = \pi D_{\mathrm{p}}^2 n_{\mathrm{N}}(D_{\mathrm{p}}) \quad (\mu\mathrm{m} \cdot \mathrm{cm}^{-3}) \tag{5.13}$$

那么，单位体积空气中（$1 \mathrm{~cm}^3$）气溶胶的总表面积 S_t 为

$$S_{\mathrm{t}} = \pi \int_0^\infty D_{\mathrm{p}}^2 n_{\mathrm{N}}(D_{\mathrm{p}}) \mathrm{d} D_{\mathrm{p}} = \int_0^\infty n_{\mathrm{S}}(D_{\mathrm{p}}) \mathrm{d} D_{\mathrm{p}} \quad (\mu\mathrm{m}^2 \cdot \mathrm{cm}^{-3}) \tag{5.14}$$

气溶胶体积谱分布 $n_{\mathrm{V}}(D_{\mathrm{p}})$ 定义为单位体积（$1 \mathrm{~cm}^3$）空气中，粒径在 $D_{\mathrm{p}} \sim (D_{\mathrm{p}} + \mathrm{d} D_{\mathrm{p}})$ 范围区间气溶胶粒子的体积。因此，

$$n_{\mathrm{V}}(D_{\mathrm{p}}) = \frac{\pi}{6} D_{\mathrm{p}}^3 n_{\mathrm{N}}(D_{\mathrm{p}}) \quad (\mu\mathrm{m}^2 \cdot \mathrm{cm}^{-3}) \tag{5.15}$$

单位体积空气中（$1 \mathrm{~cm}^3$）气溶胶粒子的总体积 V_t 为

$$V_t = \frac{\pi}{6} \int_0^\infty D_p^3 n_N(D_p)\,\mathrm{d}D_p = \int_0^\infty n_V(D_p)\,\mathrm{d}D_p \quad (\mu m^3 \cdot cm^{-3}) \tag{5.16}$$

若粒子密度均为 $\rho_p(g \cdot cm^{-3})$，那么粒子的质量谱分布 $n_M(D_p)$ 为

$$n_M(D_p) = \left(\frac{\rho_p}{10^6}\right) n_V(D_p) = \left(\frac{\rho_p}{10^6}\right)\left(\frac{\pi}{6}\right) D_p^3 n_N(D_p) \quad (\mu g \cdot \mu m^{-1} \cdot cm^{-3})$$

$$\tag{5.17}$$

上式中，为了保留 $n_M(D_p)$ 的单位为 $\mu g \cdot \mu m^{-3} \cdot cm^{-3}$，$10^6$ 是 ρ_p 单位由 $g \cdot cm^{-3}$ 转换成 $\mu g \cdot \mu m^{-3}$ 的系数。

③对数谱分布函数

由于气溶胶粒子的粒径范围常常跨越几个数量级，所以使用谱分布函数表示（$n_N(D_p)$、$n_S(D_p)$、$n_V(D_p)$ 和 $n_M(D_p)$）通常不方便。如果横坐标（对应粒径）按对数间隔表示，就能显示出几个数量级的 D_p。另外，由于实际测得的气溶胶粒子的粒径区间范围不等，导致在半对数轴上 $n_N(D_p)$ 给出的气溶胶分布并不真实，所以用 $\ln D_p$ 或者 $\lg D_p$ 替代 D_p 表示气溶胶粒径谱分布更为方便。为了区分以 $\ln D_p$ 为自变量的气溶胶谱分布函数，以 $\ln D_p$ 为自变量的分布函数以上角标 e 标注，以 10 为底的对数 $\lg D_p$ 为自变量的气溶胶谱分布用 $n_N^\circ(\lg D_p)$，$n_S^\circ(\lg D_p)$ 和 $n_V^\circ(\lg D_p)$ 表示。注意：n_N、n_N^e 和 n_N° 对同粒径 D_p 是不同的数学函数，其自变量不同，分别为 D_p、$\ln D_p$ 和 $\lg D_p$。

$n_N^e(\ln D_p)$ 表示基于 $\ln D_p$ 的数浓度分布函数，定义 $n_N^e(\ln D_p)\mathrm{d}\ln D_p$ 为单位体积（$1\ cm^3$）空气中，粒径在 $\ln D_p \sim (\ln D_p + \mathrm{d}\ln D_p)$ 范围区间的粒子个数。由于 $\ln D_p$ 为无量纲，那么 $n_N^e(\ln D_p)$ 的单位为 cm^{-3}。气溶胶粒子的总数浓度 N_t 为

$$N_t = \int_{-\infty}^\infty n_N^e(\ln D_p)\,\mathrm{d}\ln D_p \quad (cm^{-3}) \tag{5.18}$$

$\ln D_p$ 为独立变量的表面积和体积谱分布可以定义为：

$$n_S^e(\ln D_p) = \pi D_p^2 n_N^e(\ln D_p) \quad (\mu m^2 \cdot cm^{-3})$$

$$n_V^e(\ln D_p) = \frac{\pi}{6} D_p^3 n_N^e(\ln D_p) \quad (\mu m^3 \cdot cm^{-3}) \tag{5.19}$$

气溶胶粒子的总表面积浓度 S_t 和总体积浓度 V_t 分别表示为：

$$\begin{aligned} S_t &= \pi \int_{-\infty}^\infty D_p^2 n_N^e(\ln D_p)\,\mathrm{d}\ln D_p \\ &= \int_{-\infty}^\infty n_S^e(\ln D_p)\,\mathrm{d}\ln D_p \end{aligned} \quad (\mu m^2 \cdot cm^{-3}) \tag{5.20}$$

$$\begin{aligned} V_t &= \frac{\pi}{6} \int_{-\infty}^\infty D_p^3 n_N^e(\ln D_p)\,\mathrm{d}\ln D_p \\ &= \pi \int_{-\infty}^\infty n_V^e(\ln D_p)\,\mathrm{d}\ln D_p \end{aligned} \quad (\mu m^3 \cdot cm^{-3}) \tag{5.21}$$

使用 $\mathrm{d}N$、$\mathrm{d}S$ 和 $\mathrm{d}V$ 分别定义为粒径在 $\ln D_p \sim (\ln D_p + \mathrm{d}\ln D_p)$ 区间气溶胶粒子的

数浓度、表面积浓度和体积浓度的微分,则

$$dN = n_N(D_p)dD_p = n_N^e(\ln D_p)d\ln D_p = n_N^o(\lg D_p)d\lg D_p \qquad (5.22)$$

$$dS = n_S(D_p)dD_p = n_S^e(\ln D_p)d\ln D_p = n_S^o(\lg D_p)d\lg D_p \qquad (5.23)$$

$$dV = n_V(D_p)dD_p = n_V^e(\ln D_p)d\ln D_p = n_V^o(\lg D_p)d\lg D_p \qquad (5.24)$$

基于以上,各种谱分布表示为:

$$\begin{cases} n_N(D_p) = \dfrac{dN}{dD_p}, & n_N^e(\ln D_p) = \dfrac{dN}{d\ln D_p}, & n_N^o(\lg D_p) = \dfrac{dN}{d\lg D_p} \\[3mm] n_S(D_p) = \dfrac{dS}{dD_p}, & n_S^e(\ln D_p) = \dfrac{dS}{d\ln D_p}, & n_S^o(\lg D_p) = \dfrac{dS}{d\lg D_p} \\[3mm] n_V(D_p) = \dfrac{dV}{dD_p} & n_V^e(\ln D_p) = \dfrac{dV}{d\ln D_p} & n_V^o(\lg D_p) = \dfrac{dV}{d\lg D_p} \end{cases} \qquad (5.25)$$

以上代表了对于自变量分别为 D_p,$\ln D_p$ 和 $\lg D_p$ 的累积数浓度谱 $N(D_p)$、表面积浓度谱 $S(D_p)$ 和体积浓度谱分布 $V(D_p)$ 的导数。

④谱分布特征量

取粒子谱分布的一个或两个特征值(如平均粒径、谱宽)来描述气溶胶谱分布特征通常比较方便,最常用的两个特征量是平均值和方差。如果气溶胶粒子增长变大,那么其谱分布相应的会向大粒径方向移动,或者是平均粒径增大。

假设有一 M 组粒子组成的离散分布,其直径为 D_k,数浓度为 N_k,$k=1,2,\cdots,$ M。粒子的数浓度则为

$$N_t = \sum_{k=1}^{M} N_k \qquad (5.26)$$

粒子群的平均直径 $\overline{D}_p$ 为:

$$\overline{D}_p = \frac{\sum_{k=1}^{M} N_k D_k}{\sum_{k=1}^{M} N_k} = \frac{1}{N_t} \sum_{k=1}^{M} N_k D_k \qquad (5.27)$$

方差 σ^2 是指与平均直径 $\overline{D}_p$ 偏离的程度。可以用下式表示:

$$\sigma^2 = \frac{\sum_{k=1}^{M} N_k (D_k - \overline{D}_p)^2}{\sum_{k=1}^{M} N_k} = \frac{1}{N_t} \sum_{k=1}^{M} N_k (D_k - \overline{D}_p)^2 \qquad (5.28)$$

若方差 $\sigma^2 = 0$,意味着谱分布中每一个粒子的直径与平均直径 $\overline{D}_p$ 相等;若 σ^2 越大表明粒子尺度谱越宽,即离散程度也越大。

实际测量的谱分布总是离散分布,为了数学处理和表述方便通常转化成连续分布,如连续型谱分布的平均粒径定义为:

$$\overline{D}_p = \frac{\int_0^{\infty} D_p n_N(D_p)dD_p}{\int_0^{\infty} n_N(D_p)dD_p} = \frac{1}{N_t} \int_0^{\infty} D_p n_N(D_p)dD_p \qquad (5.29)$$

连续型谱分布的方差为：

$$\sigma^2 = \frac{\int_0^\infty (D_p - \overline{D}_p)^2 n_N(D_p)\mathrm{d}D_p}{\int_0^\infty n_N(D_p)\mathrm{d}D_p} = \frac{1}{N_t}\int_0^\infty (D_p - \overline{D}_p)^2 n_N(D_p)\mathrm{d}D_p \quad (5.30)$$

除了均值和方差以外，表 5.4 还列出了表征气溶胶粒径谱分布的其他常用特征量。

表 5.4　表征气溶胶尺度分布常用的特征平均值（引自 Seinfeld and Pandis, 2006）

特征量	定义	说明
数平均直径 $\overline{D}_p$	$\overline{D}_p = \dfrac{1}{N_t}\displaystyle\int_0^\infty D_p n_N(D_p)\mathrm{d}D_p$	粒子群的平均直径
中值直径 D_{med}	$\displaystyle\int_0^{D_{med}} n_N(D_p)\mathrm{d}D_p = \dfrac{1}{2}N_t$	位于中间位置的粒子直径，即有一半粒子的直径比它大，有一半粒子直径比它小
平均表面积 $\overline{S}$	$\overline{S} = \dfrac{1}{N_t}\displaystyle\int_0^\infty n_S(D_p)\mathrm{d}D_p$	粒子群的平均表面积
平均体积 $\overline{V}$	$\overline{V} = \dfrac{1}{N_t}\displaystyle\int_0^\infty n_V(D_p)\mathrm{d}D_p$	粒子群的平均体积
表面积平均直径 D_S	$N_t\pi D_S^2 = \displaystyle\int_0^\infty n_S(D_p)\mathrm{d}D_p$	表面积等于粒子群平均表面积的粒子直径
体积平均直径 D_V	$N_t\dfrac{\pi}{6}D_V^3 = \displaystyle\int_0^\infty n_V(D_p)\mathrm{d}D_p$	体积等于粒子群平均体积的粒子直径
表面积中值直径 D_{Sm}	$\displaystyle\int_0^{D_{Sm}} n_s(D_p)\mathrm{d}D_p = \dfrac{1}{2}\displaystyle\int_0^\infty n_s(D_p)\mathrm{d}D_p$	位于中间位置的粒子表面积直径，即有一半粒子的表面积直径比它大，有一半粒子表面积直径比它小
体积中值直径 D_{Vm}	$\displaystyle\int_0^{D_{Vm}} n_V(D_p)\mathrm{d}D_p = \dfrac{1}{2}\displaystyle\int_0^\infty n_V(D_p)\mathrm{d}D_p$	位于中间位置的粒子体积直径，即有一半粒子的体积直径比它大，有一半粒子体积直径比它小
众数直径 D_{mode}	$\left(\dfrac{\mathrm{d}n_N(D_p)}{\mathrm{d}D_p}\right)_{D_{mode}} = 0$	数分布的局地最大值

（2）大气气溶胶谱分布函数的经验描述

①负幂函数分布

早在 20 世纪 50 年代，Junge 根据大量观测资料发现，大气中半径从 10^{-1} μm 到 10 μm 的气溶胶粒子，在每一个对数半径间隔内的气溶胶粒子总体积接近为常数。在数学上可表示成：

$$\begin{cases} r^3\left(\dfrac{\mathrm{d}N}{\mathrm{d}\ln r}\right) \approx 常数 \\ n(\ln r) = Ar^{-3} \end{cases} \quad (5.31)$$

式中，A 为常数。为了推广至一般，允许 r 的负幂数在 3 附近变动，以 α 表示，则上式可改写成：

$$n(\ln r) = Ar^{-\alpha} \tag{5.32}$$

或

$$n(r) = Ar^{-\alpha-1} \tag{5.33}$$

即著名的 Junge 谱分布。

对上式取对数，即 $\ln n(r) = \ln A - (\alpha+1)\ln r$，说明在双对数坐标图上，Junge 分布为一条直线。由此表明，若实测资料在双对数坐标图上 $n(r)$ 与 r 趋于线性分布时，可用负幂函数来描述。虽然 Junge 分布具有简单明了的特点，但 Junge 分布是基于相对干净的对流层气溶胶和平流层气溶胶的观测资料总结出来的，它只适用于0.1～10 μm 粒径范围内干净大气气溶胶。对城市污染大气，特别是燃煤为主要能源的城市污染大气，Junge 谱分布是不适用的，尤其不能用于整个气溶胶粒子尺度范围。

②Γ 谱分布

大量观测发现，大气气溶胶分布的基本特征是在核模态出现极大值，分布曲线呈偏态，在半径小的一侧，浓度迅速下降，而在半径大的一侧浓度缓慢减少。函数 $n(r) = r\exp(-br)$，在 $r = b^{-1}$ 处达极大值，在半径小的一侧下降缓慢而在半径大的一侧按指数下降。

Deirmendjian 于 1969 年提出用修正的 Γ 谱分布近似描述环境大气气溶胶数谱分布：

$$n(r) = \alpha r^{\gamma}\exp(-br^{\beta}) \tag{5.34}$$

式中，可调参数共 4 个，即 α, b, β, γ，都是正实数，且互相制约。适当调节它们的值，可以拟合不同谱形的分布。同时，也正是由于可调参数较多，使用起来显得不太方便。

③对数正态分布

上述模拟函数均限于一定尺度范围，且仅适于一种权重因子（如数浓度），而大量的实测资料表明，气溶胶的尺度谱，尤其是表面积谱、体积谱在对数坐标中均呈现多个正态分布趋势。图 5.2 为典型的大气气溶胶尺度分布，其中数浓度谱以核模态为主，表面积浓度谱以积聚态为主，体积浓度谱分布常为双峰型，分别在积聚模态和粗模态。

据此，Whitby(1978)对寻找一般尺度分布模式提出了下列要求：应对大气气溶胶整个尺度范围内的分布均能拟合；对数浓度、表面积浓度或体积浓度谱分布的拟合应具有较好的一致性，此即要求分布形式与权重因子无关；拟合函数应具有一定的物理基础。

由正态分布模式，可直接得出对数正态分布函数表达式

$$n(r) = \frac{N}{\sqrt{2\pi}\, r\ln\sigma_{\mathrm{g}}}\exp\left[-\frac{(\ln r - \ln r_{\mathrm{g}})^2}{2\ln^2\sigma_{\mathrm{g}}}\right] \tag{5.35}$$

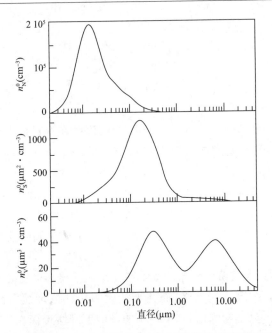

图 5.2　典型城市气溶胶数谱分布、表面积谱分布和体积谱分布(引自 Seinfeld and Pandis,2006)

描述对数正态分布的两个参量 r_g 和 σ_g 分别称为平均半径和标准差,它们的取值确定了粒子谱的形状,其离散表达式分别为:

$$\ln r_g = \overline{\ln r} = \frac{\sum_i N_i \ln r_i}{\sum N_i} \qquad (5.36)$$

$$\ln \sigma_g = \left[\frac{\sum N_i (\ln r_i - \ln r_g)^2}{\sum N_i - 1} \right]^{1/2} \qquad (5.37)$$

Jaenicke(1993)建议典型的气溶胶分布参数见表 5.5。

表 5.5　7 种典型气溶胶谱分布表示为 3 个对数正态分布模态的参数

类型	模态 I			模态 II			模态 III		
	$N(\text{cm}^{-3})$	$D_p(\mu m)$	$\lg\sigma$	$N(\text{cm}^{-3})$	$D_p(\mu m)$	$\lg\sigma$	$N(\text{cm}^{-3})$	$D_p(\mu m)$	$\lg\sigma$
城市气溶胶	9.93×10^4	0.013	0.245	1.11×10^3	0.014	0.666	3.64×10^4	0.05	0.337
海洋气溶胶	133	0.008	0.657	66.6	0.266	0.210	3.1	0.58	0.396
乡村气溶胶	6650	0.015	0.225	147	0.054	0.557	1990	0.084	0.266
边远陆地气溶胶	3200	0.02	0.161	2900	0.116	0.217	0.3	1.8	0.380
自由对流层气溶胶	129	0.007	0.645	59.7	0.250	0.253	63.5	0.52	0.425

类型	模态 I			模态 II			模态 III		
	$N(\text{cm}^{-3})$	$D_p(\mu m)$	$\lg\sigma$	$N(\text{cm}^{-3})$	$D_p(\mu m)$	$\lg\sigma$	$N(\text{cm}^{-3})$	$D_p(\mu m)$	$\lg\sigma$
极地气溶胶	21.7	0.138	0.245	0.186	0.75	0.300	3×10^4	8.6	0.291
沙漠气溶胶	726	0.002	0.247	114	0.038	0.770	0.178	21.6	0.438

④对数二次曲线分布

对燃煤为主的城市污染大气气溶胶的大量观测证明,对三个不同模态的谱分布分段进行处理能够得到比较好的结果,每个模态都可以用一个对数二次曲线谱描述。

$$n(d_p) = ad_p^b e^{-c\ln^2 d_p} \tag{5.38}$$

式中,a,b,c 为经验参数。

5.1.4　气溶胶的源、汇及寿命

气溶胶粒子的来源非常广泛,有天然源和人为源两种。天然源主要包括地球表面的岩石和土壤风化,海浪溅沫和海洋中的气泡炸裂形成的海盐粒子,植物花粉、孢子,火山爆发,森林火灾等。人为源主要包括农业活动、交通运输以及工业活动过程等各种人类活动。就气溶胶粒子的产生方式来说,天然源和人为源产生的气溶胶粒子均有直接排放和气粒转化两种方式。其中,由排放源直接排放到大气中的颗粒物称为一次气溶胶;大气中的气体经光化学氧化或其他化学反应生成的颗粒物(即气粒转化过程)称为二次气溶胶。由于气溶胶源的地理分布具有高度的不均匀性,导致对流层气溶胶的浓度及其化学组成差异很大。表5.6是与气溶胶粒子有关的名称及其来源特征。

表 5.6　与大气气溶胶粒子有关的术语(改编自 Seinfeld and Pandis,2006)

名称	特征
沙尘、粉尘(dusts)	由机械粉碎过程如破碎、研磨和爆破等产生的固体颗粒物;$D_p>1\ \mu m$
雾(fog)	悬浮在近地面大气中的小水滴或冰晶组成的水汽凝结物。在气象上按能见度可区分为轻雾和雾
烟尘(fume)	由蒸汽凝结产生的固态颗粒,通常由熔化物质挥发后产生,且伴随有化学反应如氧化;$D_p<1\ \mu m$
霾(hazes)	一种影响能见度的尘粒、烟粒或盐粒的集合体;$D_p<1\ \mu m$
烟雾(smog)	由烟和雾派生出的一个术语,用于气溶胶的大范围污染
烟(smoke)	不完全燃烧产生的固体颗粒或释放的气体转化成固体或液体的混合物,粒子主要由碳和其他可燃物质组成;$D_p\geqslant0.01\ \mu m$
煤烟(soot)	近似球形的原生碳质颗粒的凝聚体,呈链状,粒子尺度可达几微米

　　气溶胶的汇是指气溶胶粒子的去除,主要有干沉降和湿沉降两种途径。

　　(1)干沉降

　　干沉降是指气溶胶粒子在重力作用下或与地面其他物体碰撞后,发生沉降而被去除。干沉降过程具体可分为三个阶段:①在边界层通过重力沉降或湍流扩散而紧贴地表薄层输送,对较小的粒子主要受湍流扩散控制,可称为空气动力学输送分量;②在紧贴表面的层流薄层内,通过布朗扩散至吸收表面底层,称为表面输送分量。尽管该层厚度仅 $10^{-1} \sim 10^{-2}$ cm,但通过这层的扩散却总是沉降中重要的部分;③表面对物质的吸收黏附特征和可溶性决定了物质通过层流副层扩散有多少比例被实际移出大气,此作用称为传输分量。

　　粒子的干沉降不同于气体,主要由布朗扩散、惯性碰撞、重力沉降等因素引起。通常认为粒子沉降到表面后没有再悬浮,则表面阻力可以忽略。粒子干沉降速率 V_d可以表示为:

$$V_d = (R_a + R_b + R_a R_b V_g)^{-1} + V_g \qquad (5.39)$$

式中,R_a、R_b 和 V_g 分别代表空气动力学阻力、地面层阻力和粒子的重力沉降速率。

　　(2)湿沉降

　　气溶胶的湿沉降也叫气溶胶的湿清除,包括云内清除和云下清除。气溶胶的云内清除指的是大气中的气溶胶粒子可以作为云凝结核(CCN)或者冰核(IN),通过云降水直接清除。气溶胶粒子中有相当一部分细粒子(特别是粒径小于 $0.1~\mu m$ 的粒子)可以作为云的凝结核,成为云滴的中心,通过凝结过程和碰撞过程使其增长为雨滴;对于粒径小于 $0.05~\mu m$ 的粒子,由于布朗运动可以使其黏附在云滴上或溶解于云滴中。雨滴形成后,在适当的气象条件下,雨滴进一步长大而形成雨降落到地面,从而去除气溶胶粒子。雨除对于半径小于 $1~\mu m$ 的颗粒物效率较高,特别是具有吸湿性和可溶性的颗粒物更为明显。云下清除是指雨滴(或其他降水粒子)在降落过程中,主要通过惯性碰并过程和布朗扩散作用,捕获气溶胶粒子,从大气中清除的过程。气溶胶湿清除的清除率取决于降水率的大小和云内的液态水含量的多少。气溶胶的湿清除系数一般随气溶胶水溶性的增强而增大。

　　图 5.3 列出了气溶胶的源、汇及其寿命。气溶胶的形成、传输、清除等过程决定了其在大气中的生命期。一般来说,气溶胶粒子的寿命与粒子的尺度、化学组分、所处的高度和局地天气状况等有关。粒子直径为小于 $0.01~\mu m$ 和大于 $20~\mu m$ 的停留时间均小于 1 天,其主要的去除机制前者为云滴捕获和凝聚,而后者主要是靠重力沉降、与地表的碰撞和降水清除。值得注意的是:直径为 $0.2 \sim 2~\mu m$ 的粒子有较多的来源,但汇却较弱,此粒径范围的粒子在对流层中有较长的寿命,其生命期为几天到几个星期。吸湿性粒子容易成为凝结核,被云雾降水清除的可能性较大,粒子寿命相对较短。除了粒径在 $0.001 \sim 0.1~\mu m$ 范围的极小粒子外,所处位置越高,粒子沉降

到地面所需时间越长,其寿命也就越长。

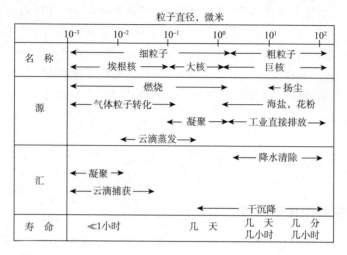

图 5.3　气溶胶的主要源汇及其在对流层中停留时间的估计值(引自华莱士和霍布斯,1981)

5.1.5　气溶胶的混合状态

气溶胶的混合状态是指气溶胶中光吸收性组分(黑碳,BC)与其他化学组分(非吸收性组分)共存的方式,也叫黑碳的混合状态或黑碳气溶胶的混合状态。目前有三种普遍应用的模型来描述黑碳的混合状态,分别是内混、外混和"核-壳"混合。如图5.4 所示,内混指气溶胶中光吸收性组分与其他化学组分完全均匀混合(Bond and Bergstrom,2006);而外混指光吸收性组分不与其他化学组分混合而单独存在(Bond and Bergstrom,2006);"核-壳"混合是指黑碳被非吸收性组分均匀混合组成的壳包裹着(Ackerman and Toon,1981)。气溶胶不同混合状态使黑碳在大气层顶的辐射强迫存在很大的变化范围($0.16\sim0.80$ W·m^{-2})。

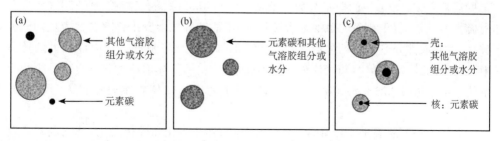

图 5.4　BC 和非吸收气溶胶不同的混合状态:(a)外混;(b)内混;(c)"核-壳"混合(引自程雅芳　等,2008)

实际上,外混和内混这两种极端状态并不能代表气溶胶的真实混合状态,而"核-壳"混合状态的假设是将黑碳作为吸收"核"正好处于颗粒物的正中心位置,这均与真实情况相差甚远。对于黑碳气溶胶混合状态的确定,也在不断寻求不同的实验和数值方法以期有深入的认识从而减小其在全球气候模式中的不确定性。目前,黑碳的混合状态主要通过直接观测气溶胶混合状态(如透射电子显微镜 TEM、单颗粒烟尘光度计 SP2 和单颗粒气溶胶飞行时间质谱仪 SPAMS 等)和模型反演气溶胶混合状态。

5.2　气溶胶的化学组成及来源估计

5.2.1　气溶胶的化学组成

气溶胶的化学组成十分复杂,当粒子的来源不同时,其组分也相差很大。来自地表土壤和由污染源直接排入大气中的颗粒物以及来自海水飞沫的盐粒等一次气溶胶粒子含有大量的 Fe、Al、Si、Na、Mg、Cl 和 Ti 等元素。二次气溶胶粒子则含有大量的硫酸盐、铵盐和有机物等。

对流层气溶胶主要来自人类活动,其化学成分可分为无机组分和有机组分,包括硫酸盐、硝酸盐、铵盐、钠盐、氯盐、微量元素、地壳元素、含碳物质等,其中含碳部分由元素碳和有机碳组成。不同粒径大小的气溶胶粒子,其化学组成及其所占的比例也有很大差异。

(1)水溶性离子组分

大气气溶胶中主要的离子组分是二次水溶性离子,主要为硫酸盐、硝酸盐和铵盐,主要来自于气粒转化,气态前体物有 SO_2(DMS)、NH_3 和 NO_x。

硫酸盐(SO_4^{2-})是对流层气溶胶粒子中普遍存在的组分,并是气溶胶质量的主要贡献者之一。SO_4^{2-} 的质量分数一般从 $22\%\sim45\%$(大陆气溶胶)到 75%(北极和南极气溶胶)。由于地壳的硫酸盐含量很低,不能解释气溶胶中含有这么大比例的硫酸盐,表明大部分 SO_4^{2-} 的来源是通过 SO_2 的气粒转化形成的。在海洋和大陆环境中都能检测到 SO_4^{2-},但其气体前体物不同,海洋中的气体前体物是来自浮游植物产生的二甲基硫(DMS),而大陆环境 SO_4^{2-} 粒子的气体前体物主要来自人为排放的 SO_2 转化。

大气中 SO_2 的氧化途径有 SO_2 的气相氧化、液相氧化和固相氧化。SO_2 的均相氧化反应主要是被大气中的 HO_2,RO_2 和 OH 等自由基所氧化,其中与 OH 自由基的氧化速率通常高于其他途径的几倍甚至几十倍。SO_2 的液相氧化反应有很多种,已发现的可与 S(Ⅳ)发生氧化反应的有:H_2O_2,O_3,O_2(在 Mn(Ⅱ)和 Fe(Ⅲ)的催化下),OH,PAN,HO$_2$,CH$_3$OOH,NO$_2$,HCHO 等,其中 H$_2$O$_2$ 是云水和雾滴中氧化 S(Ⅳ)最有效的物种之一。液相氧化是三种氧化途径中效率最高的一种。在粒子表面存在金属氧化物或者活性炭的催化作用下,使附着的 SO$_2$ 氧化形成 SO$_4{}^{2-}$。

大气中的硝酸盐(NO$_3{}^-$)是光化学反应的典型产物,普遍存在于大陆气溶胶中。氮氧化物(NO$_x$)的光化学反应生成了气态硝酸,大气中的 HNO$_3$ 在气相和固相(冷凝和蒸发)之间不断地转移,气态 HNO$_3$ 可以与 NH$_3$、海盐和沙尘反应而转入固相。高的 NH$_3$ 浓度、低温和高相对湿度有利于 NH$_4$NO$_3$ 气溶胶的形成,并通常在亚微米范围内,而与海盐和沙尘的反应生成的 NO$_3{}^-$ 在粗颗粒中存在。在污染城市大气中,NO$_3{}^-$ 是最重要的气溶胶化学成分之一,在大气含氮化合物中起着重要作用,对大气酸沉降和能见度衰减方面均有明显贡献。城市大气中 NO$_x$ 的主要来源于机动车尾气。

铵盐(NH$_4{}^+$)是大陆气溶胶中与 SO$_4{}^{2-}$ 和 NO$_3{}^-$ 相关的主要阳离子。氨气 (NH$_3$)极易与大气中酸性气体如硫酸(H$_2$SO$_4$)、硝酸(HNO$_3$)结合生成硫酸铵 ((NH$_4$)$_2$SO$_4$)、硫酸氢铵(NH$_4$HSO$_4$)和硝酸铵(NH$_4$NO$_3$),是大气细粒子的重要组成部分。NH$_3$ 与燃煤排放到大气中的气态氯化氢(HCl)反应生成氯化铵(NH$_4$Cl),主要存在于细颗粒物中。NH$_3$ 是大气中含量最高的碱性气体,主要来源于畜禽养殖和氮肥施用等农业源,在城市非农业氨排放中交通源的贡献最大。

气溶胶组成中的其他水溶性离子组分有 Cl$^-$、Na$^+$、K$^+$、Ca^{2+}、Mg^{2+}、F$^-$ 等。其中,大气颗粒物中 Cl$^-$ 主要来源于海盐。由于海洋向大气中排放的海盐粒子主要为粗粒子模态,因此,沿海地区的大气颗粒物中的 Cl$^-$ 主要存在于粗粒子中。另外,燃煤过程也可以向大气中排放 Cl$^-$,但存在于细粒子中,这就使得中国北方地区燃煤取暖期间大气细粒子中有较多的 Cl$^-$ 富集。Na$^+$ 是海水中含量最高的阳离子(约为 Mg^{2+} 的 9 倍,Ca^{2+} 和 K$^+$ 的 450 倍)。沿海地区大气颗粒物中的 Na$^+$ 几乎都来自于海洋排放,并以粗粒子模态存在,化学性质稳定,因此常被作为海洋源的参比元素。陆地上空大气气溶胶中的 K$^+$ 主要以细粒子模态存在,通常被认为是生物质燃烧的示踪物。颗粒物中的 Ca^{2+} 主要来自于土壤,是土壤扬尘的标识元素,以粗粒子模态存在。另外,道路扬尘和建筑尘中也含有较多的 Ca^{2+}。Mg^{2+} 既有海洋源的贡献,又有土壤源的贡献,并且都分布在粗粒子中,含量相对较低。F$^-$ 主要是由垃圾焚烧和工业生产向大气中排放。

(2)气溶胶中的有机物

有机物是大气气溶胶的重要组成部分,约占气溶胶质量浓度的 10%~50%,在细颗粒物的化学组成中,有机物是含量最为丰富的物种之一,对人体健康、能见度和全球气候变化都有重要影响。气溶胶中有机物的粒径大部分在 0.1~5 μm 之间,主要以积聚态形式存在,难以被干、湿沉降去除,主要随气流输送或者通过自身的布朗运动扩散去除,在大气中的停留时间比较长。由于颗粒物中的有机化合物种类繁多且结构复杂,浓度水平低且物理化学性质差别大,近年来越来越引起人们的重视。

①有机碳和元素碳

大气气溶胶中的有机物按测量方法定义为有机碳(OC)和元素碳(EC)。

元素碳,又称黑碳(black carbon or soot),主要由化石燃料或生物质的不完全燃烧而热解产生的、由单质碳组成的具有类似石墨结构的产物,只存在于由污染源直接排放的一次气溶胶中。它主要是由含碳物质在燃烧过程中产生的不定型碳质组成,其表面具有较好的吸附能力,在传输过程中可以捕获各种二次污染物,使颗粒表面的物理化学形态发生转变,变为亲水性的云凝结核,从而对云的形成和微物理结构产生影响。元素碳主要存在于亚微米的颗粒物中,对可见光和红外光都有强烈吸收作用,是影响大气能见度的重要因素。

有机碳通常指脂肪族、芳香族、酸类等多种有机化合物,如多环芳烃、正构烷烃、有机酸等,其中多环芳烃是目前受到普遍关注含较多致癌物质的烃类化合物。OC按来源可分为一次有机碳(primary organic carbon,POC)和二次有机碳(secondary organic carbon,SOC)。一次有机碳主要由污染源直接排放进入大气,而二次有机碳则是由挥发性有机物的氧化反应所生成的低挥发性产物凝结而成或者由大气非均相反应生成。按是否可溶于水可分为水溶性有机碳(water-soluble organic carbon,WSOC)和水不溶性有机碳(water-insoluble organic carbon,WIOC),其中WSOC是OC的重要组成部分,在OC中的比重约为20%~60%。由于有机组分整体定量较为困难,在研究中经常以其中的碳含量进行表征,例如,以SOC的浓度来表征二次有机气溶胶(secondary organic aerosol,SOA)的含量变化。

大气颗粒物中的WSOC主要来源于生物质燃烧的一次排放和挥发性有机物(volatile organic compound,VOC)的氧化生成,因此,在生物质燃烧贡献可以忽略的情况下,WSOC可以理想的表征SOA的浓度变化。WSOC可以改变气溶胶粒子的吸湿特性,影响云凝结核的成核能力及其性质,改变云的辐射特性并参与降水过程,对气候变化起到间接作用。

目前颗粒相中WSOC主要成分为一元和二元有机羧酸、酮类、二羰基化合物等,其中,低分子量有机羧酸是WSOC的重要组成部分,二元羧酸是颗粒物中检出的最主要的WSOC物质,在城市和近郊大气气溶胶中可占到总碳含量的1%~3%。由于二元羧酸具有高水溶性,可以改变大气颗粒物的吸湿性,进而改变颗粒物尺寸、酸性、吸湿性和云凝结核活性。

POC主要来自于燃烧源和自然源。燃烧源包括机动车排放、生物质燃烧、燃煤电厂等;自然源包括植物草木碎片、土壤有机质的风蚀作用和生物直接排放(如真菌孢子,花粉和植物蜡质层等)。Zheng等(2006)利用化学质量平衡受体模型(chemical mass balance,CMB)定量地估算了不同源对香港 PM$_{2.5}$中 POC 的贡献,发现柴油车尾气、汽油车尾气、肉类烹饪、香烟烟雾、生物质燃烧、道路扬尘、植物碎屑、燃煤和天然气燃烧是 POC 的主要来源,其中柴油车尾气是 POC 的最主要来源,分别贡献城市和郊区站点 OC 的 57%和 25%。Rogge 等(1996)估算美国洛杉矶 POC 的日平均排放量为 29.8 吨,其中肉类烹饪占 21.2%,道路扬尘 15.9%,壁炉占 14%,未安装催化装置的汽车占 11.6%,柴油车占 6.2%,表面涂料占 4.8%,森林火灾占 2.9%,安装催化装置的汽车占 2.9%以及香烟烟雾占 2.7%。每一种源都会排放出多种化合物,例如,在肉类烹饪过程排放的 OC 中检测出 80 多种化合物。Bond 等(2004)估算了 1996 年全球燃烧排放的 POC 的量为 17~77 Tg/a,其中露天燃烧贡献了排放总量的 75%,而化石燃料燃烧仅占到 7%。

来自于锅炉、壁炉、汽车、柴油车和肉类烹饪装置产生的 POC,其质量谱分布主要集中在直径约为 0.1~0.2 μm 范围内。通常 POC 的质量谱分布呈单峰型,90%以上的 POC 以亚微米粒子的形式存在。

②多环芳烃

多环芳烃(polycyclic aromatic hydrocarbons, PAHs)是指分子中含有两个或两个以上苯环的以稠环结构相连的烃类化合物,种类繁多,是人们最早在大气成分中发现的致癌物质之一。多环芳烃主要是有机物的不完全燃烧或石油、煤等化石燃料高温分解过程产生,其主要来源有天然源和人为源两个方面。天然源主要为森林火灾和火山爆发等自然界的燃烧活动产生,但其产生量远不及人为源。人为源种类繁多,包括化石燃料燃烧、机动车尾气排放、焦化、金属冶炼等工业过程、烹调过程、垃圾焚烧、露天烧烤、生物质燃烧等。大气中的 PAHs 几乎全部来源于人为排放源的贡献。

环境中 PAHs 作为一种广泛分布的有机污染物,广泛存在于水、空气和土壤等介质中。大气中 PAHs 以气相、固相两种形式存在,其中 2~3 个苯环的 PAHs,蒸气压较高,主要以气相形式存在,3~4 环 PAHs 在气相和固相中均有分布,5 环以上的 PAHs 主要吸附在颗粒物表面上,且多数分布在 PM$_{2.5}$中。

虽然在环境中浓度较低,从几纳克每立方米到几百纳克每立方米,但分布很广,人们能够通过大气、水、食品等摄取,是人类致癌的重要起因之一。大多数的 PAHs 具有致癌、致畸和致突变性,其中,苯并芘(BaP)被公认为强致癌物,主要吸附在直径小于 1 μm 的细颗粒物上。PAHs 因水溶性差及其稳定的环状结构而不被生物利用,在环境中呈不断累积的趋势,它们的半衰期少则 2 个月,多则几年。美国环境保护署(Environmental Protection Agency,EPA)在众多 PAHs 中列出 16 种 PAHs 为优先污染物,其结构列于图 5.5,而其物理化学性质和致癌性见表 5.7。

进入到大气中的 PAHs 可以通过氧化反应、光降解以及干湿沉降等方式去除。低分子量的 PAHs 在大气中多以气态形式存在,易与 OH 自由基、NO$_3$ 自由基和 O$_3$

发生氧化反应而降解;而高分子量的 PAHs 具有较低的饱和蒸气压和亨利常数,多以颗粒态形式存在,不易与 OH 自由基等氧化物质发生反应,更倾向于直接光降解。

　　PAHs 是半挥发性有机物(SVOCs),其气相和颗粒相的分布与其在大气中的传输、沉降和化学转化有重要关系,是决定 PAHs 在大气中最终归趋的关键因素。PAHs 的气/粒分配由其蒸气压、浓度、温度以及颗粒物的组成和化学特性所决定,而蒸气压通常取决于其分子中碳原子的个数和极性集团的类型及个数。

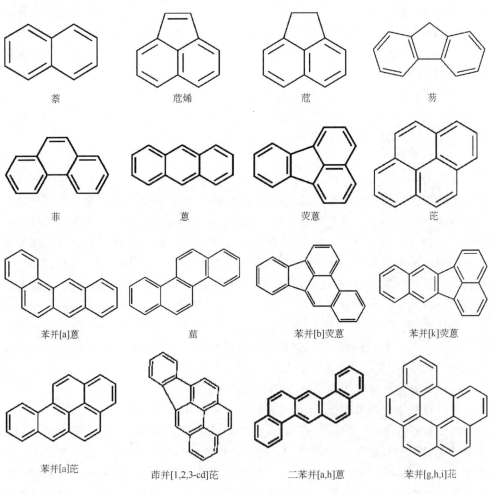

<table>
<tr><td>萘</td><td>苊烯</td><td>苊</td><td>芴</td></tr>
<tr><td>菲</td><td>蒽</td><td>荧蒽</td><td>芘</td></tr>
<tr><td>苯并[a]蒽</td><td>䓛</td><td>苯并[b]荧蒽</td><td>苯并[k]荧蒽</td></tr>
<tr><td>苯并[a]芘</td><td>茚并[1,2,3-cd]芘</td><td>二苯并[a,h]蒽</td><td>苯并[g,h,i]苝</td></tr>
</table>

图 5.5　USEPA 公布的 16 种优控 PAHs 结构

表 5.7　优控 PAHs 的物理化学性质

中文名称	英文名称	分子式	苯环数	分子量	水溶性 ($\mu g \cdot L^{-1}$)	熔点和沸点(℃)	蒸气压 (Pa, 25℃)	致癌性
萘	Nahpthalene	$C_{10}H_8$	2	128	31700	81/218	10.9	
苊	Acenaphthene	$C_{12}H_{10}$	3	154		95/270	—	
苊烯	Acenaphthylene	$C_{12}H_8$	3	152	3930	96.2/279	0.596	
芴	Fluorene	$C_{13}H_{10}$	3	166		115.5/294	8.86×10^{-2}	
菲	Phenanthrene	$C_{14}H_{10}$	3	178	1290	100.5/338	1.8×10^{-2}	
蒽	Anthracene	$C_{14}H_{10}$	3	178	73	216.5/340	7.5×10^{-4}	
荧蒽	Fluoranthene	$C_{16}H_{10}$	4	202	260	108.8/383	0.254	
芘	Pyrene	$C_{18}H_{12}$	4	202	135	150.4/393	8.86×10^{-4}	
䓛(二苯并蒽)	Chrysene	$C_{18}H_{12}$	4	228	2	253.8/431	5.7×10^{-7}	致癌
苯并[a]蒽	Benzo(a)anthracene	$C_{18}H_{12}$	4	228	14	160.7/425	7.3×10^{-6}	致癌
苯并[b]荧蒽	Benzo(b)fluoranthene	$C_{20}H_{12}$	5	252		213.5/398	—	强致癌
苯并[k]荧蒽	Benzo(k)fluoranthene	$C_{20}H_{12}$	5	252		217/481	—	强致癌
苯并[a]芘	Benzo(a)pyrene	$C_{20}H_{12}$	5	252	0.05	178.1/496	5.6×10^{-9}	特强致癌
二苯并[a,h]蒽	Dibenzo(a,h)anthracene	$C_{22}H_{14}$	5	278		266.6/535	—	特强致癌
苯并[g,h,i]芘	Benzo(ghi)perylene	$C_{22}H_{12}$	6	276	0.3	278.3/524	6×10^{-5}	致癌
茚并[1,2,3-cd]芘	Indeno(1,2,3-cd)pyrene	$C_{22}H_{12}$	6	276		—	—	特强致癌

（3）气溶胶粒子中的微量元素

除了水溶性离子和有机物之外,地壳元素和痕量元素也是气溶胶的重要组成部分,对环境和人类健康造成极大的危害。如 Hg 会导致中枢和植物神经系统功能紊乱和肾、消化道等器官损害;Pb、Cd 和 S 对人会产生急性或慢性化学毒性,造成人体机能障碍,减缓身体发育,严重者可引发各种癌变和心脏疾病等。气溶胶中元素组成的来源包括天然源和人为源。沙尘和火山爆发是最主要的天然源,而人为源中主要来自于工业生产、燃料燃烧以及汽车轮胎等机械磨损等。事实上,不同来源的气溶胶含有的元素种类和含量均不同。例如土壤主要含有 Si、Fe、Al、Ca、Mg 和 Ti 等;海盐中主要有 Na 和 Cl;颗粒物 Pb 和 Cl、Br 主要来自机动车排放;水泥、石灰等建材含 Ca 和 Al;钢铁冶金排放 Fe、Mn 和相应的金属元素;汽车尾气中有 Pb、Br 和 Ba;燃料油排放 Ni、V、Pb 和 Na,煤和焦炭的灰粉中有地壳元素,还排放 As 和 Se;焚烧垃圾可排放 Zn、Sb 和 Cd。

微量金属的粒径分布随元素的不同而变化,一般地壳元素如 Si、Fe、Al、Sc、Na、Ca、Mg 和 Ti 等以氧化物的形式主要存在于粗模态中,而污染元素 Zn、Cd、Cu、Pb、As、Ni 和 S 等则大部分存在于细粒子中。例如,南京地区观测到的 Zn、Pb、As 在 $PM_{2.1}$ 中富集程度是 $PM_{2.1\sim10}$ 中的 $10\sim20$ 倍,Co、Cu、Ni 在 $PM_{2.1}$ 中富集程度是 $PM_{2.1\sim10}$ 中的 $4\sim5$ 倍(薛国强,2014)。

5.2.2 气溶胶的来源判别

气溶胶粒子组分的浓度反映了大气污染的程度,也包含了各种污染源的贡献。通过对监测资料的处理和分析可以得到气溶胶的来源和污染贡献的信息。下面介绍几种常用的分析方法。

(1)气溶胶粒子的相对浓度和富集因子

为了判断污染(或清洁)的相对程度,消除气溶胶粒子总量变化对判断的影响,通常采用监测浓度相对于某一参考标准物浓度的比值(即相对浓度)来衡量。如果相对浓度值明显超过 1,可以认为污染严重;反之,当相对浓度值明显低于 1 时,则认为比较清洁。

参考标准物浓度,理想的是采用大气中该物质的自然本底浓度(背景浓度)。但确定各地的本底浓度值十分困难,因此,通常多数工作是从取得的多个样本本身来得到"标准"。这样可以有各种不同的相对浓度的定义。

一种定义为:从多个样本中的每一元素 i 求得其平均浓度 $\bar{C}_i$。由于元素测量值出现的频数常呈对数正态分布,因而取其几何平均。对某一样本的元素组分的相对浓度 X_{ii} 有

$$X_{ii} = \frac{C_i}{\bar{C}_i} \tag{5.40}$$

式中,C_i 为样品中元素 i 的浓度。

另一种相对浓度的定义,则是选择某些元素的样本平均值作为参比元素,将样本的各元素浓度与其相比得到相对浓度 X_{iR}

$$X_{iR} = \frac{C_i}{\bar{C}_R} \tag{5.41}$$

在一些文献中选用 Fe、Si、Al 等作为参比元素,暗示了考虑的源是地壳源。

相对浓度法是将观测数据进行了标准化处理,消除因气溶胶总量变化而引起的变化。相对浓度值稳定,就意味在采样期间内污染源变化不大。该方法可以看出样本组分的浓度与平均浓度之间的差异,从而判断其污染与否及其程度,但不能鉴别具体污染源的类型,更不能估计出不同污染源的贡献大小。而且,采样时的条件不同、距离污染源的远近不同等因素对处理结果均有影响。

　　富集因子(enrichment factor,EF)法是用于研究气溶胶粒子中元素的富集程度,判断和评价元素的自然源和人为源(Gordon et al.,1974)。其优点是可以消除采样过程中带来的各种不确定因素的影响。因此,它比用相对浓度法来解释源的性质更为确切、可靠。但它不能给出各种不同类型污染源相对贡献的定量结果。

　　选择一种相对稳定的元素作为参比元素,将气溶胶粒子中待考查元素 i 与参比元素 R 的相对浓度($(X_{iR})_a = \left(\dfrac{C_i}{C_R}\right)_a$)和地壳中相对应元素 i 和 R 的平均丰度($(X_{iR})_c = \left(\dfrac{C_i}{C_R}\right)_c$)求得相对浓度,求得富集因子$(EF)_c$:

$$(EF)_c = \frac{(X_iR)_a}{(X_iR)_c} = \left(\frac{C_i}{C_R}\right)_a \bigg/ \left(\frac{C_i}{C_R}\right)_c \tag{5.42}$$

　　有关各种元素的地壳丰度已有多人给出了数据,表5.8列出了土壤和地壳中主要元素的平均丰度。

表 5.8　土壤和地壳中主要元素的平均丰度

元素	丰度(ppmm)		
	土壤	地壳(1)	地壳(2)
Si	330000	277200	311000
Al	71300	81300	77400
Fe	38000	50000	34300
Ca	13700	36300	25700
Mg	6300	20900	33000
Na	6300	28300	31900
K	13600	25900	29500
Ti	4600	4400	4400
Mn	850	950	670
Cr	200	100	48
V	100	135	98
Co	8	25	12

注:地壳(1):Mason(1966);地壳(2):Warneck(1988)

　　参考元素通常选择自然源中普遍存在、人为污染小、化学性质稳定性好、挥发性较低的元素,如对地壳选用 Fe、Al 或 Si 作为参考元素。也有人主张用元素 Sc 作为参考元素。尽管 Sc 的丰度很低,因其人为污染源较少,化学稳定性好,挥发性较低,而且与 Fe、Al 之间的相关性好。但对分析手段要求较高。在研究海洋气溶胶时,常选用 Na 作为参考元素。

　　如果大气中元素的富集因子值>10,认为该元素由于污染而明显富集于气溶胶粒子中,也就是说该元素相对于地壳元素有了富集,其数值越大,表明富集程度越高。如果富集因子值<10,即元素没有被富集,说明它们主要来源于天然源。表5.9给出了以Al为参考元素、地壳平均物质为参考物质计算的南京城郊$PM_{2.1}$中元素的富集因子。由表可见,南京地区$PM_{2.1}$(因采样器无12.5 μm的切割头,故用2.1 μm代替)中的Pb、As、Zn、Hg、Cu、Ni、Cr等富集因子均大于10,说明它们主要来源于人为污染源;而Ca、Mg、K、Co、Ti、V、Fe、Ba等元素富集因子低于10,即相对于地壳没有富集,说明它们主要来源于地壳。从空间变化来看,北郊的Pb、Zn、Hg、Cu、Ni、Cr、Mn的富集因子高于市区,说明北郊的人为污染要强于市区。其中Zn、Cu、Ni、Mn、Cr这5种元素是冶金化工尘的特征元素,Pb是冶金化工尘和机动车排放的特征元素,这可能与南京江北大厂工业区有关。而市区As、Ca的富集因子高于北郊。As是燃煤尘的特征元素,Ca是土壤扬尘的标识元素,可能与市区人类活动频繁有关。

表 5.9 南京城郊 $PM_{2.1}$ 中元素的富集因子(引自银燕等,2009)

元素	夏季		秋季	
	市区	北郊	市区	北郊
Pb	428.84	553.62	322.47	370.96
As	370.38	318.95	183.88	176.78
Zn	253.24	1021.60	283.77	309.69
Hg	144.21	160.97	152.41	210.77
Cu	89.14	142.17	79.33	115.30
Ni	18.62	22.89	17.57	27.57
Cr	14.03	47.94	19.72	15.15
Na	8.68	7.81	12.92	5.26
Mg	7.41	6.98	7.06	7.84
Mn	4.80	10.49	6.53	6.95
Ca	4.86	4.34	4.88	3.03
K	4.49	6.63	7.42	6.59
Co	3.85	6.23	4.78	5.28
Ti	3.16	3.92	2.46	1.82
V	3.04	3.32	3.64	3.56
Fe	1.16	2.73	1.47	2.47
Ba	1.74	1.54	1.59	1.95

(2)相关分析法

通过相关分析,可以考察气溶胶的物理性质(如粒子大小、光散射系数等)、气象条件(如温度、相对湿度、风、能见度等)与化学组成的内在联系及其规律。有研究发现,Al、Sc、Ti、La、Sm、Th等元素的两两浓度之间的相关系数均在0.75~0.95,且大都存在于$D_p > 1.5$ μm的粒子中,而在$D_p \leqslant 1.5$ μm的粒子中含量不足20%,可以判断这些元素主要来源于土壤。元素 Ca、Rb、Cs 两两相关的系数在 0.77～0.92,这些元素和水泥工业中的石灰石密切相关。V 和 Ni 的相关系数为 0.81,则来源于石油燃烧。但有些元素虽然相对于地壳很富集,如 Ni 和 Cl 的富集因子分别为 20 和 350,而它们的相关系数却很低,仅为 0.29,说明它们并不是同样的源。富集因子法揭示的是粒子与参考源的差异,而相关分析则可以得到元素间的关联性。如果将两者分析方法结合起来应用,对判断污染源的类型会有帮助。

(3)受体模型——化学质量平衡(CMB)模型

所谓受体,是指某一相对于排放源被研究的局部大气环境。受体模型就是通过对大气颗粒物环境和源的样品的化学或显微分析,来确定各类污染源对受体的贡献值的一系列源解析技术。受体模型一般适用于城区尺度,通过在源和受体处测量的颗粒物的物理化学特征,定性识别对受体有贡献的污染源,并定量计算各污染源对受体的贡献值。

CMB 受体模型是根据质量平衡原理建立起来的。它有 6 个假设条件:①可以识别出对环境受体中的大气颗粒物有明显贡献的所有污染源类,并且各源类所排放的颗粒物的化学组成有明显的差别;②各源类所排放的颗粒物的化学组成相对稳定,化学组分之间无相互影响;③各源类所排放的颗粒物之间没有相互作用,在传输过程中的变化可以被忽略;④所有污染源成分谱是线性无关的;⑤污染源种类低于或等于化学组分种类;⑥测量的不确定度是随机的,符合正态分布。模型由一组线性方程构成,受体中每一种化学元素的浓度等于源成分谱的元素含量值和源贡献浓度值乘积的线性和。其数学表达式为:

$$C_i = \sum_{j=1}^{J} F_{ij} S_j \tag{5.43}$$

式中,C_i 为受体大气颗粒物中元素 i 的浓度测量值,$\mu g/m^3$;F_{ij} 为第 j 类源的颗粒物中元素 i 的含量测量值,$\mu g/\mu g$;S_j 为第 j 类源贡献的浓度计算值,$\mu g/m^3$;j 为源类的数目,$j=1,2,\cdots,J$;i 为元素的数目,$i=1,2,\cdots,I$。

只要所选择的元素数 i 大于或等于污染源数 j,理论上就能解出各类源对受体的贡献浓度 S_j,那么就可得到各源类的贡献率:

$$\eta = S_j/C \times 100\% \tag{5.44}$$

在 CMB 受体模型发展过程中,对方程组的求解提出过很多种算法,主要有示踪元素法、线性程序法、普通加权最小二乘法、岭回归加权最小二乘法、有效方差最小二乘法等,其中最常用的是有效方差最小二乘法。该法不仅考虑了环境受体处物质测试浓度的误差,而且考虑了在确定源成分谱时的分析误差。

CMB 模型是美国 EPA 推荐的用于研究 $PM_{10}/PM_{2.5}$ 和 VOCs 等污染物的来源

和贡献率的一种重要方法,同时也是目前在实际工作中研究最多、应用最广的化学法受体模型。该方法不考虑气溶胶粒子从排放源到受体传输过程中的化学变化和动力学过程,直接从在受体处采集样品所得到的化学组成来推测出它们的来源类型,并计算出不同类型来源所占的比例。在已确定气溶胶排放源类型的前提下,使用 CMB 法定量判定各源类的贡献,是比较简便和直观的。但 CMB 模型也有其不足之处。首先,它必须要得到源的成分谱数据,并且要事先判断源的数量和类型,因此可能会丢失定义某些源。其次,它不能得到在一个较长时期内源对受体的长期贡献。第三,CMB 模型对与贡献源的解析结果较差。另外,CMB 模型结果的不确定性问题也是对计算结果最优值选择的困扰之一。

(4)受体模式——因子分析法(FA)

因子分析法是多元统计法的一种,属于受体模型。其基本原理是把一些具有复杂关系的变量或样品归结为数量较少的几个综合因子。它有三个基本假定:①从源到采样点之间,污染物在途中保持质量守恒;②污染物中第 i 种元素是由 k 个污染源贡献的线性组合,这 k 个污染源之间互不相关;③由各个污染源贡献的某元素的量(称为因子负荷 a_{ij})应有足够的差别,并且它在采样和分析期间变化不大。

在气溶胶研究中,综合因子往往代表了气溶胶的来源。样品中每一元素的量是各类源贡献的线性加和,且每类源的贡献都可以分成两个因子的乘积,其数学表示式为:

$$X_{ij} = \sum_{k=1}^{m} \alpha_{ik} f_{kj} + d_i U_i + \varepsilon_i \quad (k = 1, 2, \cdots, m) \tag{5.45}$$

式中,X_{ij} 为元素 i 在样品 j 的浓度,$\mu g/m^3$;α_{ik} 为元素 i 在源 k 排放物中的含量,$\mu g/m^3$;f_{kj} 为源 k 对样品 j 贡献的质量,$\mu g/m^3$;U_i 为元素 i 的唯一源排放量,mg/m^3;d_i 为 U_i 的系数,$\mu g/mg$;ε_i 为元素 i 的测量误差及其他误差;m 为因子个数。

对上式的不同处理会产生不同形式的因子分析,常见的有主因子分析(principal factor analysis,PFA)和目标转换因子分析(target transformation factor analysis,TTFA)。它们都是通过找出每个主因子的负荷和因子数,结合源的特征元素信息,进行污染源的判断。主因子分析法在确定因子数方面比目标转换因子分析法简单易行,分辨源的能力也高一些;但它得不到源的组成,而这点正是目转换因子分析法的优点。

5.3 气溶胶的观测与测量

5.3.1 气溶胶采样器

气溶胶采样器主要是用来从大气中将气溶胶粒子提取出来的仪器,基本组成部件包括抽气泵、气流入口、收集器和气流出口。根据收集器的作用机制不同分为过滤式采样器和撞击式采样器,即收集器分别采用的是过滤原理和撞击原理。有时,根据流入采样器的样品空气流量大小将其分成大流量、中流量和小流量采样器。

(1)过滤式采样器

从大气中分离和收集气溶胶粒子最简单的方法是过滤,常把能让大气中的气体成分通过而把其中的颗粒分离出来并加以收集的器件通称为滤器。可分为两类:一类是纤维滤器;另一类是多孔膜滤器。滤器收集气溶胶粒子的机制,不同于微观筛,虽然粒子大于孔径的肯定被完全收集,同时由于滤器具有一定厚度,微孔对更小的粒子来说,类似于"管道",粒子还可通过与"管壁"碰撞或布朗扩散吸附于"管壁"。实验证明,对于孔径为 $0.2~\mu m$ 的理想滤膜,直径为 $0.1~\mu m$ 的粒子的收集效率最低,约为 60%;直径在 $0.1 \sim 0.2~\mu m$ 之间的粒子收集效率随粒子直径增加而急剧增加,当粒子直径大于 $0.2~\mu m$ 时,收集效率为 100%。对于直径小于 $0.1~\mu m$ 的粒子,收集效率随粒子直径减小而增加,当粒子直径小于约 $0.05~\mu m$ 时,收集效率已接近 100%。图 5.6 展示了几种常用于大气颗粒采样的过滤式采样器的电子显微镜照片。所有这些仪器都包含一个通道,当气体通过时,大气颗粒物就会被收集到滤器上。

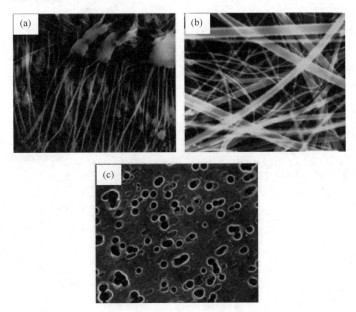

图 5.6　通常用于大气颗粒采样的几种过滤材质电子的显微照片。(a)3.0 mm 特氟龙膜;(b)玻璃纤维;(c)1.0 mm 核孔聚碳酸酯膜(由明尼苏达州明尼苏达大学机械工程系 Benjamin Y. H. Liu 教授提供)

（2）撞击式采样器

当携带粒子的气流突然转弯时，由于惯性，粒子将因撞击在不透气的收集片上而被附着，空气则绕过收集片。为防止粒子撞击弹离和被气流带走，收集片表面涂有黏性材料。

撞击收集效率决定于粒子的空气动力学直径 D_a、粒子密度 ρ_p、气流速度 V、空气黏滞系数 μ 以及采样器管嘴直径 D_b，可写成

$$E = \frac{D_{ac}^2 V \rho_p}{18\mu D_b} \tag{5.46}$$

分级撞击式采样器根据空气动力学直径分级收集样品，粒子的空气动力学特性直接与粒子的形状、物理尺寸和密度有关。图 5.7 为安德森（Andersen）采样器的构造示意图。采样器的上端为样本空气入口，依次通过一系列直径逐步减小的圆孔网，正对圆孔网为收集片，收集片离孔的距离等于圆孔的半径。气溶胶粒子在随样气进入采样器后，最大的粒子因其惯性大首先撞击在第一级收集片并被粘住，其他粒子随气流绕过第一级收集片进入第二级，因第二级圆孔的直径较小，气流加速，使另一批较大粒子因获得了较大的惯性，撞击在第二级收集片而被收集，以此类推，直到最小一批粒子被放在气流出口处的滤膜所收集。

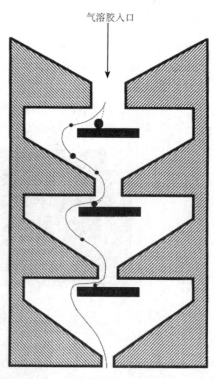

气溶胶入口

图 5.7　Andersen 采样器示意图

FA-3 型 Andersen 分级采样器共分 9 级，各级所采粒子的粒径范围为：$\geqslant 9.0\ \mu m$、$5.8 \sim 9.0\ \mu m$、$4.7 \sim 5.8\ \mu m$、$3.3 \sim 4.7\ \mu m$、$2.1 \sim 3.3\ \mu m$、$1.1 \sim 2.1\ \mu m$、$0.65 \sim 1.1\ \mu m$、$0.43 \sim 0.65\ \mu m$、$\leqslant 0.43\ \mu m$，采样流量为 $28.3\ \mathrm{L \cdot min^{-1}}$。由于收集片具有一定几何尺度，而且气溶胶粒子除随气流运动外，还附加布朗扩散速度，再加上位于圆孔中心的粒子，撞击在收集片上的可能性很大，故每级总是收集一相当范围的粒子。因此，分级收集粒子是一个统计概率的概念。

5.3.2　气溶胶物理性质的观测仪器概述

（1）气溶胶质量浓度的测量

测定气溶胶质量浓度的方法主要采用重量法。在控制温度和相对湿度的情况

下,在采样前后对采样膜进行称重,采样膜质量的增加量除以相应时间的采样气体体积就得到采样期间的平均颗粒物质量浓度。气溶胶质量浓度的测量还可以采用 β 射线法和微量振荡天平法。TEOM 微量振荡天平法是在质量传感器内使用一个振荡空心锥形管,在其振荡端上安放可更换的滤膜,振荡频率取决于锥形管特性及其质量。当采样气流通过滤膜,其中的颗粒物沉积在滤膜上,滤膜的质量变化导致振荡频率的变化,通过测量振荡频率的变化计算出沉积在滤膜上颗粒物的质量,再根据采样流量、采样现场环境温度和气压计算出该时段颗粒物的质量浓度。β 射线法是利用 β 射线衰减的原理,环境空气由采样泵吸入采样管,经过滤膜后排出,颗粒物沉淀在采样膜上,当 β 射线通过沉积着颗粒物的滤膜时,β 射线的能量衰减,衰减程度与颗粒物的质量遵循比尔定律。因此,通过测量衰减量可计算出颗粒物的浓度。

(2)气溶胶数浓度的测量

凝结核计数器(CNC)是常用的测量气溶胶粒子总数浓度的一种仪器。最早的凝结核计数器是由爱根(J. Aitken)于 1887 年发明的,所以也叫爱根核计数器。其基本原理是使被测空气样本突然绝热膨胀冷却,样本空间过饱和度高达 200% ~ 400%,促使几乎所有气溶胶粒子通过水汽在其上凝结形成液滴,用光学方法检测,由液滴数浓度确定气溶胶粒子数浓度。云凝结核计数器通过测量在特定过饱和蒸汽中由水凝结于气溶胶粒子上形成的云滴数目来测量云凝结核数密度。云凝结核数密度与气溶胶粒子的尺寸分布和成分有关。直径大于 0.04 μm 的粒子可作为云凝结核。

(3)尺度谱分布的测量

直接测量大气气溶胶谱分布的设备主要有光学粒子计数器、空气动力学粒径谱仪、扫描迁移粒径分析仪、扩散池和凝结核计数脉冲高度分析仪等,也可以通过测量小采样体积气溶胶粒子在不同入射波长时的散射系数来反演气溶胶粒子谱分布。

①光学粒子计数器(OPC)

OPC 是利用粒子的光散射特性来测量气溶胶粒子的数密度谱。它一般由电源系统、光学系统和信号处理系统三部分组成。大气气溶胶粒子通过光照区时所散射的光信号被光电倍增管接收并转换为电脉冲(称为响应量),电脉冲的幅度用来确定粒子的大小,电脉冲的计数用来确定粒子的浓度。OPC 的测量结果与仪器照明系统的结构、形状、折射率等密切相关。目前可用的 OPC 种类比较多。根据散射角的不同,OPC 可分为同轴型($\Psi=0°$)和旁轴型($\Psi=28°,45°,60°$ 和 90°等)。根据使用光源的不同,OPC 可分为白光型和激光型等。白光型测量的粒子半径下限 r_{min} 为 0.2 μm,激光型的 r_{min} 为 0.05 μm,因此前者适合于测量尺寸比较大的大气气溶胶粒子,后者适合于测量尺寸小于激光波长的细粒子。

②宽范围粒径谱仪(WPS)

WPS 主要测量直径在 0.01 ~ 10 μm 之间的气溶胶粒子浓度。仪器主要由差分迁移率分析仪(DMA)、凝结核计数器(CPC)和激光颗粒光谱仪(LPS)三部分组成,其中 DMA 的测量范围为 $0.01\sim0.5~\mu m$,LPS 的测量范围为 $0.35\sim10~\mu m$。DMA 主要采用电迁移技术将符合条件的气溶胶粒子输送到 CPC 中来测量气溶胶的数浓度;而 LPS 采用激光方法来测量单个粒子的散射强度,即用球形反光镜将粒子折射的激光收集,通过光电增强管(PMT)将光信号转变为电信号,并测量其脉冲幅度。这种测量的前提是假设粒子的折射率相同,且为某一特定值,该值由人为设定。由于原理不同,两者在其交叉范围内($0.35\sim0.5~\mu m$)的观测值也有所差异。

③扫描电迁移率粒径分析仪(SMPS)

SMPS 与 WPS 在 $0.01\sim0.5~\mu m$ 粒径段采用相似的测量原理,不同的是 SMPS 可以选择两种不同的 DMA,测量范围分别是 $0.2\sim85nm$ 和 $0.01\sim0.5~\mu m$,即 SMPS 的测量下限更低。TSI 公司生产的 3081/3085 型 SMPS 包括 3080 型静电分级器(EC)、3776 型超细凝结核粒子计数器(CPC)和与之相对应的 DMA(model 3081 Long DMA、model 3085 Nano DMA)。与 WPS 略微不同的是,SMPS 采用的 EC 是高精度的单分布粒子发生系统,可产生稳定的、单分散的、粒径从 $2\sim1000nm$ 的亚微米级气溶胶。而 3776-CPC 能够高效地测量这些细颗粒物的数浓度:由于蒸汽鞘流能够有效控制气溶胶的流线在冷凝器的中心线附近,全部颗粒物都将经历几乎完全相同的过饱和状态,其结果就是使得检测结果具有一个非常精确的检测下限值。这种设计可以将反应时间和细颗粒物的扩散损失大大减小。图 5.8 给出了 SMPS 的结构示意图。

3321 型空气动力学粒径谱仪(3321-APS)(图 5.9)是美国 TSI 公司利用空气动力学原理和光散射特性开发出的仪器。主要测量空气动力学粒径在 $0.5\sim20~\mu m$ 范围内的气溶胶粒子,也可测量相应光学粒径范围 $0.37\sim20~\mu m$ 的光散射强度,可以在很宽的粒径范围内实现在线、高分辨率测量颗粒物的空气动力学直径和数谱分布。它的原理是测定每一粒子通过两束近距离激光束的飞行时间,以此来换算粒子的空气动力学直径。测量结果受颗粒物折射率、密度、形状等因素影响较小。

(4)吸湿性测量

气溶胶的吸湿特性是其最重要的理化特性之一。准确测量并获得气溶胶的吸湿性参数是气溶胶吸湿性研究工作中的关键环节。为此,国内外研究人员研发了多种测量系统,如吸湿串联差分电迁移率分析仪(H-TDMA)、电动天平法(EDBA)、环境扫描电子显微镜(ESEM)和傅里叶红外光谱系统(FTIR)等。由于 H-TDMA 能够实时获得亚微米级气溶胶的吸湿性参数,并且能测量小至 1% 的粒径变化,被广泛应用于多种环境下的气溶胶吸湿特性测量。

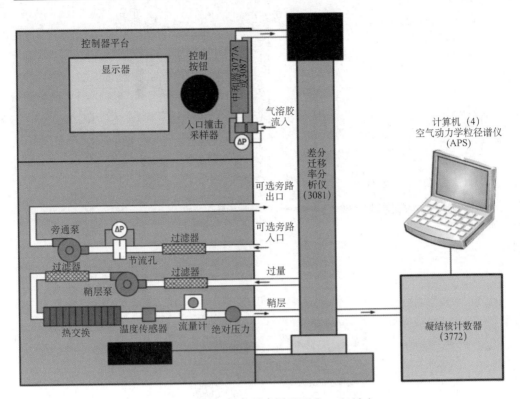

图 5.8　SMPS 结构示意图(TSI Inc, 2012a)

H-TDMA 系统由两套 DMA＋CPC 和一套加湿装置组成。颗粒物经过采样口，经过干燥器成为干燥粒子，然后进入 DMA1 和 CPC1，用来区分不同的粒径并计数；随后进入加湿控制系统，使颗粒在一定相对湿度下吸湿增长，颗粒物经过吸湿长大后进入 DMA2 和 CPC2，获得颗粒物吸湿后的粒径分布特征。通过比较吸湿前后的粒径分布可以计算出颗粒物吸湿能力大小。吸湿增长因子(growth factor, GF)是反映颗粒物吸湿能力最常用的参数，其定义是：在一定的相对湿度下，颗粒吸湿后的粒径大小与颗粒吸湿前的粒径大小的比值。

(5)散射系数的测量

关于气溶胶散射性质的测量，主要是通过两种途径，一种是利用积分浊度计直接测量气溶胶的散射系数，而另一种是根据粒子谱分布等参数通过 Mie 理论反演计算粒子散射系数。利用 Mie 理论进行计算需要假设折射指数，Mie 计算过程复杂并且存在较大的误差。因此，积分浊度计在测量气溶胶的散射系数中显得尤为重要。其观测原理如下：

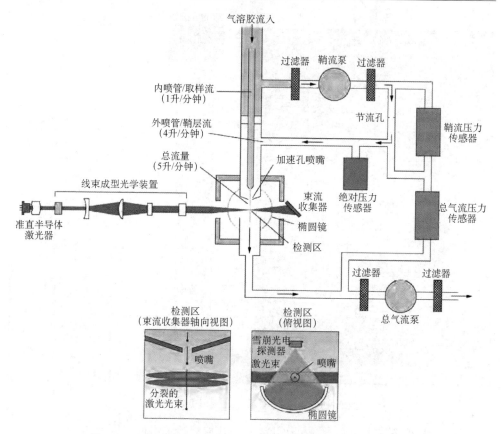

气溶胶流入

过滤器　鞘流泵　过滤器

内喷管/取样流
(1升/分钟)

节流孔

外喷管/鞘层流
(4升/分钟)

鞘流压力
传感器

总流量
(5升/分钟)

加速孔喷嘴

线束成型光学装置

束流
收集器

绝对压力
传感器

总气流压力
传感器

准直半导体
激光器

椭圆镜

检测区

过滤器　过滤器

总气流泵

检测区
(束流收集器轴向视图)

检测区
(俯视图)

喷嘴

雪崩光电
探测器
激光束

喷嘴

分裂的
激光光束

椭圆镜

图 5.9　空气动力学粒径谱仪(APS)的原理图(TSI Inc,2012b)

①物理原理

　　光在传播过程中,其强度会随之减弱,这种性质称为消光,它包括光吸收和光散射两个方面。太阳辐射入射大气时主要受到两种过程削弱:(a)空气分子的散射和吸收,(b)气溶胶粒子的散射和吸收。气溶胶对太阳辐射的消光作用遵循布格-朗伯定律:

$$I(\lambda) = I_0(\lambda)\exp\left[-\delta_e(\lambda,z)L\right] \tag{5.47}$$

式中,$I_0(\lambda)$ 为辐射的初始强度,$I(\lambda)$ 为经过距离为 L 的介质后的辐射强度,δ_e 为消光系数,指数中的乘积 $\delta_e(\lambda,z)L$ 为介质的光学厚度。

$$\begin{cases} \delta_e = \delta_{scat} + \delta_{abs} \\ \delta_{scat} = \delta_{rg} + \delta_{sp} \\ \delta_{abs} = \delta_{ag} + \delta_{ap} \end{cases} \tag{5.48}$$

　　可以看出,总消光取决于光散射和光吸收,光散射包括空气瑞利散射 δ_{rg} 和颗粒

物散射 δ_{sp}，光吸收包括空气对光的吸收 δ_{ag} 以及颗粒物对光的吸收 δ_{ap}。除了煤烟颗粒呈高浓度谱分布的地区外，其他地区 $\delta_{sp} \gg \delta_{ap}$，即相对于颗粒物散射而言，颗粒物吸收 δ_{ap} 通常可以忽略不计。因此，测量颗粒物的散射系数能很好地估计气溶胶对消光系数的贡献。

积分浊度计利用一束光从侧向照射腔体，腔内的空气和气溶胶颗粒对入射光产生散射，在光源和光电倍增管之间用光阑阻隔直射光线，这样，只有腔内的空气和气溶胶颗粒产生的散射光可以到达光电倍增管。浊度计通过测量光散射系数 δ_{scat}，然后从 δ_{scat} 中减去空气的瑞利散射得出气溶胶粒子的散射系数 δ_{sp}。

②光学原理

积分浊度计中"积分"一词的冠名主要是来源于仪器内部的几何学和照明学。由于仪器腔内的气溶胶颗粒形状和大小各不相同，因此它们对入射光的散射非常复杂，使入射光方向各异，依据几何学和照明学的知识对散射光进行严格的角度加权积分，可以基本上解决复杂的散射问题，进而测定出气溶胶散射系数。光电倍增管通过小孔和光阑可以观测到立体角 Ω 的散射光。立体角中所有散射体积都被漫散射光源 I_0 照明，可得到每一段散射体积为

$$dV = (R - x)^2 \Omega dx \qquad (5.49)$$

其几何关系有

$$\begin{aligned} &\theta = \pi/2 - \varphi \\ &x = y\cot\theta, \quad dx = y\csc^2\theta d\theta, \quad l = y\csc\theta, \quad \cos\varphi = \sin\theta \end{aligned} \qquad (5.50)$$

则散射体积为

$$dV = (R - y\cot\theta)^2 \Omega y \csc^2\theta d\theta \qquad (5.51)$$

设 Φ 是漫散射光源的发光强度，φ 方向的光亮度满足余弦关系，故散射体积 dV 上的入射光强度为

$$I = \Phi\cos\varphi/l^2 = \Phi\sin^3\theta/y^2 \qquad (5.52)$$

体积元 dV 在立体角 Ω 中产生的散射光亮度为

$$dL = I\beta(\theta)dV/(R-x)^2 = (\Phi/y)\Omega\beta(\theta)\sin\theta d\theta \qquad (5.53)$$

式中，$\beta(\theta)$ 为散射函数，则光电倍增管接收到的单位立体角中的光亮度为

$$L = \frac{1}{\Omega}\int_{\theta_1}^{\theta_2} dL = \left(\frac{\Phi}{y}\right)\int_{\theta_1}^{\theta_2} \beta(\theta)\sin\theta d\theta \qquad (5.54)$$

式中，积分限 θ_1，θ_2 取决于仪器结构，原则上积分限可以包括 $0 \sim \pi$，则由积分散射度计的输出 L 可以直接得到散射系数 δ_{scat}，即

$$L = \frac{I_0}{y}\int_0^\pi \beta(\theta)\sin\theta d\theta = \frac{I_0}{2\pi y}\delta_{scat} \qquad (5.55)$$

但实际仪器未能满足这个要求，一般可做到 $5° < \theta < 175°$，这给 δ_{scat} 的测量带来误

差。但是,积分函数中包含有 $\sin\theta$,它在被忽略的两个区间($0\sim5°,175°\sim180°$)中的数值很接近于零,所以造成的误差很小。理论分析表明,对一般大气气溶胶,积分浊度计测量的 δ_{scat} 误差不大于 $\pm10\%$。

(6)气溶胶吸收系数的测量

黑碳气溶胶是大气气溶胶中最主要的光吸收体,除去一些特殊的天气状况(如沙尘),黑碳气溶胶对气溶胶总的光吸收贡献在 $90\%\sim95\%$ 以上。因此相对于黑碳气溶胶对光的吸收来说,气溶胶中的其他成分对可见光的吸收可以忽略不计,即气溶胶吸收系数的测量主要是对黑碳气溶胶的测量。目前广泛应用的基本测量原理有两种,一是根据滤膜上所收集的粒子对光的吸收造成入射光的衰减来确定黑碳含量,根据滤膜采集前后光学性质的变化来确定气溶胶的吸收系数,如黑碳仪(aethalometer)、颗粒/烟灰吸收光度计(particle/soot absorption photometer,PSAP)和多角度吸收光度计(multi-angle absorption photometer,MAAP)。二是利用光声学原理来测量光吸收,其原理是当一重复频率在声波范围的光脉冲通过气溶胶时,粒子吸收光能并通过能量释放加热空气,导致空气膨胀,产生一声波,测出声波的振幅便可得到粒子的吸收量,如光声光谱仪(photoacoustic soot spectrometer,PASS)。

5.3.3　气溶胶化学组分分析技术

(1)水溶性离子分析

离子色谱法(IC)是测定离子快速、灵敏、选择性好的方法。它是利用离子交换原理和液相色谱技术测定溶液中阴离子和阳离子的一种分析方法,因此离子色谱是液相色谱的一种。离子色谱是利用不同离子对固定相亲合力的差别来实现分离的。离子色谱的固定相是离子交换树脂,离子交换树脂是苯乙烯—二乙烯基苯的共聚物,树脂核外是一层可离解的无机集团,由于可离解集团的不同,离子交换树脂又分为阳离子交换树脂和阴离子交换树脂。当流动相将样品带到分离柱时,由于样品离子对离子交换树脂的相对亲和能力不同而得到分离。由分离柱流出的各种不同离子,经检测器检测,即可得到一个个色谱峰。根据出峰的保留时间以及峰高可定性和定量样品的离子。

(2)元素分析

元素分析是气溶胶化学分析的重要组成部分,目前常用的分析方法包括原子吸收光谱(AAS)、原子荧光光谱(AFS)、原子发射光谱法(AES)、电感耦合等离子体原子发射光谱(ICP-AES)、电感耦合等离子体质谱法(inductively coupled plasma mass spectrometry,ICP-MS)以及 X 射线荧光光谱(XRF)等。

①原子吸收光谱法(AAS)

原子吸收光谱法是基于气态的基态原子对特征辐射的吸收为基础的分析方法,

即通过测量试样中待测元素的气态基态原子对特征辐射的吸收来测定待测元素的含量。根据待测样品或元素形态的不同,主要分为石墨炉原子吸收光谱法(GFAAS)、火焰原子吸收光谱法(FAAS)和冷蒸气原子吸收光谱法(CVAAS)。GFAAS 是一种常用的痕量元素分析技术,能直接分析固体和高黏度液体,具有取样量少、灵敏度高和样品前处理简单等优点。FAAS 具有分析速度快、操作简单和信号稳定等优点,但不适宜测定在火焰中不能完全分解的耐高温元素(如 B、V、Ta、W、Mo)、碱土金属元素和共振吸收线在远紫外区的元素(如 P、S、卤素)。CVAAS 主要用于测定氢化物或冷蒸汽形成的元素。虽然原子吸收光谱法适用于大气颗粒物中微量和痕量元素的测定,但一次只能分析一种元素,而且每分析一种元素要更换一种光源。

②原子发射光谱法(AES)

原子发射光谱法是依据各种元素的原子或离子在热或电激发下,由基态跃迁到激发态,返回到基态时发射出特征光谱,依据特征光谱进行元素定性、定量的分析方法。与原子吸收光谱法相比,其突出优势在于它的同时多元素测定。目前它的激发光源常用的有三种:电弧、火花和等离子体。电感耦合等离子体原子发射光谱法(ICP-AES)是一种以电感耦合等离子体作为激发光源进行发射光谱分析的方法,具有检出限低、精密度高、抗干扰能力强、动态线性范围宽和多种元素可同时测定等特点,已广泛地应用于各种领域。

③电感耦合等离子体质谱法

电感耦合等离子体质谱法是 20 世纪 80 年代迅速发展起来的一种新的分析测试技术,可迅速同时检测元素周期表中除 C、H、O 等极少数元素外的绝大多数元素,其原理是利用电感耦合等离子体(ICP)将分析样品中所含的元素离子化为带电离子,通过采样锥和截取将这些带电离子引入质量分析器中,按不同质荷比(m/z)分开,最后用检测器接受不同的离子流,转换成电信号并经放大、处理给出分析结果。ICP-MS 最初采用四级杆作为质量过滤器,称为四级杆 ICP-MS,为 ICP-MS 的第一代产品,现已相继推出其他类型的等离子体质谱技术,如多接受器的高分辨扇形磁场等离子体质谱仪(MC-ICP-MS),等离子体离子阱质谱仪(Ion Trap-ICP-MS)以及等离子体飞行时间质谱仪等(ICP-TOF-MS)。

与电感耦合等离子体原子发射光谱法(ICP-AES)相比,ICP-MS 检出限约低 2~3 个数量级,一般可达到 10^{-12} g·g^{-1} 水平;与石墨炉原子吸收分光光度法(GFAAS)相比,对高温时易生成难溶氧化物的元素如 REE(稀土),Al、W、Mo、Ti 等检测优势十分明显,其多元素同时检测能力也远非一般 GF-AAS 只能进行单元素逐个检测可比。ICP-MS 还具有同时检测各个元素的各种同位素的能力,因此可用作同位素稀释法分析,该法对待测元素无须严格定量分离,应用范围广、灵敏度高、准确度好,已被国际计量委员会(CIPM)物质量咨询委员会(CCQM)确认为最具有权威性的化学计量方法之一。

（3）含碳组分分析

热光法是目前用于气溶胶元素碳和有机碳国际上使用最多的、公认较成熟的方法。根据光学修正方式不同分为热光透射法（TOT）和热光反射法（TOR）。其工作原理是将采集颗粒物的高纯石英滤膜放入热光炉中，先通入氦气，在无氧的环境下升温，使样品中有机碳挥发，之后通入氧氦混合气，在有氧环境下加热升温，使得样品中的元素碳燃烧。释放出的有机物质经催化氧化炉转化生成 CO_2，生成的 CO_2 在还原炉中被还原成甲烷，再由火焰离子化检测器定量检测。在完成样品的分析之后加入定量的 He/CH_4 气体参与结果计算。整个过程都有一束激光打在石英膜上，并透射光（或反射光）在有机碳炭化时会减弱。随着 He 切换成 He/O_2，同时温度升高，元素碳会被氧化分解，激光束的透射光（或反射光）的光强会逐渐增强，当恢复到最初的透射（或反射）光强时，这一刻就认为是有机碳、元素碳的分割点。

5.3.4　气溶胶化学特性的实时分析

传统的气溶胶采样方法是将气溶胶颗粒收集在滤膜上，随后在实验室中用离子色谱仪进行分析，这是迄今为止最常用的测定气溶胶化学组分的方法。由于颗粒物浓度及化学组分在大气中会加速变化，高时间分辨率测量气溶胶浓度及化学组分的技术就显得非常必要。相比离线检测手段，在线分析方法能避免引入人为干扰因素，能够在短时间尺度内检测气溶胶颗粒上化学组分的变化。如在线气溶胶离子色谱技术等，实现了高时间分辨率的在线气溶胶化学分析。另外，由膜采样分析得到的化学

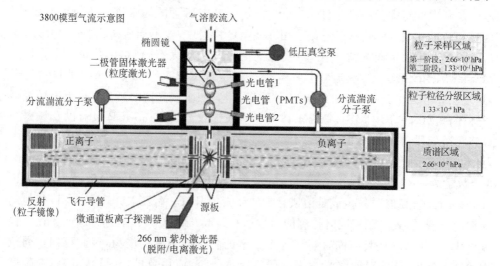

图 5.10　单颗粒气溶胶飞行时间质谱基本原理图（TSI Inc，2004）

组成是所有颗粒的平均结果,而大气中单个气溶胶颗粒一般是由不同的化学物质构成。因此,研究单个粒子的信息对于研究气溶胶化学特性非常重要。为了满足这种需要,发展了气溶胶单颗粒飞行时间质谱仪(aerosol time-of-flight mass spectrometer,ATOFMS)(图 5.10),可以同时在线检测气溶胶单颗粒的空气动力学直径和化学组分,并可以分析气溶胶粒子的来源以及它在大气中的演化。

5.4　对流层气溶胶的气候学特征

认识对流层气溶胶的气候学特征相对比较简单,但获取全球范围内的气溶胶气候学特征则是非常困难,其中最主要的原因在于气溶胶的空间异质性以及大规模的综合观测实验较少。尽管如此,目前对于对流层气溶胶分布及其季节变化的认识较为清楚。某些气溶胶参数可以通过新型遥感技术和分析方法进行详细观测和全球测绘,但是对于气溶胶固有的特性(比如化学成分)的全球分布测定以及气溶胶特性的长期变化趋势依然是一个重大挑战。

把对流层分为大于 5 km 和低于 5 km 两个高度范围,相比于 5 km 以下的高度,然而很少有关于对流层上层气溶胶的长期系统研究。因此下面重点讨论对流层低层(低于 5 km)的气溶胶的质量浓度和数浓度。

5.4.1　气溶胶粒子的质量浓度

气溶胶质量浓度随地点和时间变化很大,主要取决于与排放源的距离以及气溶胶扩散和清除效率。粒子质量浓度的变化范围从对流层上部的 100 ng·m^{-3} 到发展中国家许多大城市的数百 μg·m^{-3}。在海洋地区,气溶胶浓度随风速和距离大陆源的位置变化,观测值降至 10 μg·m^{-3}。发展中国家的许多城市 PM$_{10}$ 日均浓度超过 100 μg·m^{-3},但发达国家的 PM$_{10}$ 浓度一般低于 50 μg·m^{-3}。在较偏远的大陆地区如美国落基山脉周边地区,PM$_{10}$ 的浓度通常低于 10 μg·m^{-3}。气溶胶质量浓度通常具有明显的季节变化,并主要受局地因素的影响,如人为源、生物质燃烧、矿物粉尘、对流变化、扩散作用(风和大气热力学结构)以及清除作用(降水)。

不同的气溶胶源对于气溶胶质量的贡献相差很大。例如,海盐气溶胶的产生尤其依赖风速。典型的海盐气溶胶质量浓度在 1~50 μg·m^{-3} 范围内。从季节变化来看,通常在冬季可达到气溶胶质量浓度的最大值。季节性变化空间差异比较大,其比率可以从小于 1.5∶1(中纬度南半球)到超过 8∶1(北大西洋)。地面观测是获得海盐气溶胶特性最首要的途径,而目前对于海盐气溶胶的长期变化研究还很缺乏。

由于局地生物质燃烧的季节差异,烟尘气溶胶含量也具有很高的可变性。主要的生物质燃烧区域包括北纬 10°—20° 范围内的非洲大陆(8—10 月达到最大值)、巴西(7—9 月达到最大值),偶发性的火情在印度尼西亚(干旱季,通常在 6—10 月)、澳大利亚北部(3—10月达到最大值)和北方森林(例如西伯利亚和中国北方森林在春季出现最大值,秋季次之)都有出现。烟尘气溶胶的质量浓度由源的距离及扩散效率决定,在大型燃烧源附近其质量浓度超过 1 mg・m^{-3}。在清洁海域上空经常能观测到燃烧残留的黑碳气溶胶(小于 5 ng・m^{-3}),其中约有 10%的烟尘型气溶胶混入。通过长距离输送的烟尘气溶胶常常呈现为边界清晰的气溶胶层,其上边界可达到 5 km。

　　与烟尘型气溶胶类似,矿物质气溶胶的大尺度传输经常在 5 km 以下大气中形成边界清晰的气溶胶层。矿物质气溶胶质量浓度主要由季节和源区距离决定。东亚地区沙尘气溶胶经常在春季(3—5月)出现,而夏季和冬季的沙尘气溶胶质量浓度达到最低,这是由于夏冬两季不利于沙尘的起沙及传输过程。春季边界层内矿物质气溶胶浓度范围从中国海岸的几百微克每立方米到夏威夷 Mauna Loa(站点名称)的 9 μg・m^{-3}。太平洋中心区域的矿物质气溶胶量相对较低,然而在南半球的春夏两季,由于澳大利亚沙漠的沙尘输送,太平洋西南部上空沙尘气溶胶含量有所升高。撒哈拉地区的矿物质气溶胶能够穿过大西洋输送到南、北美洲,其最大值出现在 6 月—8 月。迈阿密曾记录到日平均浓度超过 100 μg・m^{-3} 的矿物质气溶胶,而在迈阿密和巴巴多斯岛沙尘季的月平均沙尘气溶胶浓度通常只超过 20 μg・m^{-3}。大西洋上空的沙尘烟羽中沙尘气溶胶浓度甚至可能到达 400 μg・m^{-3}。

5.4.2　气溶胶粒子的数浓度

　　全球范围内气溶胶粒子数浓度变化范围很大,南极平原冬季的数浓度最大仅为 10 cm^{-3},而城市的污染空气中可达到 10^5 cm^{-3},甚至更高。在南半球中纬度地区,气溶胶粒子的平均数浓度在 100～600 cm^{-3},在南极海岸上空也观测到相似的数浓度范围,例如 Mawson 站(站点名称)约为 50～600 cm^{-3},但 South Pole(站点名称)的数浓度比较小,其季节变化范围在 10～150 cm^{-3} 之间。热带地区气溶胶粒子的数浓度变化范围也与之相似,例如萨摩亚群岛气溶胶月平均数浓度变化范围在 200～300 cm^{-3} 之间。海洋浮游植物释放的二甲基硫(DMS)是全球海洋上空亚微米级气溶胶的主要自然源。气溶胶数浓度随着高度的增加而减小,在对流层上部粒子数浓度大约为 100～200 cm^{-3}。

　　在大西洋东北部地区(如 Mace Head(站点名称),爱尔兰),清洁空气中气溶胶数浓度范围大约为 100～700 cm^{-3},季节变化不明显,尽管甲基磺酸(DMS 的氧化产物,最主要的自然前体物)的浓度在夏季出现峰值。靠近大陆性气溶胶源区海域的气溶胶数浓度通常在 4000～6000 cm^{-3},如大西洋西北部和北太平洋。

　　20 世纪初期,大陆站点的气溶胶粒子浓度才被广泛使用,且存在地理性差异。在远离污染中心区域的数浓度约为 10^4 cm^{-3};在清洁大陆区域如澳大利亚,颗粒物数浓度在边界层内通常达到 700 cm^{-3} 左右,边界层上方大约为 200 cm^{-3}。

　　欧亚大陆和北美地区人为气溶胶的长距离输送造成了北极霾事件,其高度通常低至 3 km,偶尔超过 5 km。北极地区地面月平均粒子数浓度通常为 $50 \sim 400$ cm^{-3},偶尔达到 800 cm^{-3},其最大值出现在春季和夏季,然而其光散射和吸收的峰值却出现在春季和冬季。最近在巴罗(阿拉斯加最北端的城市)的研究表明,该地区自 1976 年起气溶胶粒子数呈增加趋势,增幅约 8%/年。

　　总的来说,在北半球观测到的颗粒物质量及其消光更为显著,尤其在中纬度地区。AVHRR 数据表明,北半球大气柱气溶胶光学厚度比南半球高 50%左右。使用气球探空对北半球中纬度地区粒子尺度和数浓度的长期观测表明,光学活性粒子出现的高峰在春夏季节,其中浓度变化接近一个数量级。对总颗粒物数浓度而言,其季节变化较小,峰值也出现在夏季。

思考题与习题

5.1　试述大气气溶胶研究的重要性。

5.2　描述气溶胶三模态的来源和生成过程。

5.3　影响干沉降速率的主要因子有哪些?

5.4　试述气溶胶细粒子的主要化学组成及它们的主要来源。

5.5　试述黑碳气溶胶的气候效应。

5.6　试述硫酸盐气溶胶的气候效应。

5.7　大气气溶胶谱分布的主要测量仪器有哪些? 它们的测量范围是多少?

5.8　谈谈目前 PM$_{2.5}$的国家环境质量标准制定对我国大气污染防治工作的意义。

参考文献

程雅芳,张远航,胡敏,等,2008.珠江三角洲大气气溶胶辐射特性:基于观测的模型方法及应用(中英双语版)[M].北京:科学出版社.

华莱士,霍布斯,1981.大气科学概观[M].上海:上海科学技术出版社.

环境保护部科技标准司,2012.环境空气质量标准(GB 3095—2012)[S].北京:中国环境科学出版社.

钱凌,2008.南京大气气溶胶的污染特征及其影响因素观测研究[D].南京:南京信息工程大学.

唐孝炎,张远航,邵敏,2006.大气环境化学(第二版)[M].北京:高等教育出版社.

王红磊,2013.南京市大气气溶胶理化特征观测研究[D].南京:南京信息工程大学.

薛国强,2014.南京及周边城市气溶胶质量浓度及其水溶性离子和元素特征分析[D].南京:南京信息工程大学.

银燕,童尧青,魏玉香,等,2009.南京市大气细颗粒物化学成分分析[J].大气科学学报,32(6),723-733.

Ackerman T P,Toon O B,1981. Absorption of visible radiation in atmosphere containing mixtures of absorbing and nonabsorbing particles[J]. Appl Opt,21(5):3661-3667.

Bond T C,Streets D G,Yarber K F,et al,2004. A technology-based global inventory of black and organic carbon emissions from combustion [J]. Journal of Geophysical Research Atmospheres, 109(D14):1-43.

Bond T C,Bergstrom R W,2006. Light Absorption by Carbonaceous Particles:An Investigative Review[J]. Aerosol Sci Tech,40(1):27-67.

Deirmendjian D,1969. Electromagnetic Scattering on Spherical Polydispersions[M]. New York:Elsevier.

Environmental Protection Agency,2013. 40 CFR Parts 50,51,52,53,and 58-National Ambient Air Quality Standards for Particulate Matter:Final Rule[J]. Federal Register,78(10):3086-3286. https://www. gpo. gov/fdsys/pkg/FR-2013-01-15/pdf/2012-30946. pdf.

EU Ambient Air Quality Directive,2008. Directive 2008/50/EC of the European Parliament and of the Council of 21 May 2008 on ambient air quality and cleaner air for Europe (No. 152)[J]. Official Journal of the European Union.

Fuchs N A,1964. The Mechanics of Aerosols[M]. New York:Pergamon.

Gordon G E,Zoller W H,Glandney E S,1974. Trace Substances in the Environment,Health-Ⅶ: Proceedings Symposium[R]. Columbia:University of Missouri:167.

Hinds W C,1999. Aerosol Technology,Properties,Behavior,and Measurement of Airborne Particles [M]. New York:Wiley.

Jaenicke R,1993. Tropospheric aerosols. In:Hobbs P V (Ed.). Aerosol-Cloud-Climate Interactions [M]. San Diego:Academic Press.

Mason B,1966. Principles of Geochemistry[M]. New York:John Wiley & Sons:41-49.

Rogge W F,Hildemann L M,Mazurek M A,et al,1996. Mathematical modeling of atmospheric fine particle-associated primary organic compound concentrations[J]. Journal of Geophysical Research-Atmospheres,101(D14),19379-19394.

Seinfeld J H,Pandis S N,2006. Atmospheric Chemistry and Physics: From Air Pollution to Climate Change[M]. 2nd Edition. INC:John Wiley & Sons.

TSI Inc,2004. Instruction Manual Model 3800 Aerosol Time-of-Flight Mass Spectrometer and 3801-030 Aerodynamic Focusing Lens(AFL) [M]. TSI.

TSI Inc,2012a. Scanning mobility particle sizer™ spectrometer(SMPS) model 3936[Z]. St. Paul, MN: TSI.

TSI Inc,2012b. Aerodynamic particle sizer® model 3321[Z]. St. Paul,MN: TSI.

Warneck P,1988. Chemistry of the Natural Atmosphere[M]. San Diego:Academic Press.

Whitby K T,1978. The physical characteristics of sulfur aerosols[J]. Atmos Env,12:135-159.

Whitby K T,Cantrell B,1976. Fine particles[R]. Int Confe Environmental Sensing and Assessment, Las Vegas,NV,Institute of Electrical and Electronic Engineers.

World Health Organization,2006. Air Quality Guidelines-Global Update 2005:Particulate Matter, Ozone,Nitrogen Dioxide and Sulfur Dioxide[R]. Bonn:WHO Regional Office for Europe.

Zheng M,Hagler G S W,Ke L,2006. Composition and sources of carbonaceous aerosols at three contrasting sites in Hong Kong[J]. Journal of Geophysical Research-Atmospheres,111(D20):1-16.